U0096646

皮革鞣製工藝學
◆林河洲 著◆

序　文

本人從事鞣革及塗飾的工藝迄今約有四十年，蒙諸先進之提攜和愛護，尤其是林榮及白德旺兩位前輩的鼓勵，讓我對製革工藝有更深的認識。鞣革及塗飾的工作除辛苦外，本身有它特殊的技術性，但是這方面的參考書籍卻不多，尤其是中文參考書。

近年來皮革界進步神速，唯獨中文參考的書籍依舊欠缺，作者退休之後，亟思把這些年來個人累積的心得與經驗寫下來與同業分享，讓我們的製革工藝能更上層樓，為了付諸實現，於是開始蒐集資料、構思、編寫，希望讓更多的人瞭解鞣革的知識及過程。

本書能順利完成出版，除了要感謝內人的支持及多位朋友的鼓勵外，更要感謝贊助的廠商。

本書若有未盡完善之處，歡迎不吝提供卓見，以作為修訂時之參考。

本人的郵電信箱：billylin0316@yahoo.com.tw

現本人正著手編寫《皮革塗飾工藝學》，預定2008年底完成，2009年初出版。

林河洲

推薦序

欣逢林河洲老師的《皮革鞣製工藝學》大作出品，期盼了數十年，台灣的皮革製造書籍終於有了著落。筆者出生於皮革世家，成長於皮革寮，當時雖有心想繼承祖業，但苦於市面上很難找到學習教材，所有一切製革工藝僅能憑著老師傅的口耳相傳，知其然而不知所以然。上一代曾經告訴我們，單單為了一張鉻粉鞣製工藝，就花了良田三分地的代價才換來一張處方。而如今各位讀友都能輕易的從此書上獲知，與此相比真是有如天壤之別。

林河洲老師大學畢業後，自1969年就投入製革產業，過去的四十年裡，當時之製革工業條件十分簡陋，加上資訊缺乏，且高等教育人才投入此行業者少之又少，然而 林老師毅然投入做牛做馬的日子，無倦無悔，除了南奔北走，一方面伴著國際品牌大廠BASF、Sandoz等國外技師，一方面親身體驗製革操作，不怕累，不怕臭，更不怕苦的學習，並勤作筆記，整理一套製革基礎系統來與當時各廠之技術人員分享。於1975~1980年間赴日本學習先進之牛、豬革之製造，及赴瑞士與義大利精研毛革和流行塗飾工藝，日益精進的累積經驗，伴隨著他在BASF及Sandoz之四十年工作期間，教育訓練台灣及大陸、韓國、菲律賓、泰國等各國技術人員，可謂桃李滿天下。

筆者從事製革業源自1980年，在上一代的製革廠裡，因實習而認識林老師，經他點化才有興趣投入製革業及幫助本人赴英繼續製革之學習。尤其回台後設立德昌皮革廠，林老師亦不離不棄幫助本公司，對敝公司創業時期之經營幫助甚鉅。本人雖然才疏學淺，但基於感恩心情，不怕筆拙，厚顏投文共襄盛舉。

德昌皮革製品股份有限公司

董事長　白志祥

Contents

Contents

第1章

膨脹、界面活性劑及生皮貯藏處理法

膨　脹

「皮革」是皮及革二個字組合而成的，而皮和革的分別是：未經鞣製者稱為「皮」；經過鞣製者稱為「革」。鞣製過程的時間長而複雜，並且結合了物理、化學、生物化學和機械的智慧及操作的技術。皮的纖維是天然的，不像化學纖維具有固定的組成和特性，所以在整個漫長而繁雜的鞣製（含塗飾）過程中，多多少少難免會碰到一些問題，而問題的解決是取決於整個鞣製（含塗飾）過程中的基本知識和理論的認知，以及多年累積的經驗。

在未研討整個鞣製（含塗飾）過程的基本知識和理論前，我們得先研討對鞣革具有很大影響力的動作「膨脹」及化料「界面（亦稱表面）活性劑」。

「膨脹」它會影響纖維的粗細和形狀，革珠粒面的緊密度、平整度、凹凸度（如縮花面革）等種種特性及成革的品質，故理解其原理及控制的方法是很重要的。「膨脹」簡單的說是二相【註】混合後，因濃度不同而產生移動，直到二相的濃度達到平衡，在達到平衡之前，因二相之間的移動產生了「滲透壓」，以致形成

「膨脹」的現象，不過同相的混合則不會產生這種現象，譬如浸灰時的PH值約為13左右，此時如將皮放入灰浴，皮的珠粒面和肉面的PH值會於幾分鐘內即達到快接近灰浴原來的PH值（13左右），但皮內部的PH值仍然屬於中性約7.5，由於PH值的差異，所以皮的珠粒面，肉面及內部會呈現不同的速度、方向等現象的膨脹，直至PH值的差異漸小時，皮膠朊的膨脹現象才會漸趨近於均勻。

一、皮膠朊於酸（鹼）溶液內的膨脹動作

皮膠朊的等電點是PH值約為7.5左右，當溶液的PH值漸降時，也就是溶液的酸性漸增，意謂著皮膠朊的蛋白質漸帶正電荷，也表示著酸膨脹也已漸漸的形成，直至PH值約為2.6～2.8（需為純水的條件下，即不含其他電解質，也就是所謂的礦物質或金屬的水）左右時是為酸膨脹的最大值，如果在這時候再加酸而使PH值低於2.5以下，則所加的酸就具有抑制酸膨脹的作用，但使用這種方法抑制酸膨脹的話，常會導致皮膠朊組織結構性的衰弱，譬如降低成革的撕裂牢度。反之，PH值漸升即皮膠朊的鹼性漸增，也就是說皮膠朊的蛋白質漸帶負電荷而呈鹼膨脹，直至PH值約為11～12（於純水的條件下）時即可達到鹼膨脹效果的最大值，故溶液的PH值離皮膠朊的等電點越遠時，則膨脹效果越大，直至最大值。

一般酸（鹼）溶液對皮膠朊的膨脹效果是一元酸基（氫氧基），即含1個H^+（OH^-）的效果大於二元酸基（氫氧基），而

二元酸基（氫氧基）的效果則大於三元酸基（氫氧基），依此類推，另外無機酸的效果都大於有機酸。

酸膨脹的效果，大多屬於上下膨脹大於左右膨脹，除了硫酸銨，而鹼膨脹則是左右膨脹大於上下膨脹，除了燒鹼（片鹼）。

所有皮膠朊產生膨脹的現象中，以豬皮膠朊的膨脹最為特殊，因為豬皮表皮層及臀部的結構是薄而緊密且臀部更呈網狀似的組合，水及化料不易滲入，而皮下組織則較鬆弛，水及化料較易滲入，因而形成膨脹的速度不能一致，且相距甚大，故於浸水階段影響膨脹的化料少，所以形成肉面朝外且向內捲曲，似水腫地膨脹（採用划槽浸水，比較不會發生），而於脫毛工藝因影響膨脹的鹼性化料較多，尤其是硫化鹼或燒鹼（片鹼），故會於背脊線或附近，也是呈肉面朝外且向內打摺地膨脹。

【註】

「相」可能為固體，液體或氣體。「相」具有相同成分及相同物理性質、化學性質的均勻物質，各「相」之間有明顯的分界面，如水、冰和蒸汽是三不同相。

二、　鹽對酸（鹼）溶液內皮膠朊膨脹的影響

鹽對皮膠朊而言具有「脫水」的效果，所以動物皮一剝離動物體後，常使用它作防腐處理的首要步驟，而且對「油」而言，它也是一種很好的乳化劑。

如果對皮膠朊已產生酸膨脹的酸液裡加入鹽，就有降低酸膨脹的效果，好像酸膨脹已達到最大值，仍繼續加酸期望降低膨脹的效果一樣，原因是鹽的鈉離子（Na^{+}）和氯離子（CL^{-}）的水合

作用，促使皮膠朊內的水分子向外滲出之故，所以如果將已發生酸膨脹的皮膠朊放在足夠濃度的鹽溶液裡處理，便可明顯地看到膨脹效果的消失。使用「加鹽法」抑制酸膨脹，不僅不會破壞皮膠朊的組織結構，反而會更加強皮膠朊的組織結構性，這是鹽的「脫水作用」使得皮膠朊的結構更靠近，進而增加了皮膠朊蛋白質內氫鍵的交聯。

鹼溶液中加入鹽，則鹼膨脹只略為減少而已，大多數是不會消除鹼膨脹，只有在純鹼和銨水（Na_2CO_3 + NH_4OH）或片鹼和硫酸鈉（NaOH + Na_2SO_4）的混合溶液加入鹽，這時鹽才會有使鹼膨脹消失的作用，但如果在石灰液加鹽，不僅不會抑制鹼膨脹，反而或許會使鹼膨脹有增加的趨勢，這是因為鹽加入石灰液內經由化學反應後形成了強鹼（即反應成「片鹼（燒鹼）NaOH」）之故。

$$Ca(OH)_2 + 2NaCL \rightarrow CaCL_2 + 2NaOH$$

所以如在浸灰液內加入過多的鹽，則會使裸皮膠朊過分鬆弛而導致成品革的鬆面（俗稱「泡面」）。

界面活性劑（表面活性劑）

界面活性劑對製革業而言，在生產過程中是一種很重要的化學助劑，由於鞣革的全部過程裡都是在水溶液中進行，而水及水溶液內所添加的化學藥品或助劑對皮的濕潤及滲透的作用一般而言都很緩慢而且困難，所以需要較長的時間及較多的化料才會得到所期望的效果，但如果能在水溶液中添加適當及適量的界面活性劑的活，則會有效地加速溶液對皮的濕潤及滲透，進而縮短了生產的時間，減少了化料的使用量，有助於生產率的提高及生產成本的降低等效果。

界面活性劑不僅有滲透和濕潤的作用，而且也具有發泡、消泡、乳化、清潔、脫脂、洗滌等作用，甚至於滾桶染色時，也可將它視為滲透劑或均染劑，但使用前需要有正確的選擇品種和適當的使用量。

相和相之間的相界面（液體－液體，液體－固體，溶劑－溶質）有一種力量，這種力量會阻礙二相的互溶性稱為界面張力，但如使用一種助劑藉以降低二相間的界面張力，進而增加二相的互溶性，產生另一種活性的界面，這種助劑我們稱它為「界面活性劑」。

界面活性劑因可減少溶液的界面張力，故可增加溶液的滲透性、濕潤性、乳化性等等及改善粉狀物質加入溶液內的分散性及溶解度。

界面活性劑依其溶解性可分為：(1)水溶性，(2)油溶性界面活性劑二種。水溶性界面活性劑在水溶液中可分為：(1)離子型，(2)非離子型，(3)兩性型界面活性劑等三大類。

一、離子型界面活性劑

在水溶液中會解離成有機離子（親油基）及無機離子（親水基，一般是金屬正離子或鹵素及酸根負離子），而無機離子（親水基）因所帶的電荷不同，又分為：(1)帶負電荷的陰離子型界面活性劑，(2)帶正電荷的陽離子型界面活性劑二種。

1.陰離子型界面活性劑

界面活性劑在水溶液中被離子化後，親水基為帶負電荷的陰離子。
主要構成陰離子的有：(1)羧酸鹽，(2)硫酸鹽，
(3)磺酸鹽，(4)磷酸鹽。

2.陽離子型界面活性劑

界面活性劑在水溶液中被離子化後，親水基為帶正電荷的陽離子。
主要構成陽離子的有：(1)一級胺鹽－胺基酸型，
(2)四級銨鹽－甜菜鹼型。

二、非離子界面活性劑

這類的界面活性劑在水溶液中不會被離子化。
主要的構成有：
1. 縮合型：@環氧乙烷系及聚乙二醇系，
@二（烴基2）胺系。
2. 多元醇系：但一般而言，聚乙二醇系的重要性遠大於此類。

簡單的說其構成有：(1)含多個不被離子化的氫氧鍵，(2)含多個醚鍵「–O-」（和水形成氫鍵，而具有親水基）。

三、兩性界面活性劑

在溶液中離子化時，依溶液性質的不同，親水基可呈陰離子，又可呈陽離子，一般而言，其陽離子的部份都是由一級胺鹽或四級銨鹽構成的，而陰離子部份，主要的是由羧酸鹽組成的。

界面活性劑的分子具有一個共同的結構特點，就是分子皆由極性的親水基團和非極性的親油基團所組成，而親油基團主要的構成是碳氫原子（CH烴基）所形成的烷基（CnH2n+1），烷基越長，則親油基越大，大體上可分為四種：(1)脂肪族烴基，(2)芳香族烴基，(3)含脂肪鏈的芳香族烴基，(4)含弱親水基的烴基。

四、界面活性劑的HLB值

界面活性劑的分子皆由親水性的基團及親油性的基團所構成，如果親水性基團強於親油性基團，則此界面活性劑呈水溶性，反之則為油溶性。

HLB值是表示界面活性劑分子中，親水基團和親油基團之間其強度達到平衡時的比值，HLB值越大，則表示其親水性越強，故由界面活性劑的HBL值即可瞭解其親水性及親油性的強度，進而決定它的用途以便使用。

HLB值	用　　途
0↑～3	W/O型（水溶於油，呈油液態），消泡，乳化作用。
3↑～8	W/O型（水溶於油，呈油液態），乳化作用。
8↑～12	O/W型（油溶於水，呈水液態），回濕，乳化，濕潤等作用。
12↑～16	O/W型（油溶於水，呈水液態），濕潤，清潔，脫脂等作用。
16↑	O/W型（油溶於水，呈水液態），強脫脂，溶化等作用。

【注】

市場上，HLB值超過20↑的產品，有可能呈粉狀販賣。

將界面活性劑直接加入水中經攪拌後，觀察其溶解的狀態，亦可略知其HBL值。

加入水攪拌後溶液的狀態	HLB值
不被分散	1～3
粗粒子的分散	3～6
呈不穩定的乳狀分散	6～8
呈穩定的乳狀分散	8～10
幾乎呈透明的分散	10～13
透明的分散	13↑

臨界微胞濃度（C.M.C.）

界面張力是液體分子間相互內作用的表現，液體表面的分子與液體內部的分子間因受力不均勻，致使液體有收縮其表面積為最小的傾向稱界面（表面）張力，故界面張力的改變與作用於液體表面的分子有關。

不同的界面活性劑加入水中後，都會降低水溶液的表面張力，但不會無限制地降低，而是在某一濃度的範圍內，此後界面活性劑的分子就會形成一種「微胞」，而它則會完全將親油基（疏水基）部份包在內，使親油基幾乎不能和水接觸，只剩親水基的部份和水接觸，因親水基和水的排斥性小，故可使界面活性劑穩定地溶於水中，一般稱形成「微胞」的最低濃度為臨界微胞濃度。

溶液中界面活性劑的濃度如果已達到臨界微胞濃度時，即使繼續添加界面活性劑也不會使界面張力再下降。

如果溶液內界面活性劑的濃度已達到或超過臨界微胞濃度時，會使原來不溶於水或微溶於水的溶質的溶解度增加稱為「增溶作用」，這是因為不溶或難溶的溶質於臨界微胞濃度溶液內被溶於微胞核心，並被容納在微胞內親油基部份的現象。

同一親油基構成的界面活性劑，親油基越長則臨界微胞濃度越低，因分子量越大，分子間相互作用就越大之故。

混濁點（霧點）

一般溶質的溶解度，隨溫度的提高而增加，但含環氧乙烷基的非離子界面活性劑卻相反，於溫度提高至某一點（溫度）時會突然變成混濁，稱此點的溫度為「混濁點」（霧點）。水溶液的起泡能力會在混濁點的溫度突然降低，這是因為溶解度突然減少的原因。二種界面活性劑的樣品如測試同一濃度時的混濁度，便可略知此二種樣品是否屬同一種的界面活性劑。

生皮處理的觀念及方法

從動物體剝下皮後，由於含有血液、血塊、碎肉及動物生長環境周邊的污物，所以須先沖洗乾淨，另外由於皮內尚存有水分及足以讓維持動物生長時有新陳代謝作用的微生物和其他細菌繁殖的體溫，這些微生物和細菌會分泌出對皮膠朊有損傷的蛋白分解酶，對皮進行了所謂的「腐敗」作用使皮粒面受損，諸如「掉毛」，更使受損的粒面層下降至毛根處，形成粒面粗糙、表面不平坦，影響到全粒面革及正絨面革的品質，甚至受損部份的粒面層和網狀層（纖維層）交界處的膠朊也受損，可能會因而導致成革鬆面（泡面）的現象，所以必須馬上加以處理，使不僅能防止細菌及微生物的繁殖，更能使剝下來的生皮能貯藏或運送到其他的地方。

生皮的處理方式有下列幾種：

一、濕鹽醃法

將皮以肉面朝上，張開平放在舖滿鹽的地面上，然後將鹽撒在肉面上，鹽量最好是和皮重一樣，但至少也要有皮重的25～30%（羊皮或山羊皮則為15～25%），撒完第一張後，同樣的以肉面朝上，將第二張皮張開平放在第一張皮上再進行撒鹽，如此重複進行鹽醃生皮直至高度約4～5呎即停止。但最上面的鹽量一定要多，使皮能充分的被覆蓋，然後再進行第二堆，第三堆等其他生皮的鹽醃工藝。

如果使用的鹽是礦物鹽，則需事先清洗，鹽醃用的鹽必須選顆粒適中及清淨度較好的，因如顆粒太細，易產生鹽塊或不調和的鹽漿而形成覆蓋不均勻，如顆粒太大則不能完全遮蓋鹽醃面且容易抖落，另外最好不要使用已使用過的鹽，因這種鹽或多或少會含有血液及污物，如果用2公斤的純鹼及1公斤的萘和97公斤的鹽混合均勻後使用，則會避免或減少於肉面上因嗜鹽細菌的破壞而形成的「紅斑」。

二、鹽水漬法

剝下來的生皮經水沖洗乾淨後，吊在鹽量約210°BK（約每10加侖含30磅的鹽）濃度的鹽水池或放入一樣濃度的划槽，如此能給予鹽有良好且均勻地滲入生皮膠朊，約10～14小時（視皮類而定）後，排水、堆置或打捆。

不管是採用濕鹽醃或鹽水漬法處理的生皮其皮內的含濕量尚有50%，為了能使含水量降低，延長生皮貯藏時間及加強防止「腐敗作用」的發生，故需先採用鹽水漬處理生皮，後再使用濕鹽醃法處理。

三、乾鹽醃法

同樣地，不管是採用濕鹽醃或鹽水漬或鹽水漬／濕鹽醃法處理的生皮為了再次降低水分，減少生皮重，加強上述的效果，更有利於生皮運輸成本的降低，便將處理過的生皮曬乾稱為「乾鹽醃法」。

乾鹽醃法時必須在通風良好、濕度低、涼爽而乾燥的地方，用漸進地、均勻地乾，不可以使用溫度太高的急速法，否則受熱太多的部份可能形成膠凝或變成皮膠，放入水裡後，這些部份因被溶解掉使生皮殘留著「孔」狀。

四、乾燥處理法

整張生皮的水份，如果只有10～14%的話，則細菌會停止活動或被殺死或形成孢子狀潛伏著，直至生皮內有足夠的水份時再重新活動。採用乾燥處理法時需注意下列二項：

1. 乾燥的速度不宜太慢，例如在冷而濕的氣候進行，因可能生皮的水份未達到能使細菌活動停止的10～14%時，就已產生了腐敗作用。
2. 乾燥的速度也不宜太快，否則部份的濕表面生皮膠朊易被膠凝形成似膠的物質，因它易溶解於水，使粒面形成氣泡狀。生皮的粒面也會變成硬而脆，另外更會阻撓生皮膠朊內層的乾燥。

乾燥處理生皮的方法比較適用於氣候乾燥而熱的地區，例如印度、非洲和南美洲等區域。乾燥處理法有下列各種不同的處理方法：

1. 舖地縮乾法：直接將剝下來的生皮張開平放在地面上，或以樹枝編成的枝床上或石頭上待其自然乾燥。缺點：貼地部份通風不良，暴露的部份溫度太高。
2. 日曬法：於太陽下將生皮吊或跨在竹竿上或繩上或鐵線上曬乾。缺點：生皮易造成熱傷及竹竿或繩或鐵線的痕跡。
3. 框架乾燥法：將生皮緊繃在不受陽光直接照射的框架上。優點：曬乾後的乾皮，型狀較佳也較平坦而且乾燥的程度較均勻。缺點：繃得太緊，則會使皮的強度變弱及厚度變薄。

4. 陰乾法：將生皮涼乾於四周開闊而上面有似屋頂的建築物內，一則可防陽光直射而且通風性良好，再則可避免下雨時正在涼乾的生皮或已涼乾的生皮淋到雨水。

已處理好的皮乾須使用殺蟲劑（如D.D.T.）用浸或噴的方法再次處理以防止昆蟲類（如甲蟲，幼蟲，及蛆……等）的侵襲。

五、浸酸處理法

生皮經過脫毛、浸灰、脫灰及清洗後，將裸皮放入含12%的鹽及1～1.2%硫酸（須事先用水稀釋）而水溫約12°C的划槽或轉動緩慢的轉鼓，約2小時或更多的時間，直至鹽及酸都透入皮心，並且需檢測及保証溶液仍含有10%以上濃度的鹽及0.8%以上濃度的硫酸，然後排乾水，以6張為一束放入乾潔且能有防酸皮乾燥功能的橡木桶或具有防水效果的板條箱。

大家都知道「鹽」具有防腐的作用，而PH值在2以下時會停止細菌的「腐敗作用」但須注意下列三點：

1. 浸酸時溫度不可超過32°C，否則會損害到酸皮，另外貯藏酸皮的地方需使酸皮能維持它的冷度。
2. 酸！雖然可停止細菌的腐敗作用，但卻無法阻止對染色會發生缺陷及降低染色的鮮艷性和影響塗飾表面光澤性的「黴菌」的生長，為防止「黴菌」的發生，最好於酸液中添加「防黴劑」或「殺黴菌劑」。

3. 貯藏的酸皮不能讓它們乾燥，否則「酸」會減弱皮的強韌性，而「鹽」則會於皮粒面上及皮粒面孔內形成對粒面有損害呈灰白色的霜狀結晶物，俗稱「鹽霜」。

使用鹽處理生皮保存貯藏後，常發現下面兩種對革品質有損害的現象：

1. 鹽霜：除了因「酸皮」乾燥後所造成外，尚有因「鹽霜」屬可溶性鹽，如果「中和」後沒有經過充分的水洗亦會形成這種灰白色霜狀的現象。
2. 鹽斑：鹽醃的生皮，因貯藏的時間超過鹽醃時鹽的使用量，致使鹽和表皮層膠朊分解的磷酸結合，於粒面上形成一種暗黃至棕色而稍微凸出的斑點稱為「鹽斑」。

第 2 章

皮的組成和結構

皮基本上是由水、蛋白質、脂肪、各種無機鹽和其他物質所組成的，然而這些組成的物質對製革者而言最重要的是蛋白質，雖然皮的蛋白質也是由各類型的蛋白組成，但主要的是經鞣製成革的膠朊蛋白及鞣製成裘革的角蛋白。

自動物身軀剝下來的皮其組成元素大約如下：

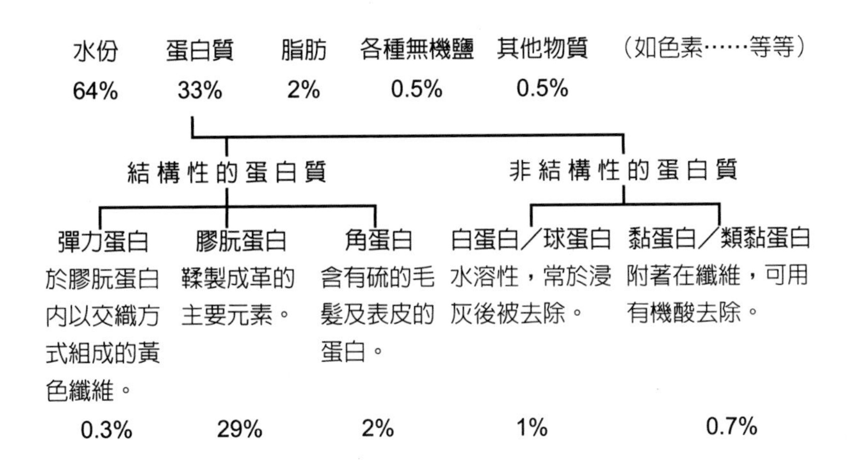

雖然基本上所有動物皮的組成是由上述的物質所構成，但是角蛋白的數量變化是以動物體上毛髮的多寡而定，另外脂肪量也

是依不同的動物而有所變化，白蛋白和黏蛋白之間的分配量則屬有爭議性的。

一、毛髮

屬於一種由含量約5%的低硫性蛋白群和約8%的高硫性蛋白群，以及含有雙硫鍵的胱氨酸所形成獨特性的角蛋白，每根毛（毛囊）都被嵌入在表皮層的毛鞘中而終端則為呈球莖狀的毛根，毛囊及毛根的營養是由細血管供應。毛根（球莖）凹形內（乳頭）新形成的毛錐狀（毛根）及細胞成長於老毛根下，滲透入毛囊後成新毛髮，並將老毛髮排出，這就是為什麼毛髮經過某

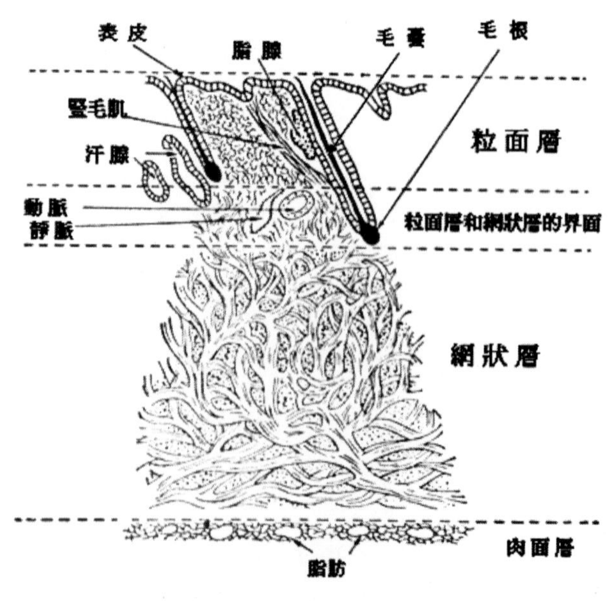

圖2-1　皮結構的橫切面圖

一段時間後會自我分解而掉髮。毛根易被細菌等侵入毀壞，表皮外的毛髮，其所組成的蛋白會漸漸的成熟而變硬，呈鱗片狀現，如需去除，則須使用強鹼或強還原劑。

二、表皮

位於皮的極端上層，是一種硬而化學非常惰性，其外層是死態，收縮而乾燥，經常會有剝落或去鱗的狀態，具有保護作用，表皮的細胞結構類似毛髮的細胞，細胞是緊緊地束縛在一起，屬於角蛋白組成的結實層，表皮下層至基底層是由柔軟的、似果膠的活細胞所組成的，這些活細胞會往上推擠，使表皮最上層有新

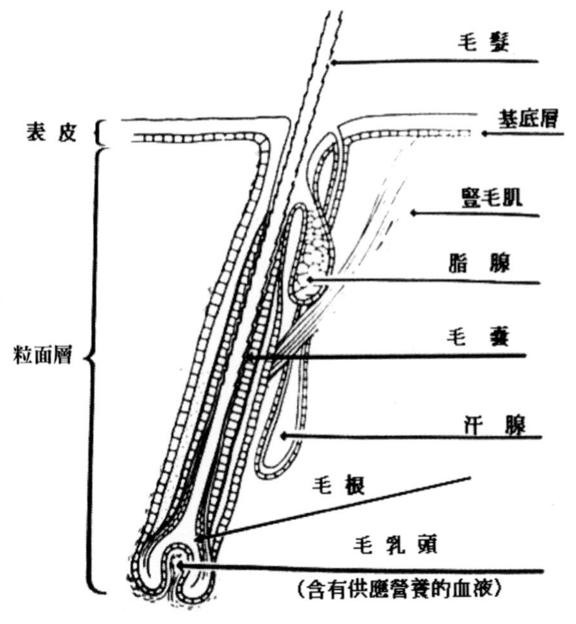

圖2-2　毛髮的橫切面圖

陳代謝及保護皮外層的功能。但這些組成的活細胞抵抗力少，易被細菌或酵素所侵襲，當皮不新鮮或用酵素脫毛時，表皮易被鹼性，如氫氧化鈣（燒鹼或片鹼）、石灰，尤其是硫化鈉或氫硫化鈉（水硫化）所分解，這也是一般脫毛過程中使用石灰和硫化物的原因，不只能毀壞毛根尚能崩解表皮下層柔軟的活細胞，而呈凹凸狀的基底層（表皮和真皮的聯結層），其組成的化合物也容易被蛋白酶破壞，所以將會在水場工序的過程中全部被去除。

表皮對製革廠而言須完全地去除，因殘餘的表皮不適合染色，而且於酶軟工段後皮會形成髒兮兮的表面，亦即俗稱「皮垢」，但對毛皮（裘革）廠而言，則要求儘可能地保留，否則毛（裘）不易被固定於皮上。

三、汗腺

將動物體內的水份和不良的排廢液經由粒面孔排到粒面上，因汗水的排出所遺失的濕度會導致體溫的下降，一個活的生物體，「熱」是不斷的產生，如有過份的「熱」則必須使它消散，透過脂腺和汗腺之間對排泄分泌物的比例適當和平衡，故能控制濕度的遺失數量，進而維持正常的體溫。易於水場工序中被分離去除。

四、脂腺

附著於每根毛囊旁，供應可保護毛囊及皮表面上的油及蠟質，對許多溫血動物而言，脂腺是維持適當的體溫所不可缺的。易於水場工序被分離去除，但已經輸送給毛囊，而於毛囊周圍保護毛囊的油及蠟，需於「酶軟」工藝時加強處理，否則豬正面反絨革易產生「疙粒子」或「白點」。

五、豎毛肌

由肌肉控制，當動物感到天氣冷或受到驚駭時則會使毛髮豎起而皮膚也會形成像「小荔枝花」或「鵝皮」的疙瘩皮。不受強酸或強鹼的侵蝕，只能使用生物化學劑即「酶素（酵素）」去除。

六、真皮（粒面層＋網狀層）

由膠朊蛋白組成非常緊密而結合在一起的網狀物，但在粒面層則變成非常微弱的、交織緊密地、以表面不露端點的組合於表皮下方，因而當表皮被小心的去除後就會顯露出平滑的粒面。

越靠近真皮層（網狀層）中心處的纖維越粗但越堅固，另外纖維交織相交時顯著的角度就能暗示最後成革的性能，如果相交的角度較陡且交織緊密，便可臆測到成革將會是結實、硬、延展性較少的革，反之，如果纖維的交織比較鬆弛且相交的角度較水平，則成革將會是柔軟且具延展性的軟革。

七、肉面

位於鄰接真皮層和肉之間，此處纖維的交織角度都比較呈水平的角度，另外也可能出現含有脂肪的組織。鄰近皮表面的纖維結構方向類似毛囊的傾斜度而纖細，毛根底部層下的纖維結構方向較沒有規則，可能呈鄰近45°的交織角，量多、稠密且雜亂。接近皮內層的纖維結構方向則較接近水平方向，而纖維較長的走向越趨近於和皮表面的平行方向。膠朊纖維的網眼交織狀，使皮表面有細緻的粒面而中央部份的纖維量多而飽滿。

第3章 浸水

一、水場工序

皮革廠的水場工序是最被詬病及被非議的工藝，因它會製造各種惡臭的氣味和污染環境，然而它卻是決定皮革廠其成革品質的好與壞最重要的操作部份，因水場的操作複雜屬鞣製前的準備工段，除了裘革廠以外，整個工藝的工序是：浸水→脫毛→浸灰→脫灰→酶軟，涵括了物理、化學、生物化學等科學知識和機械控制的操作等技能，是不懂製革或想學製革工藝的人最難去瞭解及學習的部份，所以常有人說：「製革的工藝及成革品質的好壞，決定於水場的工藝」。

水場的工序首先進行的是浸水工藝，而浸水工藝又分成預浸水及主浸水二個階段，然而預浸水可能有第一次預浸水及第二次預浸水甚至還有第三次預浸水，這得依據皮的貯藏處理法及皮的種類，尤其是含脂肪量高的皮，如豬皮等而決定。

二、預浸水

進行水場工藝之前的前處理工藝稱為預浸水，其目的有：

1. 洗去一些鹽醃皮的鹽並用水代替它，使爾後工藝所要添加的化料能夠比較容易地滲入生皮膠朊和擴散均勻。預浸水不須添加化料，但可使用些界面活性劑如乳化劑、脫脂劑等藉以增加鹽的溶解度及降低生皮膠朊的界面張力。預水洗的工藝最好是先採用悶水洗後再使用流水洗的方式，如使用短浴法洗（水量低於100%的鹽醃皮重），則需常換水，一般使用的水量約120～200%鹽醃皮重（使用划槽的話約250～300%），但是使用的容器（轉鼓或划槽或仿混凝土攪拌鼓）不能超載，以能容許皮重和最低的水量（120%）為主，否則會因充水不夠，導致後工藝的效果受到影響。所需要的時間，則是依據原皮的種類及添加的化料或助劑而定，不過一般而言，不管使用那一種容器操作，所需的時間大都是一樣。
2. 調整生皮的溫度至26～28°C但不可超過28°C（因細菌比較容易繁殖），以利於爾後的浸水工藝。

對於毛髮、表皮膜及肉面處含天然油脂量較多的動物皮（如豬皮），於預浸水的工藝除了有上述二個預浸水的目的外，尚有去除表面的天然油脂和降低油相的界面張力等目的。採用轉鼓的方式是將皮先悶洗轉約30～40分鐘，排乾水後再用流水洗，洗至3°Be’左右（約20分鐘），再添加純鹼或苛性鈉（燒鹼、片鹼）調整水液的PH值至9.5～10.5，後再添加乳化劑及少許的脫脂劑進行「皂化法」或稱「強鹼脫脂法」。

【註】

純鹼使用量多則會影響成革的拉力及爆破力。

片鹼使用量最好不要超過0.2%，因使用量多則會使皮身增厚，手感較硬（鬆弛不夠），影響爾後浸水的速度及成革的撕裂強度。

三、浸水

浸水最主要的目的是使原皮因貯藏的處理及運輸中失去的水分，能再次吸收水分使已乾燥的纖維間蛋白質能再次水解（充水），鬆散它對纖維的黏緊作用。膠朊蛋白纖維和毛髮的角蛋白細胞及表皮也能吸收水分變成比較鬆弛和柔韌。浸水所需要的時間和條件是以皮的厚薄、大小、貯藏處理法和皮的油膩程度而定，所需要使用的水量一般為原皮重的2～4倍。總結浸水的目的有下列各項：

- 使原皮再水解（充水）
- 去除鹽醃的鹽
- 移除原皮上的髒物和血塊
- 去除非結構性的蛋白及蛋白多糖
- 鬆弛表皮及皮下組織的結構
- 準備給予爾後的工藝有最適合的條件

浸水程度的好壞對脫毛及浸灰工藝是一個極重要的預備步驟，諸如浸灰時纖維是否能有效地被打開而鬆弛但不鬆面（泡面）、裸皮的粒面是否平坦和乾淨，以及是否能增加最後成革的面積。

影響浸水工藝的因素：

一、水的質量及用量

水的質量須清潔，有機物質及細菌的含量必須很少，另外最好不要含有鐵質以免使皮產生斑點。

用水量方面視設備而定，但須充足以免因水量不夠造成污物及貯藏處理防腐用的化料不易洗淨，非結構性的蛋白質不易被完全溶解和去除，膠朊纖維不易膨脹，形成纖維束不能夠充分的被打開。

二、細菌繁殖

水的溫度和PH值會影響細菌的繁殖及作用，溫度方面將於下段詳述，當水的PH值為6.5～8.5時細菌繁殖最快，故應將水的PH值調整到4.6～6.5（酸式浸水法），或8.5～10.5（鹼式浸水法）以抑制細菌的繁殖。

浸水工藝的過程不是一件簡單的工藝，因為生皮的水份一旦過多或處理貯藏的處理劑被洗掉後，腐敗性的細菌便會快速成長，如此生皮可能在恢復鬆弛和柔韌之前已腐爛，浸水液也可能發出惡臭的氣味，因而使成革牢度脆弱、粒面受損（如呈現爛毛孔）、鬆面（泡面）、缺乏皮的完整性，尤其在腹部或較薄部份，為了防止細菌的生長在浸水工藝時我們需慎選添加殺菌劑，如次氯酸鈉、三氯酚鈉或其他商業性的殺菌劑。

如果我們能調整並控制浸水的水液溫度和添加一些化學助劑，如此便能提昇皮對水的吸收（充水）速度和減少細菌對皮的腐爛作用。

溫度：生皮的充水取決於水的滲透和擴散，提高水溫則能促進水的滲透和擴散，使生皮充水的速度加快，故可縮短浸水的時間，但是細菌於皮內潛伏時間的長短視水量和水溫而變，水溫在20°C時約為10小時，25°C時約為4小時而30°C時則約為2小時，所以如果以提高水溫加速浸水的速度及縮短充水的時間為目的的話，則可能發生下列兩種危險的現象：

1. 如果水的溫度超過血液的溫度（即指體溫38°C），蛋白纖維則傾向於收縮、膠凝化使成革變硬、面積縮少，厚度增加且不能伸縮和彎曲。
2. 如果水溫往上加溫至38°C時，則細菌作用的速率可能會持續地增加，結果使成革鬆面（泡面）、空鬆不飽滿、損傷粒面使成革粒面局部發暗無光，甚至使粒面形成針眼（針孔）。

建議浸水工藝的水溫能維持在16～21°C之間（因15°C時對水的吸收將會開始減少），如果因環境的關係，需採取較高的水溫時（25～28°C），則需增加殺菌劑使用量的比例及縮短浸水工藝的機械作用時間。

三、添加化料

酸性溶液或鹼性溶液能使纖維蛋白比較容易吸收水份和形成膨脹，並能幫助纖維間蛋白質的分散。

1. 酸式浸水法：採用這種方式的目的是為了保護毛或髮，使毛、髮於浸水時不至於掉落。可在浸水液添加1～3克／每公升水（16～20°C）的蟻酸、鹽酸或硫酸。一般使用於裘革廠。
2. 鹼式浸水法：最普遍被廣泛採用的方法，其目的是使毛髮和表皮鬆弛，以便於「脫毛」工藝時能容易地去除掉它們。可添加的鹼式化料如下：
   (1) 燒鹼（苛性鈉、片鹼）：可防止腹部充水較多而較鬆軟，不可過量，最多不超0.2%，否則會形成皮心較硬。
   (2) 純鹼：添加量過多的話，皮身會反薄。
   (3) 硫化鈉（硫化鹼）：藉以加速表皮和毛髮的鬆弛。
   (4) 弱鹼式的多硫化鈉：幫助纖維間蛋白的分散，使成革的粒面較平滑，如四硫化鈉當作脫毛工藝的預處理，使其對毛囊的角蛋白起化學作用，有助於脫毛工藝。四硫化鈉不僅能毀掉細的毛髮並能幫助去除軟性的球蛋白。

無論是採用酸式或鹼式浸水法，所要添加的酸量或鹼量不可過量，否則會促成表面迅速充水和膨脹，使表面變形而纖維間的空隙也會緊收，影響水的滲入，結果是成革變成「鬆面」。

【註】

浸水液的PH值如果太高，就會有護毛髮的作用導致以後不易脫毛（燒毛或拔毛）。

四、鹽

浸水液含有鹽則能達到二個目的：

（A）幫助去除球蛋白，（B）能幫助殺菌，有效地降低因細菌降解作用導致損害原皮的可能性。鹽的來源可利用貯藏處理原皮所用的鹽，只要清洗時不要將貯藏鹽洗得太乾淨，留下足夠的濃度2～3°Be'即可，但如果是皮乾（即不用鹽處裡）的浸水或浸水需要較長的時間才能達到所求，這時所添加的鹽將允許浸水的溫度提高且能降底細菌侵害的可能性。

五、界面活性劑

添加界面活性劑可幫助水的滲透，進而加速浸水的工藝，有非離子，陰離子及陽離三種離子型的產品，使用非離子或陰離子性的界面活性劑，如回濕劑、濕潤劑、乳化劑，其目的是降低或消除皮表面和浸水液的界面張力，促進水的滲透，特別是表面非常油膩而水液不容易滲入的皮，也可使用具有殺菌效果和固定某些原皮蛋白留給下段工藝執行的陽離子界面活性劑（並不是都含有殺菌的能力），但是它的充水效果不如前二者。不要添加過量的界面活性劑，否則會使廢水不易沉澱，導致影響爾後生物降解的能力。所以最好是使用固成份高、泡沫低、添加量少的界面活性劑。

六、舊灰液

液體裡已含有鹼、硫化物及已溶解的蛋白質。一般這種液體的PH值大都在11或以上，所以能阻止細菌的活動，而已溶解的蛋白質具有緩衝PH值的作用，故能防止粒面因膨脹而扭曲變形。

【註】

不能使用舊浸水液的原因是舊浸水液可能已含有數量很多的活菌，雖然說是會加速皮身的柔軟，但在運轉操作中對皮身卻是非常危險，故不宜推薦使用。

七、殺菌劑

浸水時添加殺菌劑是因為貯藏處理的鹽和原皮充水的水場工藝操作期間，可能會促成細菌的成長，因為貯藏處理原皮時已經有大量及多種不同的細菌潛伏著，而於浸水的條件下使它們變成非常活躍，但如果是以乾淨的鹽處理原皮而且在浸水前無明顯的因細菌所造成的損傷現象，則不太需要添加殺菌劑。

殺菌劑一般都使用氯化的芳香族化合物，但是如果是以強氧化劑製成的，最好不要使用，因會妨礙爾後的脫毛工藝。

基本上殺菌劑的使用是根據原皮的狀況而定，如果對原皮的狀況存有疑問時，最好於浸水開始時就必須添加用來防止細菌的腐敗效應，另外溫度太高不易控制水溫時，最好也添加殺菌劑。

八、浸水酵素

一般使用浸水酵素的PH值約在9.0～10.5之間，具有水解纖維間蛋白（浸水酶）的作用，能幫助粒面較平坦而且圓滑，而酸性酵素分為兩種，使用時的PH值在4.0～5.0之間和PH值在4.0以下，但都需要和少量的非離子回濕劑或乳化劑一起使用，效果才能顯著。

浸水工藝對爾後的脫毛工序有最大的幫助，但是不適當的浸水則會延長脫毛的時間，為了能夠縮短浸水的時間，原皮能獲得適當的充水及對爾後脫毛的工藝能有效的幫助，所以浸水工藝經常對使用的化料、溫度、攪動的程度和時間的控制也會因此而不同。

鹽醃皮的浸水

去除皮表面的髒物、血或血塊及鹽最重要的是先以預水洗（亦稱「預浸水」）工藝處理30～60分，同時可以藉此調整皮及浸水的溫度，一般約在25˚C和28˚C之間（但是不要超過28˚C），使用純鹼或燒鹼（片鹼）等鹼性化料調整浸水液的PH值介於9.5～10.5之間操作，則能加速浸水的工藝，這是因為蛋白纖維在PH值高的時候容易吸收水份的原因，但是不可以超過PH值10.5，否則會形成保護毛根的作用，致使脫毛時不易去除毛根，以及因為使粒面過早發生膨脹導致脫毛、浸灰後的裸皮粒面含較多的皮垢。如果在這時（PH：9.5～10.5）添加適量的界面活性劑／乳化劑，則非常適於含油脂量較多的原皮，因為同時可以得到最佳的脫脂效果。

使用能使非結構性蛋白和蛋白多糖質產生水解的水解蛋白浸水酶也能加速浸水的功能，如果再混合適量的界面活性劑使用的話，則能使20公斤～36公斤鹽醃皮的浸水工藝縮短至4～6小時，且浸水效果非常好，不過如果採用浸水過夜的工藝，則須減少浸水酶的使用量，並於容器轉動2～4小時後停止轉動，爾後每1～2小時轉動5～10分。如果也想使用浸水酶於浸水液裡處理含油脂量高的原皮，最好是水解蛋白酶和分解脂肪酶一起混合使用，而且必須添加適合的乳化劑，主要是避免脫脂後的天然油脂沉積於肉面與毛髮之間，影響爾後浸灰劑的滲透，結果形成粒面粗皺且皮垢又多。

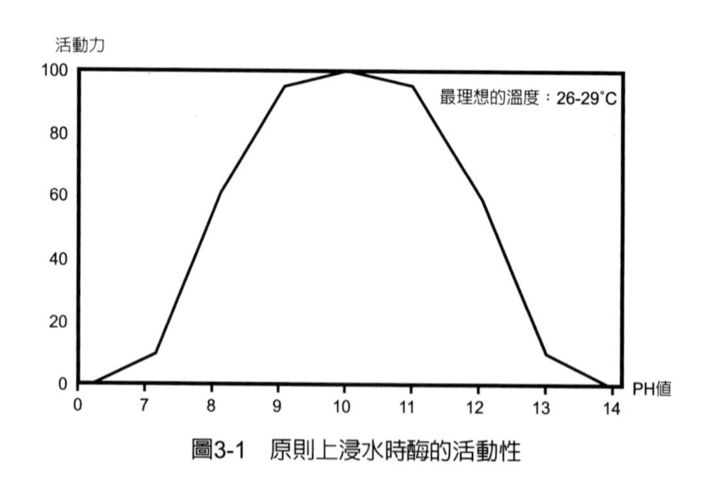

圖3-1　原則上浸水時酶的活動性

如何觀測浸水工藝是否已完成了？這是一個不容易回答的問題，而且也沒有任何一個場所具有這種定量的測試，有經驗的工程師全憑著他的雙手對浸水後的皮的握捏，觸感皮中心是否有硬的感覺及觀看切割後截面上、下部份是否呈不透明的白色，而中心處約1/3～1/2則呈略帶黃的透明性，以判斷浸水的程度。但我們可以使用鹽在浸水工藝時波美度（°Be）變化的曲線圖得到較正確的答案，那就是在浸水工藝進行期間，不斷地檢測鹽的波美度（°Be），然後以「時間」為橫軸，「波美度（°Be）」為縱軸，以「點」記錄然後將「點」連接成一條曲線。由於浸水時鹽會從鹽醃皮內滲出，而浸水的水液會滲入皮內，剛開始浸水時，鹽的波美度（°Be）會較高，直至曲線變成一條水平線時，即表示皮內及浸水液中鹽的波美度（°Be）一樣，也就是說皮內及皮外鹽的濃度已經平衡了，這表示水已完全滲入皮內了。

浸水工藝完成後最好是將水液盡可能的排乾，使用流水洗的方式將髒物、已乳化的天然油脂和被水解出的非結構性蛋白等排出，直至水不再有惡臭、骯髒、污濁且波美度（°Be'）不超過2°Be時就可進行浸灰的工藝。

一、鮮原皮（不經過鹽醃處理）的浸水法

大多數的人認為鮮皮沒經過「脫水」處理不需要使用浸水工藝使原皮「回水（充水）」，所以將短時間水洗後的鮮皮就直接地執行「浸灰」的工藝，這是非常錯誤的觀念，浸水的目的並不只是將原皮回水（充水）而已，最重要的是水解非結構性的蛋白，因為這些蛋白質於酸鹼液裡也會發生膨脹，如不去除的話，則會影響浸灰時膠朊纖維的膨脹，結果使最後成革的面積縮小，粒面皺縮不平坦且因皮垢多而影響塗飾的光澤性。是故，首先需將鮮皮洗去髒物和血液，然後於PH：9.5～10.5時添加界面活性劑、乳化劑、殺菌劑及適量的浸水酶進行浸水工藝，所需要的時間大約5～6小時即可。

二、皮乾的浸水法

皮乾由於原皮已乾燥了，可能有些部份的纖維已起膠凝作用，或纖維和纖維間已經膠黏在一起，在此情況下，由於纖維因凝結變硬，所以皮乾未完全再次充水前（即是浸水工藝完成前），避免使用機械動作，否則將會使纖維因機械的撓曲動作而斷裂，使成革的品質鬆面且手感空鬆，而且如果採取直接浸水的話，也非常困難的達到皮乾的浸水效果。問題是如何於浸水工藝時，使皮乾能得到充分的回水及去除非結構性的蛋白質？所以皮乾的浸水工藝，首先須採用靜止式的浸水法，先需將容器（划槽或浸水池／槽或仿混凝土攪拌機，當然也可使用不含木樁的轉鼓，只要皮乾不需彎曲或打折即能通過鼓門放入鼓內即可）的水（28°C）調整PH值至9.5～10.5，添加適量的回濕劑和殺菌劑，然後再將皮乾放入容器，容器內的水量必須完全覆蓋皮乾，且每小時需攪動1～2分鐘，如果皮乾開始有鬆弛的現象，則須延長攪動的時間。執行靜止式浸水的工藝所需要的時間是根據皮的種類及乾燥的程度，一般約為24～36小時，如果皮乾大而重，則需採用靜止式預浸水法先處理，方法如上述但須過夜，次晨換水再執行靜止式浸水法。

含有乾鹽的皮乾，其浸水的方法也是一樣，只是因為含有鹽所以再水解（充水）會比較容易，所需要的時間則是依據鹽皮乾的條件及攪動的時間，這方面最好先作試驗及測試再決定。

總之，皮乾的浸水時間須常換水，每一次換水後都必須添加殺菌劑直至皮乾得到充分而完全的再水解（充水）後，會呈現鬆弛，柔軟的現象有如剛剝下來的原皮。

因浸水不良所造成的缺陷：

1. 浸水工藝期間有掉髮、惡臭和細菌的腐爛作用而形成有「黏滑」的感覺，原因是來自原皮內含有活的蛋白細菌及工廠所使用的水質不良，結果使成革的粒面受損，纖維的結構空洞而鬆弛，靜脈血管特別顯著，補救的方法是改善水質、減少浸水的時間、控制水溫度和添加適量的殺菌劑。
2. 生皮較硬或較結實的面積部份，如頭頸部，沒能力使趨於平坦，這表示浸水的程度不充分或不均勻，結果會於後工序造成脫毛和膨脹的能力差，而於片皮、削勻或磨革等機械操作後，浸水較差的內部其顯露在外的面積就會有皮浸水不佳的現象或顏色和周圍不同，似褪色的、變色的、硬且發亮的斑紋，所以非常不適用於正絨面革。最後的成品是硬的，易龜裂的，無伸張性的，粒面髒而且疤痕特別顯著，補救的方法是須使非結構性蛋白完全降解及去除，浸水液能完全滲透且均勻。
3. 經過乾燥處理的皮乾如果浸水不完整，則皮會保留著摺疊痕或像壺、桶樣的半圓形拎環似的疤痕。
4. 成革粒面粗劣且皺縮，可能導致爾後的工藝也無法修正的手感特性。
5. 如果於浸水工藝時無法抑制細菌的侵蝕和腐爛作用，輕者成革粒面局部發暗無光，重者粒面形成針眼。

第 4 章

浸灰工序

浸灰工序含有脫毛及浸灰兩種工藝，其目的是使皮纖維能均勻地鬆弛和去除毛髮、表皮及纖維間質（非結構性的蛋白質），或使毛髮脫落和鬆弛肉面及附著於肉面的脂肪，以利於爾後削肉機的削肉及去脂肪的操作。

毛髮的結構和脫毛的觀念

利用各種不同的方法使獸皮上的毛或毛髮脫落，但是所有的方法都跟毛或毛髮的化學性及軟角蛋白有關，以前因為研究皮的組織結構、毛及毛髮的生長狀態時，明白瞭解毛或毛髮都是成長於毛囊裡，同時也知道阻礙毛囊裡供應毛或毛髮細胞的液態蛋白質和形成毛桿的纖維結構之間具有轉變的作用，而新陳代謝活動力高的部份也是角蛋白最具有化學反應的一部份，因此瞭解脫毛工藝針對毛囊作用是最有效的。

毛髮的結構是由毛根、毛囊及毛桿／毛尖所組成的，而化學作用於組成毛髮的這三部分會呈不同的反應，毛囊裡的角蛋白是柔軟的，但毛桿大都屬不活潑的、惰性的化學性能，因毛桿表面的毛屑不容易接受化學的活動性，髮尖則是因直徑小但暴露的表面廣大，而且大部分的毛桿也是暴露於化學作用的範圍。依據還原劑的強度和毛髮具體接觸的部分，使毛髮對鹼和還原劑呈現十分不同的反應。

當石灰作用於蛋白質使蛋白質產生水解，再漸漸的分解蛋白質的結構，使蛋白質的可溶性變成越來越小的分子，而且三大類含氨基酸的蛋白質和石灰的化學作用也不同，如球蛋白因含廣泛的自由酸和氨基團，所以溶解度很高，而膠朊蛋白因可使用的酸和氨基團太少，故需強酸和強鹼以長時間的作用才能被溶解。角蛋白是由含酸性基和鹼性基的氨基酸所組成的，因攜帶含硫的氨基酸的量多，如胱氨酸（雙硫丙氨酸）、蛋氨酸（甲硫基丁氨酸），故毛髮的抗酸性比膠朊蛋白強。

添加還原劑可改變角蛋白；使含硫的蛋白質釋放變成含氫硫基的蛋白質，氫硫基就像酸基一樣，於溶液中能和鹼產生化學反應，因此被還原的角蛋白會加強對水解的敏感性，故在鹼的條件下，角蛋白的可溶性多於膠朊蛋白。如果同時添加鹼性及還原劑二種化料，其結果是優先分解和溶解毛髮的角蛋白，而且不會影響膠朊蛋白的化學作用。這就是一般石灰脫毛系統的理論和實際的基礎。

另一方面，組成皮蛋白質另一部份的彈性蛋白，含酸基和鹼基的量非常少，並且在灰液的溶解傾向也非常低，因此去除彈性蛋白只能在爾後的軟化工段中進行。

兩種實用的脫毛系統

一、拔毛法

一般體積較小的動物皮，尤其是毛或毛髮特別多或密的皮，如綿羊和許多山羊皮，或毛、毛髮的價值高的獸皮均採用拔毛法，有下列幾種方法：

1.塗灰漿拔毛法

將水洗或洗毛或浸水後的皮堆積，疊至某一高度，或用脫水機、絞水機等方式排出皮內多餘的水分，因塗灰漿脫毛的關鍵在於皮內水分的多寡，水分太少會妨礙脫毛，水分多則會降低塗灰漿的稠度，稀釋塗灰漿內化料的濃度，而且可能會使水和硫化鈉的反應而形成了苛性鈉（片鹼、燒鹼）導致皮的膨脹，和粒面的失真及缺陷。塗灰漿的準備是用5～20%的硫化鈉（約8～15°Be’）添加等量的消（熟）石灰（增稠用），攪拌後過夜「熟化」，使石灰的顆粒完全地被「水合」和細緻地分散，如此才能使硫化鈉和石灰的混合達到平衡的境界，而且經「熟化」的稠度比剛混合攪拌後的稠度更適合於使用上的濃度，這種經「熟化」增稠的方式在自然界稱為「觸變性」現象。經「熟化」後的塗灰漿靜置時會維持其稠狀，但再經攪拌後刷漿時就會變成適當的流體，這種現象一般的說法是具有「無滴液」的特性。使用時是將塗灰漿塗在肉面上，使用量則根據皮的濕度和厚度，大約1,000公斤的皮須使用100～150公升的塗灰漿，較厚的部位（背脊部）用量要多，而薄的部位（腹肷部）使用量則較少。然後肉面對肉面，毛對毛相對地堆積，疊至某一高度但高度不可太高，否則會使堆積皮的溫度升高，如果高於30°C則會損傷粒面和導致皮的強度減弱，例如羊皮約3～4呎高即可。堆積疊高的塗灰漿皮直至毛髮或毛有鬆弛的現象，就可以進行拔毛或推毛，也可將塗灰漿的皮沿背脊線以肉面向內的方向對摺，爾後再堆積疊高或一張一張地吊在冷而潮濕的棚裡（特別是熱帶地區），但這種摺疊方式的缺點會使塗灰漿被擠離背脊線，經拔毛後背脊部的毛比較緥緊而不鬆弛，且皮的背脊部分可能出現粗劣的絨毛。塗漿一般都是在傍晚，氣候較涼的時候操作，翌晨再進行拔毛，拔毛的方式分機械法及人工法兩種，拔毛後將拔出的毛分等級處理，再將已拔毛的皮直接放入不含脫毛劑的石灰浴內，進行浸灰的工藝。

塗灰漿拔毛的原理是灰漿的化料經由肉面滲入皮內，因有充分的鹼性（PH值需高於12）便和含雙硫鍵的角蛋白起了化學反應，溶解了表皮和毛基底層或毛髮根部新生的細菌，使毛或毛髮鬆弛而易於被拔出或去除。

使用「酚酞」指示液滴測法，皮切口處如呈深紅色即表示灰漿已經充分地滲入皮內，爾後再使用1%的醋酸鉛溶液滴測，如呈現出黑色的斑紋，即表示滲入硫化鹼的量已經足夠了。

如果皮較厚或非常油膩或需刷二次漿於脊骨或頸部，則須增加硫化鈉的使用量，但如果用量過多的話，則會削弱皮質，這是因為硫化鈉溶於水會產生苛性鈉（片鹼、燒鹼）的原因：

硫化鈉＋水→片鹼＋硫氫化鈉（Na2S＋H2O→NaOH＋NaSH）

特別是非常油膩的綿羊皮或山羊皮和粗毛綿羊皮，如果要求的是純染色高品質的全粒面革，那麼使用過量的石灰是不利的，因對油膩的皮會造成抗水性的「灰皂（鈣皂）」，導致爾後鞣製、加脂和染料分散的拙劣和不均勻，但可用矽藻土、高嶺土或黏（白）土代替石灰使用。添加濕潤劑（滲透劑）想增加滲透的效果，一般不見得有效，除非添加量多。

塗灰漿拔毛法由於皮內的水分少，灰漿不會迅速地被皮吸收和滲透到毛髮根，所以可以避免粒面的鹼膨脹，但一旦進入鹼膨脹的工段時（浸灰），由於拔毛後鹼已完全滲入皮內，所以當鹼膨脹開始時候，皮內網狀層和外面粒面層的膨脹速度是一致的，故皮的膨脹非常均勻而不會導致粒面的凹凸不平和鬆面。

使用塗灰拔毛法的優點：

(1) 石灰及硫化鈉可防止細菌的腐爛作用。

(2) 能理性的控制，故能正確的，且適當地使毛或毛髮脫落。

(3) 塗灰漿時可以容易地控制用量，背脊部、頸部等範圍和較厚的部份用量較多，鬆弛的腹肷部，腹部及較薄的部份用較少的量。

使用塗灰拔毛法的缺點：

(1) 需使用較多的操作者。

(2) 石灰和硫化鈉會損害毛和毛髮，開始時會使毛或毛髮的觸覺粗糙或削弱毛和毛髮的牢度，最後甚至完全碎裂，這是因為硫化濃度的作用原因，由於塗灰時會污染到乾燥的毛或毛髮，此時灰漿污染部份的濃度變成很高，導致毛或毛髮變成易碎爛，雖說可以小心地塗灰漿，使灰漿不致於污染到毛或毛髮，但是即使如此，總會有某些程度的污染而降低了毛或毛髮的價值。

(3) 得毛率或毛髮率較少，因為需要使毛根或毛髮根瓦解的原因。

2.塗灰漿脫毛法

處理不回收毛髮的皮，需使用量較多的強還原劑，塗漿後將皮以肉面對毛髮的方式疊積，此時濃度高的硫化鈉／石灰液會毀壞皮面上的毛髮而且也能從肉面滲入皮內破壞毛根。這種脫毛法大都使用於毛或毛髮的價值低於革面的小牛皮（牛犢皮，一歲以下的牛皮）和山羊皮，藉以避免執行浸灰時不會因強鹼的出現而產生不規則的膨脹，致使皮身彎曲、摺皺和變形，而是希望成革具有平坦的，光滑的和堅牢的粒面。

二、爛毛或毀毛法

使用於獸皮皮身的價值較高，一般都使用滾桶或仿混凝土攪拌內進行，但使用划槽者較少，因污水排出量大，增加處理污水的成成本。現在一般製革廠所執行的脫毛法，大致有下面兩種：

1.滾桶塗灰爛毛法或溶毛法

這種方式基成本上是使用於牛皮或豬皮或其他毛，毛髮價值低的獸皮，其優點是操作迅速而且成本低。不過所使用的硫化鈉和硫氫化鈉需有足夠的量才能達到溶解毛髮的效果。

工藝是將經浸水處理過及排乾水後的皮投入含25%水，1～2%石灰，2～3%硫化鈉及0.1～0.2%片鹼（燒鹼）而且轉速慢的滾桶，利用滾桶的轉動使灰漿塗抹在皮的兩面，便可爛毛髮或溶燒毛髮，再經水洗後便很容易地將碎爛或燒毀的毛髮從粒面上沖走，爛毛法的轉鼓使用的水量，越少越好，能使轉鼓起動即可，因水量少則皮和皮之間的摩擦力就增加了，而摩擦力是幫助去除毛髮及皮垢是最有效的動力，如果在爛毛後水洗或增加轉鼓的水分，再添加石灰，這時所添加的石灰是用來減少因硫化鈉所造成不良的膨脹。不過溶毛法的缺點是常導致膨脹不均勻及產生較多的皮垢，然而如果能正確地處理和操作，使用毀毛法也能獲得粒面非常乾淨及緊密的灰裸皮。

2.護毛浸灰法

利用一般石灰的鹼性，先預先處理使半胱氨酸（巰基丙氨酸）轉換成羊毛碳氨酸，同時也能處理毛根部方面，使毛囊內軟性角蛋白的水解作用將會從毛根去除毛髮，另外幫助毛桿的角蛋白抗拒還原劑（如硫化鈉）的還原作用，然後再添加少量的、溫和的還原劑，例如非常少量的硫化鈉或硫氫化物，用來毀壞已具免疫性毛髮桿所遺留下來的毛根，並完整地將它們去除，最後再使用網狀複循環的設備將已被釋出於容器（轉鼓）裡的毛髮濾出容器外，即可獲得乾淨而平坦的灰裸皮，而且廢水內化學需氧量（COD）、硫化物及氮的含量都少於毀毛法，另外被濾出的毛髮也能作為其他的用途，如肥料的化合物等。

如果使用強鹼性的脫灰工藝，即是使用強還原劑，如硫化鈉的量多，強還原劑則會分解毛髮的雙硫鍵，這個分解的動作首先發生於毛髮的表面上，由於靠近毛尖部所暴露的表面積較廣，所以毛髮被強還劑的毀壞是由髮尖開始爾後向下至髮根。要是浸灰浴裡含有充分的鹼和強還劑的話，那麼毀毛的動作是非常迅速的，可能會於開始浸灰數分鐘後就發生，假如作用不夠激烈的話，那麼髮尖和毛髮的纖維就會發生捲曲的現象，此外部分被毀壞的毛髮會形成纏結，如此爾後浸灰的灰浴裡想要再去除的話則非常困難。

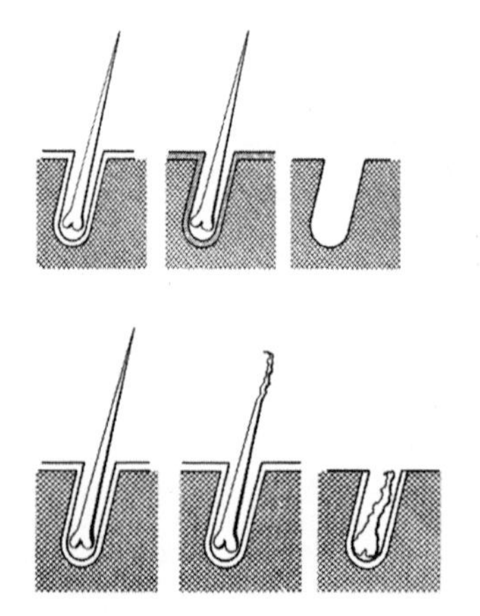

圖4-1 表示在溫和的浸灰工藝中強鹼作用於毛髮的護毛法，於毛囊裡的表皮和軟性的角蛋白都慢慢地被溶解及毛髮由毛根處被去除，留下乾淨的囊。

圖4-2 表示強浸灰液裡強鹼劑的動作，因化學的作用強故足以毀壞毛髮，髮尖由於暴露的表面廣所以首先被毀壞，爾後再毀其他的部分，但已被柔軟化的毛桿仍留在毛囊裡。

舉　例

滾桶「爛毛」或「溶毛」法，採用的鼓液是強硫化鈉溶液，以「間歇式」的轉動，亦即轉，轉，停，停的方式執行脫毛工藝，例如：

2.5%	硫化鈉（1：100~120水稀釋）	可使用硫氫化鈉代替部份的硫化鈉
12%	鹽（抑制膨脹）	6小時，水洗

我們也可以添加1%的石灰於硫化鈉溶液，增加手感的特性，對鉻鞣皮而言，添加石灰是很重要的，因在纖維結構發生不適當的鬆弛而造成腹部鬆面之前，添加的石灰會使纖維的膨脹或鬆弛能適點地，迅速地完成（8～12小時），鼓的轉動必須慢而柔和及間歇式的轉動5～10分／小時，如果水浴太少，則粒面易形成「荔枝」似的花紋或腹部的鬆面。

鉻鞣革的皮大多採用轉鼓爛毛的系統。

舉　例

1.爛毛法：

1. 2.5%	硫化鈉（1：10水稀釋）	
1.5%	硫氫化鈉（30%）	
3.0%	石灰	1～2小時，直至碎毛或爛毛
+270%	水（30°C）	間歇式的轉動5～10分／小時，過夜

2.護毛法：

鬆弛毛髮的結構。使毛髮脫離皮身，而不是被攪碎或燒爛。

170%	水	
0.3%	硫化鈉（1：10水稀釋）	
2.5%	石灰	間歇式的轉動5～10分／小時，約36小時

3.無灰法：

適用於皮身較薄的皮，如粗毛綿羊和山羊。它的優點在於不會產生導致鞣製和染色不勻的「灰皂」，毛或毛髮需預先使用「無灰」塗硫化脫毛法先去除毛。應用的方法是用硫化鈉或硫氫化鈉將含有約0.2%苛性鈉（片鹼／燒鹼）的溶液的PH值調高至12.6~13.0，溫度提昇至28~30°C，如此可以減少膨脹的發生率，且能給予粒面細緻而平坦。

4.無浸水的浸灰法：

一般使用於鹽醃皮，當水液裡含鹽的濃度高（例如有12%以上的鹽或6%以上的硫酸鈉）時，即使PH值超過13，皮也不會發生膨脹，如此鹼便會迅速地滲透進入皮內及毛髮而達到脫毛的效果。滾桶塗灰脫毛系統裡因硫化鈉的濃度高而水液少，25%水和2.5%硫化鈉，這表示依水量計算鹽（鈉鹽）的濃度有10%，然而在許多情況下，這種短浴的滾桶法是不受歡迎的，但如果用如此高濃度的鹽（10°Be以上）而採用長浴法（200～300%的水）其結果也不會有膨脹發生，而於毛髮脫落後，加水使鹽的濃度降低至2~3°Be，皮則會均勻地膨脹且粒面不受損。

無浸水的系統是將鹽醃皮直接放入轉速慢的滾桶裡添加150%水，2%硫化鈉，1%苛性鈉（燒鹼），鹽已經存在於醃皮上約有11~14%，可抑制膨脹直至毛髮掉落後，添加水量用以稀釋，則能給予均勻的膨脹，像這種能使鹼迅速滲入皮內的工藝最適合使用於油脂含量多的皮。

【註】

鹽—約2%以下，常被添加於短浴法的灰液裡以增加上，下，左，右的膨脹及軟而有海綿感的成革，但使用量過多則降低膨脹的效應。

5.無硫化，無石灰法：

100%	水
6%	硫酸鈉或12%鹽
2~3%	苛性鈉（燒鹼）直至毛髮脫落
+ x%	水（用以稀釋脫毛的鹼液，更能取得適當的膨脹）
+ y%	水溶助長劑（磺化芳香族酸的鹽類，增加纖維的鬆弛）
+ 0.5~1%	氯化鈣（增加表面的滑感，以利削肉或片皮的機械操作，轉動的時間不需要太久約40分左右）

無石灰的脫毛法

製革界將石灰當作脫毛劑使用是很普遍而廣泛，所以認為「水場」、「浸灰」和「脫毛」的術語解說是具有相同的意義，然而「浸灰脫灰系統」對皮身有各自不同的不利損害，導致必須研發其他比較實用的脫毛方法，而且已經研發出好幾種實用的脫毛方式，這些方法可能在將來會很快地獲得普遍的接受，其中之一是排除石灰的使用，硫化鈉也許可能也被排除，如此可減輕排出物及污染河川等問題，當然目前我們尚無法詳談這些被研發出的系統，不過我們可以討論一些以前使用過的甚至以後也可能被接受而執行於生產的脫毛系統：

一、鹼性還原法

二甲胺，很早以前就已被認為於浸灰法是最有效的脫毛劑，如果二甲胺、苛性鈉及硫酸鈉三者之間能以適當的比例混合成最適切的濃度使用的話，則是一種最有效的護毛法，其中苛性鈉對三者混合後均衡性的維持具極重要的地位，所以必須不時地以「滴定法」測試溶液內氫氧化鈉的濃度。現在則以硫酸二甲胺取代二甲胺和硫酸鈉。目前小牛皮或其他的輕革大都使用此法，但此系統最主要的缺點就是脫毛後裸皮的手感太滑膩，不易操作。

目前已經將此系統再次改良，減少苛性鈉的強鹼作用，以適當而均衡的比例混合硫酸二甲胺、純鹼、硫氫化鈉和石灰使用，如此硫化鈉不良膨脹效果就被具有緩衝作用的石灰克服了，而且也增加了皮表面和肉面兩面都有的脫毛作用。但現在仍繼續地研究是否這些化料能以各種不同的均衡比例混合而能使用於護毛法，亦能使用於毀毛法。

二、氧化法

到目前為止我們所討論都是利用還原劑使含雙硫鍵的毛髮分解後，再以鹼使角蛋白產生水解，或二甲胺作用於毛髮蛋白內胱氨酸（雙硫丙氨酸）的硫鍵，但因為有硫化物離子流出製革廠而造成污染的缺點，和硫化物有傾向於形成具有顏色且不溶的化合物，因而以酸為條件研發出「強氧化媒體」作為脫毛用。

氧化脫毛裡的有效的組成部分是二氧化氯，二氧化氯和角蛋白內的雙硫鍵反應形成磺化角蛋白和自由的氯。爾後表皮的角蛋白物質便轉換形成水溶性的溶質，在弱酸介質中經轉鼓轉動的機械作用將脫落的毛髮和水解的表皮排出，而自由的氯則被膠朊蛋白吸收。另外還能皂化多量的天然脂肪及鬆弛纖維的結構。所以脫毛後可直接浸酸爾後鞣製，浸酸時的介質是使用能維持PH值介於3.0～3.5之間的乙醇酸（羥基醋酸），然後再添加硫酸，溫度須低於40°C以防止任何因水解作用而使膠朊蛋白產生分解，轉速要慢（每分鐘約4～6轉）用來防止溫度的上昇。使用二氧化氯和氯的強氧化作用，尚具有漂白的能力，所以脫毛後的裸皮是非常乾淨且無皮垢。脫毛後必須使用硫代硫酸鹽（或酯）以分解多餘的氧化劑，因為氧化劑會氧化三價鉻形成重鉻酸鹽，對植物栲膠則會迅速地固定植物栲膠。

氧化脫毛法的缺點是成本高而且一旦使用的話，緊跟著爾後的工藝也必須全盤改變，如鞣製、加脂、染色等等。

三、發汗脫毛法

雖然是最古老的方法，但現仍然有人使用此法於毛的價值高於皮身的綿羊皮，所用的工藝是將已經過浸水工藝處理的羊皮吊在溫度有21～27°C、潮濕而暗的廠房內直至羊毛脫落（約需20～40小時，但如果溫度在10°C以下可能需要數天，因在這種條件下細菌易繁殖，進而侵襲毛和表皮新生的角蛋白細胞，導使毛脫落，毛脫落後（如果尚有未脫落的，可放在一個半圓拱木上進行推毛／拔毛），用冷水洗皮，然後將皮放入灰浴內，一方面進行浸灰的工藝另一方面抑制細菌的腐爛作用，雖說使用這種脫毛法，毛髮會被去除得很乾淨，但皮面上常發現有凹坑或洞，這是因為皮膠朊被細菌過分侵蝕的結果。

四、酶脫毛法

其實發汗脫毛法是屬一種「酶」不受控制的酶脫毛法，「酶」屬蛋白質，是從動物、植物等內的微生物分泌出來的和黴菌或細菌衍生而來的，它的作用就像化學反應的催化劑（只幫助反應但不參加反應的一種物質），而獸皮新陳代謝最活潑的地方，即表示含有低分子量的蛋白體最多，也就是微生物最先侵蝕的部分，故我們須慎選能水解毛囊內蛋白質的酶使用，如此才能達到良好的掉毛、脫毛及去除的結果，現在因科技的進步已經有各種不同組成的酶可使用於脫毛的工藝，如澱粉酶（經由澱粉裂殖而成）、水解蛋白酶和角蛋白酶等。酶的脫毛法一般特別使用於山羊。

最適合脫毛酶的最好活動力是必須使溫度和PH值非常接近細菌繁殖的條件，是故使用時的溫度及PH的範圍是很狹窄，所以最好和殺菌劑一起使用，才能預防細菌的腐爛作用發生。如控制不好，其最後的結果是厚度減少，成革較鬆面，頭至尾部的長度增加而且緊密的粒面有龜裂的傾向性，酶脫毛法和發汗脫毛法是一樣的原理，即是使酶能優先侵蝕毛根底部和表皮新生的角蛋白細胞，酶脫毛後的裸皮其粒面乾淨且平坦，而且因為脫毛時不需要使用硫化鈉和石灰，減少了很多污水處裡的困難和降低處理的成成本。

操作時須注意的事項：水溫是28～30°C，於PH：8～9時添加約1～2%脫毛酶及0.2%亞氯酸鈉或其他的殺菌剝，脫毛的時間約4小時。

工藝上除了脫毛外，有些工藝則會形成保護毛髮不被脫落。

鹼性護毛

利用還原劑和石灰的結合以去除毛髮是根據水解的作用，但如果在使用硫化鈉之前已添加過量的鹼，則會大大地減弱水解的作用，這種皮蛋白內特別反應的理論結構，已經被皮革工程師們爭論過，沒有一個普遍性可被接受的解釋。事實上，假如過量的鹼或石灰在還原劑之前已經和毛囊接觸了，那麼爾後添加還原劑的作用就大大地受限制，這就是所謂的鹼性護毛。

脫毛、浸灰時可使用的化料

一、硫化物和硫氫化物

硫化鈉水解後會形成硫氫化鈉和苛性鈉（燒鹼），因而增加了脫毛效果及提高了浸灰浴內可能發生使皮有不良膨脹的鹼度，所以硫化鈉對毛髮及皮蛋白質兩者都能有作用。硫氫化鈉的作用較溫和，使用它的優點是它僅僅增加還原劑的能力，而不會提高PH值，必須添加額外的鹼或片鹼才能使PH值能達到12以上，不會產生鹼膨脹及不會鬆面，但是它的滲透能力不如硫化鈉，尤其是處理油膩的皮時，效力明顯的不夠，所以如果能善於同時使用硫化鈉及硫氫化鈉兩種化料的均衡比例，便可將鹼度廣泛的應用於浸灰工藝。

二、硫氫化鈣

比硫氫化鈉更溫和，毛質較好。

三、氯化鈣

常被添加於硫化塗灰漿裡，用以減少硫化鈉溶於水時反應成片鹼而產生的膨脹，因氯化鈣和水反應成為氫氧化鈣，也就是溶解度很差的石灰，使用量約和硫化鈉一樣，如此才能使PH達到12.7，但PH值在中性時會導致皮有均衡的膨脹，添加於浸灰液裡會增強纖堆的鬆弛。

四、次硫酸鈉（保險粉）

屬溫和性的還原劑，可混合硫化鈉、氫硫化物或其他強鹼劑混合使用，藉以製造非常優秀的脫毛效果。

五、硫酸二甲胺

早期時製革工程師們就已察覺到如果使用舊石灰液（已經使用過的脫毛及浸灰液），則作用溫和、脫毛效果非常好且不會產生不良的膨脹。後來經過研究並以化學解說此現象才發覺原來舊灰浴含有各種不同可用來分解皮蛋白的胺，再經過廣泛地研究胺對脫毛的效果，更証實了二甲胺是最有效的脫毛劑，因而導致後來將硫酸二甲胺當作脫毛劑使用。硫酸二甲胺屬溫和型的加速脫毛劑，它除了能幫助脫毛，尚能使石灰操作時降低PH以免發生劇烈的膨脹。

六、苛性鈉

亦稱燒鹼或片鹼，僅加強鹼膨脹，屬強鹼，用量過多會損害皮身。

七、碳酸鈉

亦稱純鹼，和苛性鈉的作用一樣，但鹼性較溫和，較安全，不過和石灰反應後會形成苛性鈉。

八、銨水

對皮的鹼膨脹較溫和，特別是在初期的階段，它是由舊灰液自然地形成的。

九、有機的硫化物

硫醇，它僅提供硫化或氫硫化離子，沒有鹼度，即是沒有膨脹的能力，最特殊的優點是它很容易被空氣所氧化，故使用後污水中的硫化物很容易地被排除。

十、糖類、葡萄糖

提高石灰的溶解度，增強灰液的作用。實際上，一般脫毛系統的工藝，基成本上都是在調整硫化鈉、氫硫化物、硫酸二甲胺和次硫酸（保險粉）彼此之間如何能均衡地添加使用，以求脫毛迅速而且效果好和能控制膨脹。

【註】

塗漿用的毛刷不可使用動物的毛髮或豬鬃製的刷子，但可使用植物性或尼龍（耐綸或醯胺纖維）所製的刷子。

浸灰工藝

由於膠朊纖維間有很多水溶性的蛋白質，亦即非結構性的蛋白質，這些纖維間質必須去除才能使纖維分離（打開纖維），否則一旦皮乾燥後，纖維還是會再度黏在一起導致皮變硬。另外由於浸灰工藝能更進一步地使膠朊產生鹼膨脹，使纖維更能充分地分離，最後成革便具有一定的柔軟性，同時還能鬆弛（打開）膠朊分子，有利於爾後鞣製時鞣劑能滲入膠朊分子內部而和膠朊分子結合，但這樣的工藝需使生皮浸於飽和的石灰液裡才能達到這些效果，這是因為石灰對水的溶解度只有0.125%，亦即1公斤的水能完全溶解1.25公克的石灰之故，水溫增加則會降低石灰的溶解度，石灰的溶解度也受到鈣離子（硬水性的水液）和氫氧化鈉等溶質的影響而降低，但是如果添加糖類或葡萄糖（2%的葡萄糖會增加石灰一倍的溶解度也就是0.25%）或舊灰液裡的蛋白質或硫氫化物都能增加石灰的溶解度，硫氫化物一般使用於浸灰液裡的原因，由於它不會提高灰液的PH值，也不可能使皮產生膨脹，而是在於它和所添加的鈣鹽形成化合物，增加了溶解石灰的能力（溶解後石灰液的PH值約12.5左右，受水質，溫度和石灰的品質影響，石灰屬緩衝性的中度鹼，自古以來都被當作脫毛系統使用）。

浸灰液屬鹼性溶液，纖維層（網狀層）裡的膠朊纖維因吸收鹼液而產生了膨脹。毛髮和表皮的膨脹範圍較小，纖維間蛋白質變成較易被溶解和從纖維結構裡被排出。

浸灰的效果是來自所有可溶解的強鹼化料，鹼性越強，效果越大，但是石灰的溶解度是有限的，不能將石灰和其他強鹼劑比較，然而使用石灰是考慮到皮的安全性。因石灰液的PH值是12.5，且屬較安全性的鹼液，不會導致不適當的膨脹（上，下，左，右等方向）或對膠朊纖維結構產生過度的水解。一些新生的角蛋白於非常鹼性（如硫化鈉）的條件下會被分解而於溶液裡形成硫的化合物，當它和石灰結合後就會加速進一步對角蛋白的分解。因而導致石灰能幫助脫毛及分解並排出更多的角蛋白內所含的雜質。如此更加快了脫毛的速度，這也是為什麼舊灰液對脫毛比較有效果。

如果因想提高PH值至12～13而使用石灰的量過多，那麼多餘的石灰會浪費在被油膩吸收或鬆弛的蛋白質之間或被碳酸化，而且易產生手感滑膩及污水處理上成成本的增加和浪費。

要是略延長浸灰時間，則能去除更多的類黏蛋白，更能改變彈性纖維，硬纖維和豎毛肌三種纖維的性質，有利於幫助爾後在軟化及浸酸工藝中將它們去除，進而增加膠朊分子的羧基羣，使皮的等電點由PH：7.5移向PH：5左右，另收縮溫度由65°C下降到55°C，導致抗張強度降低，不過因纖維的分離增加了皮的延伸性、彎曲性、透氣性和透水性。目前大多數的製革廠都希望能於短時間內，最好是24小時內，完成浸水及浸灰的工序，而又能獲得狀況很好的灰裸皮，因而使用2.5±0.5%的硫化鈉及3.0±0.5%的石灰以「爛毛法」或「毀毛法」的方式去除毛髮／表皮和使纖維結構產生膨脹，然而如果於短時間內不能將所需添加的化料量和操作的時間加以有效地控制，則會導致粒面的膨脹比預期早發生，而且快速產生，結果是去除毛髮後毛根仍被截留未去除。粒面起皺紋或皺縮。正確的浸灰工藝會使最後成革的粒面緊密而平坦且能增加皮的得革率，皮身飽滿、柔軟而不鬆面，相反地，如果浸灰工藝較差的、不良的或不充分的所得的成革將會是粒面粗皺、疤痕顯著，鞣製及鞣製後各種工藝，如中和、再鞣、染色、加脂等都不容易得到均勻。

浸灰工藝的其他效果

水場工序的運作並不是只限於去除毛髮。化學對皮的動作會改變所有構成皮成分所具有的、天然的化學性和物理性。球蛋白除了於浸水工藝時被去除外，另外含鹼作用的浸灰工藝裡，球蛋白則會被完全地去除，而且浸灰工藝中鹼的作用尚能針對天然脂肪和其他脂肪類物質產生皂化作用。

天然脂肪的效應

皮的天然脂肪分成二類：

一、生理油脂

屬低熔點脂肪類，含相當複雜的脂質結構，如磷脂、卵磷脂、腦磷脂等，用以維持動物的體溫及毛髮的潤滑。

二、甘油三酸脂

屬高熔點脂肪類，溶解較困難。進行浸灰工藝時卵磷脂和腦磷脂很容易被去除，但甘油三酸脂則會持續一段較長的時間，這是因為鈣皂的不溶性所造成的。於前段工序想在石灰工藝或用鹼的處理法去除脂肪的話，則需強調溫度的提高及鹼性的增加，但是提高浸灰浴的溫度及鹼度，則可能對皮產生非常激烈效應的結果，而無法抵消可能得自去除油脂的利益。

浸灰的溫度

浸灰時溫度的控制是很重要，另外值得注意的，它將雙倍於膠朊溶液的速率，所以灰液的溫度從16°C提高到27°C會使脫毛的時間減半，已浸灰的裸皮最好不要暴露在空氣中，否則會產生「灰斑」，這是因為空氣中的二氧化碳會使石灰復原，形成硬及不溶解的碳酸鈣，導致粒面粗糙、色澤較深，導致鞣製後的斑紋和染色的斑點或斑紋。如果暴露在空氣中的時間太長，則會因某些部份已乾燥，進而形成棕色且透明或半透明的斑紋。浸灰的系統是很難具體說明如何才能正確地控制，因不同的皮類有不同的工藝及最後成革的品質也有不同要求，但是一般的標準是浸灰後必須去除所有的毛髮，即使是短毛也不行，粒面必須平坦，不能像碎石花紋或疙瘩皮及頸部不能有縮紋（頸紋）。而皮身必須是相當地且均勻地結實，尤其是腹肷部及粒面不能鬆或像玻璃似地光亮透明。頸部或肩部或邊緣較薄的部份必須不許發硬。硫化物和鐵或銅所形成綠色或棕色面的玷污物會於脫灰或浸酸的工藝後消失。

執行浸灰工藝前和進行時須注意的事項

一、容器

大多數的製革廠喜歡使用轉鼓或仿混凝土的攪拌器，而不願使用划槽，這是因為水的使用量少可減少及降低污水處理量和成本。容器最好有裝能使容器有轉動／停止的間歇作用的設備，並且需要定期檢查容器內的設備如木樁或隔扳，否則可能導致皮的磨損或切刮傷。

二、溫度

浸灰工段的溫度控制是很重要的，一般控制在25～26°C，但不要超過28°C，因溫度高會影響成革的物性如撕裂牢度，粒面的強度，如果溫度低於25～26°C則有使皮垢增加的傾向和形成粗皺的粒面。

三、負載

每一容器的負載量須每次都必須一樣，如果每次負載量相同，而皮的張數也一樣，則可以張數為主投入容器，但仍須以負載量為計算根據，因工藝上需要投入化料的重量，所使用的百分比（%），都是以鮮皮重或鹽醃皮重為計算依據。否則可能因為負載量的小誤差，結果可能得到的是相異性很大的成革。

四、水量

當浸灰開始時添加的水量須完全將皮覆蓋，由於在鹼的影響下皮將吸收水分、產生膨脹的效應因而會使水液的水平下降，這些會使水位下降的因素，我們於添加水量時都必須考慮在內，由各種不同經驗告訴我們牛皮最後的水位約鹽醃皮重的120～150%，而其他小動物皮，如豬、羊、山羊等，則為鹽醃皮重的200～300%。但由於每一種容器因形狀和種類的不同，故對水位的要求也不同，因而對任何一個容器所須負戴的水位最理想的方法是能夠經過事先的測試，以期成革能獲得最佳的物性。

如何改善灰裸皮的品質

1. 延長工藝所需的時間，減少化料量，減低鹼對粒面的衝擊（採用轉動的時間短，停歇的時間長）。
2. 使用硫氫化鈉代替部分或全部的硫化鈉，用以減少因化學反應產生苛性鈉（強鹼）而迅速增加鹼度的影響。
3. 使用具有下列效果的浸灰助劑：
   (1) 能控制鹼的膨脹效應。
   (2) 能增加石灰的溶解度。
   (3) 能減少硫化物／硫氫化物的使用量，降低污水的COD（化學需氧量）。

由於(1)和(2)的優點，我們將可得到膨脹及纖維的鬆弛都很均勻，結果是平坦而乾淨的灰裸皮。

4. 使用適宜的表面活性劑／乳化劑用以防止脂肪沉澱於粒面上導致妨礙石灰的滲透均勻形成粗皺的粒面，另外乳化劑也能促進皮垢的釋放，使藍濕皮將會是乾淨而清朗的。
5. 使用適用於高PH值的酶素，藉以加速打開纖維及分裂脂腺的油脂層，使石灰能較快速且較均勻地滲透，酶素和相容性好的乳化劑一起使用的話則會使灰裸皮較平坦而且乾淨。

採用石灰爛毛法（毀毛或燒毛法）是最適宜於目前成革所要求的質量，即是成革需柔軟，粒面需平滑而緊密並且強度佳，如此我們可從上述五點中選擇某些點或全部混合使用，而且浸水工藝能配合使用酶素浸水法即可達到此目的。

浸灰時須漸次地添加鹼，使鹼度能慢慢地提昇，避免使PH值驟然地跳高，如此才能使鹼膨脹均勻，同時也能完全將纖維打開，灰裸皮的頸紋和腹紋較平坦，而且粒面平滑，緊密且乾淨。當然有許多助劑和化料（如硫氫化鈉）也可以添加於浸灰工藝幫助控制鹼膨脹，但這需作事先的測試和工程師明智的選擇和決定。

從添加石灰到添加還原劑的過程中都使用硫氫化鈉，但最後須再添加些石灰時可添加些純鹼（碳酸鈉）或硫化鈉，如此也能控制最後鹼膨脹的速率，不過是否需要這種工藝？這就要依據所要鞣製的皮類和最後要求成革的質量和特性。

如何從已固定的工藝中維持一致的浸灰效果

1. 不要使容器的負載超重。
2. 維持容器的負載標準。
3. 定期檢查負載重的根據。
4. 檢查容器必須轉動的轉速。
5. 保証有最適宜的浸水工序。
6. 維持每次運轉的時間一樣。
7. 檢查和維持一樣的溫度，尤其是工藝最後的溫度。

如何以目測檢驗浸灰工藝是否完成

浸灰的檢驗法可採取皮截面積的目測法，於截面積上粒面層和纖維層（網狀層、真皮層）的交界線必須模糊不清且色澤呈很淺的、透明的綠色，並以此交界線為準，色澤逐漸地往上（粒面）和往下（肉面）呈綠色透明漸地加深，而於表皮基層處呈現一條細而深的墨綠色（不透明），如此即表示浸灰工藝已完成。

雖然目前的浸灰工序幾乎已經成為「世界性」了，但是使用時會作稍微的改變，以期望能轉移某些已有良好結果的工藝於不同的容器或不同的生皮來源地時，在這種情況下，最好能事先作一些試驗，才能建立新工藝的參考值，作試驗時，一般也需要接受化料生產工廠和供應商的建議，作為縮短工藝研發的依據。

水場的工序是由浸水、去除球蛋白質、脫毛、鬆開纖維以適合所需要的革性等工藝結合而成。所有的工藝及操作都必須考慮到它們之間相互關係的方位。當然一位很好的製革工程師會把整個水場工序視為整體性的，而非獨立的，他會添加少量的水解蛋白酶於浸水工藝，藉以縮短爾後脫毛的時間，特別是使用護毛法的工藝，於脫毛時石灰的使用量可使用其他化學助劑加以均衡。

再灰（複灰）

其目的是使灰裸皮能再次地鬆弛和打開皮內的膠朊纖維，進一步增加爾後成革的柔軟度、延伸性、彎曲性、透氣性及透水性。一般而言採用此工藝比較適合於薄而軟的革，如服裝革、手套革、傢俱革等等。使用時水量約灰裸皮重（已削肉及片皮後的重量或已經削肉但未片皮的重為計算根據）的150～200%（轉鼓）250～300%（划槽），石灰的濃度約2，2～3.5°Be'，採間歇式轉動或連續轉動2小時後停鼓過夜，每小時轉動10分鐘，直至翌晨，約12～16小時，總轉動的時間最好不要超過6小時。

第 5 章

脫 灰

脫灰的主要目的

1. 中和及去除灰裸皮內因浸灰時存留在皮內的石灰、鹼及苛性鈉（鹼），使灰裸皮的膨脹降低並且釋出和蛋白纖維結合的水，讓灰裸皮變成比較軟弱，以便爾後鞣製時鞣劑能滲入和膠朊纖維結合。
2. 調整灰裸皮的皮溫和溶液的PH值，以利爾後的處理，如酵解（軟化）、脫脂和浸酸等。

浸完灰後的灰裸皮必須將皮內的石灰及其它鹼性的化料去除，因為它們大都對以後的鞣製工藝有不利的影響，如果是鉻鞣的話會形成硬、綠、且不可彎曲的革，對栲膠鞣製方面則會緩慢或減少鞣製的能力，形成色澤較深的革。

脫灰的工藝是溶解已被纖維吸收的氫氧化鈣（石灰），使它形成可溶性的鈣銨複鹽而被排出，及加酸使裸皮的PH值達到所需的數值，即是執行酵解（軟化）時的PH值（約8.5±0.5），不過當添加酸後，皮表面的PH值低而皮內的PH值高，如此則可能導致皮表面產生酸膨脹而皮裡面發生鹼膨脹，但在等電點附近（PH＝8～9）時，皮表面以下的膨脹是非常小。另外如果因操作上或細節上的失誤，將導致纖維斷裂至某種程度和損害成革細緻的粒面。所以執行脫灰工藝時必須能夠適當的均衡地使用酸和能溶解及去除石灰或鹼的緩衝鹽，而且逐步地控制PH值至只產生稍微膨脹的等電點。

脫灰前如經過脫毛機或削肉機或打底（第一刀）處理或採用片鹼皮（灰皮）的工藝都能幫助去除被肉面堵住不被水溶解的石灰及一些肉面上的脂肪，這是機械上送料輥的壓縮效應，不僅能擠出網狀層纖維間未能結合的石灰及一些鹼性的化料，而且也很容易擠出灰裸皮因水洗所吸收的水分，那麼脫灰就比較容易，但是如果再將裸皮片皮至某一厚度，那脫灰就更容易了。

脫灰的方法有下列兩種

一、水洗法

1.流水式洗滌脫灰法

早期使用脫灰的方法是將灰裸皮放入轉鼓或划槽裡，然後使用冷而乾淨的水進行流水式洗滌的方法脫灰，也有將灰裸皮浸泡於水池中過夜，但這種方法只能稍微去除表面的石灰。而流水洗灰的方法能去除表面未被溶解的石灰及纖維間已被溶解的石灰，然而有些石灰或其他的鹼類，如苛性鈉則是和纖維起化學反應而被纖維吸引著，如此僅能慢慢地、反覆地水洗才能去除這些被纖維吸引著的石灰或鹼。

如果需要長時間水洗的話，而使用的水屬於含有可溶性的碳酸氫鈣（或鎂）或碳酸的硬水，則會產生某些危險性，因它們會和石灰反應形成微細的碳酸鈣（即白堊，或稱石灰石）的沉澱，如同一種粗糙物的沉積在皮的表面上，這就是所謂的「灰斑」，如此就會影響粒面的手感以及影響鞣製或染色後成革的色彩，故最好使用軟水或經過軟化處理過的水。另外採用長時間水洗的脫灰法常會導致皮內的鹼性化料形成破壞，造成最後的成革產生鬆面。但假如使用的水是溫水，因溫水（35°C）將減少石灰對纖維結構的膨脹，如此便比較容易用水洗去除纖維間已被溶解的蛋白及石灰，但最高不要超過38°C。

流水式的水洗脫灰法要不斷地供應水給轉鼓或划槽直至洗淨，故消耗時間、能源和流出大量被稀釋的污染物，增加了製革廠各方面的成本，如水、電和污水處理。

2.交換式水洗脫灰法

即是先採取閉門式洗水，水洗約10～20分鐘後，排乾水，再用流水洗，約20～30分鐘，排乾水，再採取閉門式水洗，如此反覆地以閉門式水洗及流水式水洗交替的進行水洗直至洗淨。基本上如和直接流水式的水洗比較，不只省時，省水、省電，尤其更能省污水處理費，另外也洗得比較乾淨，所以很多工藝上需要水洗時大多採用這種方式，如鞣製後、染色後……等。

二、添加化料或助劑的脫灰法

採用化料脫灰可避免水洗法的困惑，而且能夠加速脫灰的工藝，將灰裸皮內的灰液及未結合的石灰排出。水洗灰裸皮後，排水、進水、添加酸或酸鹽使酸或酸鹽滲入纖維組織架構的每一部份後，就能很快的「脫」或「中和」石灰和鹼性化料，但是如果使用的酸或酸鹽的量太多，則會導致強烈的膨脹及將膠朊蛋白溶解，形成對皮身的損傷。

1.酸脫灰法

一般使用「弱有機酸」，如硼酸、乳酸、醋酸，需慢慢加入，否則可能會引起灰裸皮表面產生酸膨脹。其目的是利用酸溶解氫氧化鈣（石灰），淨化皮的粒面及防止碳酸鈣的形成。乳酸常被使用於這種目的，尤其是用以調整PH值以利栲膠的鞣製。

2.酸式鹽脫灰法

現在有很多的化料和助劑可當作脫灰劑，達到脫灰的目的，但以前大多使用有機酸當脫灰劑，如乳酸、硼酸或醋酸，有時也混合它們的鹽類形成緩衝系統使用，如果使用強礦物酸的話，例如鹽酸，則需要特別注意PH值的控制，避免PH值太低，因PH值太低可能會導致已去除的蛋白質再次的返回沉澱在粒面上及酸膨脹致使粒面受損。使用銨鹽於脫灰工藝裡則會減少鹼膨脹，另外銨鹽具有能緩衝執行爾後胰酶酵解時所需的正確PH值（PH值約8.5±0.5），而且即使用量過多也不會導致任何問題。鈣在硫酸銨或氯化銨的溶解度很好，所以銨鹽類的化料可選用氯化銨，因它會形成可溶性的鹽，但氯化銨具有膠溶作用可能會增加鬆面的問題，至於硫酸銨是最常被使用的脫灰劑，因它的價格便宜以及硫酸銨本身的緩衝PH值約為5，而氫氧化鈣（石灰）和銨鹽混在一起後溶液的PH值則會被緩衝至7～8，使石灰有良好的溶解度，但硫酸銨的用量需多些才能使石灰的鈣鹽形成溶解度較好的硫酸銨鈣複鹽，再利用擴散的方式使溶解後的石灰漸漸地由皮內被排出，而膨脹效應則仍然維持在膨脹最小的範圍內（PH：8～9），這時的PH值亦是酵解（軟化）時最有效的範圍。

如何預估灰裸皮內確實含有多少石灰或鹼性化料及究竟脫灰劑使用量應該是多少？這是不可能的預估，因為一般未溶解而存留在皮上的石灰，部份會被削肉機的送料輥絞出去除，而脫毛機或片皮機則可能絞出纖維間的鹼性化料，另外還需要依據裸皮的類型、厚薄和最後成革的要求是否採取完全脫灰或脫灰至某一階段即可？如此才能決定脫灰劑的使用量，所以無法事先預測。

銨鹽的流出物，類似氮氣，是令人討厭的，但當氫氧化物的有限溶解度於PH8.5左右時可用鎂鹽和強酸克服。脫灰工藝於閉門鼓中使用短浴法時，銨鹽和鹼會產生可能對工人的健康及生命具有危險性的氨氣。

目前較新式的脫灰化料是使用「不會形成膨脹的酸」，它可能是強酸，但因它的架構上含有潛在的偶極，對膠朊蛋白不會造成膨脹，故能安全的使用於脫灰工藝。

一般商業上所販賣的脫灰化料都可能含有磺基苯二酸型或含有螯合劑，如聚偏磷酸鹽、乙二胺四醋酸鹽，因會封鎖影響鞣製和染色均勻性的游離狀態金屬。

脫灰時滲透進入頸部或頸肩部等較厚的部位比滲入腹部的速度慢得太多，除非能施予強有力的機械動作或皮本身較薄。脫灰的程度是依據工藝的要求。

有些鞣製的工序可以省略脫灰的工藝，但仍然需要減低鹼量，例如使用植物栲膠鞣製成的重革，即是利用植物栲膠本身溶液內所含酸性即可達到脫灰的目的。因而對植物栲膠鞣製、油鞣革或綿羊、山羊等輕革的醛鞣可經由弱有機酸的中和或清洗就有脫灰或酸化的效果。然而對鉻或鋁等礦物鞣劑的鞣製，雖說也可以使用這種方法，但一般都會在浸酸時添加礦物酸，例如硫酸、鹽酸和鹽，如此就能給予皮身有較多的酸，能再次進行脫灰工藝，最後調整PH值介於2～4之間，因此時的PH值也是各種鞣劑開始鞣製的PH值。

脫灰時可添加少量的亞硫酸氫鈉或雙氧水（但不可使用於木製的容器，因它將會迅速地改變木材的結構），用以減少脫灰時可能產生硫化氫的氣體和給予裸皮有柔和的漂白效果，尤其是對硫化物的污染（深綠色）。另外亞硫酸氫鈉如果在皮內存留有過多的量，則會對栲膠漂白，對鉻鞣則有「蒙囿」的效果。

脫灰劑的滲透速度取決於皮身的厚度及所使用的機械動作，鼓液少則脫灰速度快，由於短液會使脫灰增加機械的動作，而且使脫灰劑的濃度提高，因而增加了反應的能力。鼓液量的多寡和水洗後排水的程度有關。

由於浸灰時皮脂肪的自由脂肪酸已被轉變成溶解度非常有限的鈣皂，所以脫灰工藝也會影響到脂肪的溶解度，因脫灰的過程中，鈣皂中鈣的成分已溶解成銨鈣複鹽而被移除，所以脫灰時如果能添加適當的非離子乳化劑或脫脂劑（比較不適用於豬皮），將會幫助脫脂和從肉面釋放石灰。大部份的脂肪會在脫灰及酵解（軟化）的過程中被去除。PH值於8左右的範圍時可溶解銨和鈣皂，更由於執行酵解（軟化）工藝的PH值是介於7.5～8.5（最高值）和溫度接近於38°C（最高溫度），故在這段工藝執行的期間對去除脂肪是非常重要的。當然這時我們也可以添加適當的非離子乳化劑或脫脂劑（亦適用於豬皮）則能提升酵解酶的增強作用（亦即可視為酶的激活劑），對酵解工藝的改善很多，進而幫助及加速天然脂肪的去除。不過使用脫脂劑並不是一件簡單的事，如果一旦選用錯了，則會被皮吸收且繼續殘留至爾後各種操作的工藝，如此則可能影響到成革的品質。選用非離子性脫脂劑是最適切也是最有效的，因它不只可以分散脂肪而且也能使「殘留」的問題極小化。根據質量作用的原理，於PH值低的時候會溶解使皮污染成昏墨綠色或深墨綠色的硫化物離子。有些工程師也會在脫灰和酵解的工藝時使用螯合劑（金屬封鎖劑），藉以去除硫化物離子和鈣鹽，這種方式的處理雖然非常有效，但是卻要能選擇適當的螯合劑使用，否則會阻礙以後鉻鞣的操作。

脫灰後的粒面必須是平坦的，不能扭曲變形、橫切面的面積不能有透明的條紋或點，而且脫灰後必須馬上緊接著執行酵解的工藝，因一旦鹼化料被去除，腐爛性的細菌就有機會馬上再次地繁殖、成長進而開始破壞，導致最後纖維結構被破壞形成鬆面、手感令人厭惡的成革，所以脫灰時最好是不時地使用指示劑滴於皮的橫切面，檢測皮內部的灰紋，才能明瞭脫灰的程度及不同程度的膨脹境界和纖維斷裂的情形，用以決定機械動力是否需暫停一段時間後，再轉，直至達到所需要的脫灰程度。

一般脫灰時常用的指示劑

1. 酚酞（PH8.2～10.0）無色～粉紅：49%蒸餾水＋50%酒精＋1%酚酞
2. 百里酚藍（PH8.0～9.60）黃色～藍色：79.9%蒸餾水＋20%酒精＋0.1%百里酚藍

執行脫灰工藝前如先將已膨脹的裸皮（已浸完灰的灰裸皮）進行水洗的處理，則能洗去皮表面的　物和石灰，對於使用「溶毛法」去除毛髮的灰裸皮，留在表面的硫化物必須完全去除，否則皮表面會因鞣製而有龜裂的現象。水洗時可用醋酸鉛對硫化物定性測試，將醋酸鉛液滴在測試的皮面上，以形成黑色硫化鉛的速度和黑度，就能顯現出硫化物的成分，如此便可調整水洗表面硫化物的時間。

由於酵解是在溫浴且PH值介於7.5～8.5之間執行，這時鈣鹽或銨鹽的存在都會有利於大多數酵解酶的活化作用，是故脫灰後須調整能有最佳酵解作用的PH值，這也是脫灰工藝的目的之一，所以大多數的鞣製過程都是將脫灰和酵解的工藝視為一種連續性的工序。

脫灰時最好是使溫度漸漸地提高，因如此可減少石灰的膨脹（石灰的溶解度因溫度的提高而降低），但最高不要超過38°C，否則會使柔弱的蛋白纖維產生過熱而收縮、膠聚。

使用銨鹽或脫灰劑實際操作的脫灰過程

脫灰前的水洗是非常重要的，尤其是不經過削肉或片皮的裸皮，但水洗的時間不能拖太長，因在這階段的灰裸皮仍有膨脹的效應。

水洗時最好是分三次洗，每次20分，水量是裸皮重（削肉後或片皮後的重量）的100～150%，水溫是30～32°C，雖然石灰的溶解度於溫度低的時候較佳，但經驗告訴我們，使用30～32°C的水溫會使裸皮仍然維持其鬆弛狀態而且脂肪的移動也能幫助未被結合的石灰的移動，另外鹼膨脹的效應會降低。

水洗過程結束後，添加新水進行脫灰前必須控水良好，亦即需排乾水。有效的脫灰浴，最好是採用短浴法，亦即削肉後或片皮後裸皮重30～50%的水，脫灰劑的添加量使用最大的量，因為當轉鼓或仿混凝土攪拌機開始轉動後，裸皮內結合的水分會被釋出，因而增加了脫灰浴的浴比，另外避免過分的機械作用，亦即控制轉速及轉動的時間（如有必要的話），但最後水浴的PH值需在8.5±0.5，以適合酵解的工藝，如果酵解已經著手開始了而脫灰的要求是不完全脫灰時，那麼於酵解過程中必須不斷地檢查PH值，以保証酵解過程中PH值仍然維持在最適當的範圍內。

第 6 章

酶軟（亦稱軟化或酵解）

軟化的來源

早期在處理脫灰工藝時發現如果將家禽類（雞、鴨、鵝）或狗的糞便，摻水投入灰裸皮，進行脫灰的工藝，脫灰後，皮更展開、更柔軟、更具絲綢感而且能調整皮的膨脹程度，再經過鞣製後成革便具有非常平滑、柔韌且耐屈折的粒面，而皮身則是柔軟且具延伸性。後來科學家由糞便中發現除了有銨鹽可幫助脫灰外，尚具有酶（消化蛋白酶）可去除不是結構性的蛋白質。

酶（酵素）

酶必須來自活細胞，主要有四個來源：動物、植物、細菌和黴菌。來自動物的酶有二個主要的例子：（一）凝乳酶：來自小牛的胃，（二）胰蛋白酶：來自豬的胰臟。凝乳酶最主要的用途是生產乳酪。植物酶也是商業酶的重要來源之一，其中最重要的是由木瓜樹的樹汁取得的木瓜酶，用途很廣但一般使用在發酵的飲料上。工業上使用的酶大多屬於細菌類或黴菌類。傳統上皮革界是使用比較安全性，而來自豬的胰蛋白酶，然而也有使用細菌或黴菌所混合而成的軟化劑，藉以達到所希望的效果。

酶具有非常強的催化作用，有些酶可能處於特殊的條件下而作用於蛋白質內一連串的氨基酸，而有些酶只作用於某種蛋白質卻對另一種的蛋白質無明顯的作用。商業性混合型酶的功能多多少少都得依據皮的淨化程度而定，有些特殊的混合型商業酶可能會以不一樣的速度作用於大多數的蛋白質。酶的活力和活力的種類會因溫度、PH值和所添加的材料不同而改變。

如果我們以PH的功能繪出酶的活力表，則會形成似鐘型的曲線（亦即類似數學裡算術級數的曲線），而其頂點就是酶活力最適宜的PH值，如以溫度的功能所繪出的曲線，則顯示出溫度升高，酶的活力也跟著增加直至損傷蛋白質為止，亦所謂熱作用於蛋白質大於作用於酶。

酶的活力

對鹼性酶活力的評估通常都依據它們對水解蛋白的活力為主，然而使用LVU（洛廉－沃爾哈德單位法，測定軟化劑酶活力的方法）方式估量，雖然這種方法對品質性和一致性是很好的，因為它是經由以酪蛋白為基質而形成的，但它僅能提供有關於膠朊、彈性蛋白和其他皮組成要素方面的有限資訊。雖說這些活力可被估量出，但是它們仍然無法讓我們去表達所有酶軟效應的精確數字。這種效果最後還必須使用實際的測試和最後的結果作評定。通常使用LUV活力較低的混合酶其結果可能比使用LVU活力較高的混合酶好成效比較好。

酶的活力是根據現存的條件即是PH值、溫度和使用酶活力的種類及數量，大多數酶都顯示出它們最適宜的功效點是PH值介於8～9之間，但是我們可以添加些混合型的酶用以調整酶活力的幅度。當PH介於8～9之間使用軟化酶時大多數都採用傳統性但效果最好也最安全的胰酶。

軟化的意義

根據調查顯示，無論使用的是存在於動物糞便內的消化液或生長於糞便的黴菌，這些酶（胃蛋白酶，胰蛋白酶）在適當的溫度和PH的條件下都能消化或溶解皮內某些蛋白質。而如果也能在正確的控制下給予它們有充分時間的話，它們還能去除不需要的纖維間質，鬆弛因為膠朊纖維黏合得太緊密而可能導致粒面起皺紋和成革沒有伸長性的纖維結構，另外更能疏鬆任何殘留的毛根、表皮的組織、色素和脂肪細胞，爾後利用轉鼓因轉動而產生推擠的動作便能很容易地去除它們。

簡單的說，軟化是鞣製前再次使皮淨化的工藝，去除一些蛋白降解物，亦即不需要的組成成分、表皮、毛髮和殘留在皮表面及毛囊和粒面孔內的皮垢及其他一些具有抵抗化學（鹼和酸）能力的蛋白纖維，如彈力纖維、豎毛肌，如此才能使成革具有柔軟、豐滿、有彈性且粒面光滑等優點 。

如果浸灰的時間短而軟化過程正常則裸皮的膠朊損失較少，故膠朊結構不會產生變化，但若軟化的時間過長，膠朊結構會產生變化、鹼膨脹完全消失、粒面平滑、裸皮具有良好的柔軟性、可塑性及透氣性。如果浸灰的時間長則軟化過程中酶的作用(對膠朊)就加強了，如此膠朊的損失多且粒面不夠緊密。PH值的增加對酶而言好像呈算術級數的繁殖，即假如PH值增加0.1，酶的活力產生10倍的活力，那麼增加0.2則產生20倍活力，0.3則為30倍，依此類推。而溫度的變化會使酶的活力則呈幾何級數的增加，亦即假如溫度提高1°C，酶的活力會有約10倍能力變化的話，那麼升高2°C，則會有10^2，即100倍的能力增加，3°C則為10^3，即1000倍，依此類推，故軟化時須多加以控制PH值及溫度，一般最後的PH值的8.2±0.2，而溫度是35±2°C。

軟化劑（酶軟劑）

軟化劑最主要的成分是酶和相稱的媒介物，媒介物是一種混合物具有分散的效果，故軟化劑的有效成分是一種具有特殊效果的酶混合物，主要有三種類型，基本上都是以無菌的酶為主（即不含活的細菌）：

一、胰酶型的軟化劑

有些是由被屠殺動物（一般是豬）胰腺裡的消化酶製造而成，有些腺會在胃裡分泌酶到食物上，最後出現在糞便裡，這些腺可製成無菌的形狀，然後混合細緻的木屑（木粉或樹薯粉）和硫酸銨或氯化銨即可使用。一般混合後會呈現出粗糙的、黃色的（有時須添加非常微量的酸性黃染料）、無味的粉末、易於儲存、處理和搬運。活動力最理想的PH值為8.0～8.5。

二、細菌型的軟化劑

將適合使用的細菌於適宜它們的溶液內激發它們生長，如此便會很快地使它們全部變成消化酶，爾後再使用無菌消毒法將它們殺死，再將這些酶溶液形成粉狀（如噴霧乾燥法）後混合銨鹽和木粉。活動力最理想的PH值是6.0～7.2。

三、黴菌型的蛋白酶

在適當的媒介物下從有些正在成長中的黴菌獲得，然後再分離這些酶菌，活動力最理想的PH值是3～5.0。

一般的添加物是亞硫酸鈉和亞硫酸氫的混合物。前二項所添加的銨鹽最主要的作用是工藝執行中能維持PH值在最適當的水平內使酶有最佳的活動力。

軟化劑的活力

將已達到所要求脫灰程度的裸皮於正確的溫度和PH進行軟化時，需要使用多少量的酶及花多少時間才能完成軟化的工藝？酶是以其活力單位的大小而被標準化，一般都使用每一公克的酶含多少LVU（洛廉－沃爾哈德單位）為依據，一個典型而標準的酶大約是700～1，000 LUV，如果使用這種單位的酶於牛鞋面革，則約為灰裸皮削肉後或片皮後重0.4～0.8%的量，然而有許多活力不同的酶也能使用，因為有許多因素會影響所供應的要求，另有一個非常重要的因素就是在轉鼓內酶的分配，比喻說3000張羊皮的表面積於轉鼓內如何能使酶的分配均衡？當然這需要給些時間才能使酶液分配到每張羊皮的面積上。另外還有因轉鼓的大小、轉速及混合酶的效率所形成的問題，在這種情況下媒介物或混合酶是很重要的，如果活力較弱的酶軟劑混合著有效的媒介物，反而比活力強的酶軟劑混合差勁的媒介物所得的結果要好。當使用高濃度的混合酶時，必須考慮到稀釋及分配的時間。測試軟化的程度時，傳統性的綿羊皮都會把皮絞轉，擠壓成袋形再用力壓袋，測試是否有空氣穿透？以決定軟化的程度，這並不是經常而正確的測試法，而是應考慮是否有平滑的、絲絨似的和清潔而光亮的粒面。山羊皮雖然和綿羊一樣很容易即可達到脫灰的目的，但軟化的程度需視最後成革的要求而定。如鞋面革或服裝革／手套革，可能需要120～300分鐘。軟化山羊皮的慣例是直至未軟化前那粗糙手感的粒面消失了，變成絲綢似而且平滑的粒面，豬皮的軟化也類似山羊皮，牛皮則需於軟化期間做經常性的檢驗，必要時得作調整，傳統式的「姆指壓印」（裸皮經姆指壓印後須維持壓印，不可彈回）測試法到目前還是廣泛地被使用。

軟化的功能

一、鬆解和移除皮垢

軟化酶具有能再次幫助移除已被鬆弛或浸灰時部分被剝落的皮垢。

二、使皮鬆弛

對鞣革者而言，使裸皮鬆弛就是使裸皮柔軟，當酶軟劑滲入裸皮的膠朊纖維接觸後，會分離組織緊密的膠朊纖維結構，進而促使裸皮柔軟。記著！酶是不會過份的作用或攻擊膠朊組織，但會損害或毀壞粒面和裸皮的結構。

三、去除豎毛肌

豎毛肌是使動物發怒或受侵襲為自保而使毛髮豎起，猶如人類起疙瘩皮，如不去除，成革較硬且革面積較小，豬皮方面最能顯著去除豎毛肌的必要性。

四、改善粒面的伸縮性和平滑性

這方面是軟化最重要的功能，由於酶的活動力大部分都作用在粒面層，在這方面除了皮垢外，尚有高度敏感性的粒面膠朊和對粒面組織也非常重要的彈性蛋白，彈性蛋白是負責伸縮性和動物生存時的恢復力，然而假如彈性蛋白完全的被分裂而粒面膠朊也同時被侵襲的話，則成革將是空虛不飽滿、鬆面且粒面粗皺，所以對彈性蛋白的要求是均衡的分裂。

軟化的參考方法及必須注意的事項

有些鞣製者於脫灰時會將軟化劑和脫灰劑一起加入，或稍候再添加入軟化劑，如此便會省時間及減少些機械對裸皮的作用，但是可能產生前後不能協調、不能一致的結果，所以最好是習慣於先將灰裸皮脫灰至所要求的程度然後再進行軟化，並且要確保軟化全部過程中PH值一直維持在最適宜的範圍內。除了PH值外，另外影響軟化工藝的因素是溫度和所使用的酶或軟化劑的活力，溫度因素是由基質（亦是已脫灰的裸皮）的穩定性所控制，為了安全起見，經驗上告訴我們必須不能超過35～37°C，然而也不能低於30°C，否則會嚴重地遺失掉酶活力。

軟化的操作和軟化酶的使用量依不同的皮類而不同。一般對皮較重的重皮或鞋底革或栲膠革的軟化其作用不需要太強烈酵解，因為灰裸皮在浸灰時已經有了很好的浸灰處理而且大多數的蛋白降解物都被去除了，所以軟化酶的使用量較少。

軟化後已經使不同膨脹的效果消失了，而裸皮也經得起機械的動作。軟化後需水洗（悶洗和流水洗交換使用），以洗去化料和因軟化所得到的降解物及使皮溫下降以停止酶的動作（用冷水流水洗），水洗時需控制皮溫18～20°C，直至洗得很乾淨。

一般開邊鞋面革（牛皮）的脫灰和軟化二種工藝是同浴操作，爾後才執行浸酸的工藝，將牛皮或小牛皮脫灰至PH值為8.0～8.5後水洗，因這時候皮含鹼的程度正是許多酶具有最大的消化能力，爾後添加150～200%的水（37°C）及1～2%的酶軟劑。執行工藝時須維特PH值及溫度，否則稍一不慎則會遺失大量的軟化能力。

如果僅是為了使粒面平坦或增加皮的耐屈折性（例如牛皮的傢俱革），那麼軟化的時間大約是30～60分鐘，換言之，短時間的酶效應僅能判定成革後其難以捉摸的不一致性。30～60分鐘的酶軟也適用於小牛皮（牛犢）和鉻鞣的牛鞋面革，但是對綿羊和山羊而言則需較長的時間，尤其是要求具有極佳的延伸性和柔軟性，例如手套革。

亮面小山羊革，是由小山羊皮或粒面帶有粒狀紋或卵石紋而年齡較小的山羊皮鞣製而成，如成革為鞋面革的話則常被要求粒面需光滑且能重拋光，軟化時對山羊皮一般都使用濃度較高的軟化酶且時間也較長，主要的是要非常徹底地把它們的粒面鬆弛至有平滑的粒面，所以可能需先於水溫37°C進行一小時的軟化，然後浸於冷水過夜，翌晨再於水溫37°C中操作另一小時的軟化處理。

豬皮的軟化則是使用量較多而濃度（單位）較底的酶軟劑，時間也較長。而且軟化後再使用無水脫脂法進行脫脂是最恰當不過，因軟化後所有的天然脂肪會被酶軟劑分解，所以使用乳化脫脂法是最容易使天然油脂乳化而溶解於水，並且可添加些鹽，利用鹽的鹽析功能加強乳化脫脂的效果。

如果要使軟化的消化作用停止，最簡單的方法是使皮溫降到16°C即可或加強皮的酸度或馬上開始鞣製。但是有些綿羊皮卻不能直接將它們從軟化液浸入冷水液，如此反而仍然保留著豎毛肌，致使粒面形成了「雞皮疙瘩」效果，爾後想要使這種效果消失是極端的困難。

小動物的皮不可停留在軟化的條件下超過1～2小時，因為經常會發生被其他腐敗性細菌污染的危險，因而導致損害皮的品質，即使在冷水的條件下也可能發生。我們必須瞭解「酶」不會因操作過程成舊軟化液而被耗盡，假如使用正確的話就可能會像「新酶」一樣的活力，它們經常會因被其他腐敗性細菌的污染或感染而增加了作用力。是故為了產品能正常化，最好每一生產鼓都使用新的軟化液。

另外我們更應該明瞭如想獲得完全的、強烈的軟化作用，寧願加強控制（一）皮身的PH值（即是鹼度），（二）溫度，（三）時間，而不願增加軟化劑的使用量。

假如希望軟化能夠使粒面能平坦而光滑且不需「推擠」粒面就很清潔，但是如果能達到此目的的話，網狀層則可能會全面的感覺到太軟或太鬆弛。是故在這種條件下最好是先將皮輕輕地用銨鹽預脫灰使表面（粒面）的PH值為9.5左右，而網狀層仍然非常鹼性，PH值約為11，排水，水洗後再進行脫灰和軟化的工藝。

軟化時對去除脂肪也非常有效但得調整PH值、溫度和添加適當的界面活性劑（乳化劑或脫脂劑），因有些軟化酶在混合時會添加具有使脂肪細胞破裂功效的助劑。

特殊的軟化劑（脂肪酶）

含分解脂肪活力比率高的酶能於脫灰和軟化期間引導實施酶的脫脂動作。

酸性軟化劑（酸性酶軟劑）

酸性軟化劑一般都使用於PH 2.0～5.5之間，其目的是使裸皮再次地鬆弛，柔軟，因為這時候的PH值纖維不會產生酸膨脹，所以纖維能很容易地接近酸性軟化劑，更能使酸性軟化劑進入纖維的結構內，尤其是山羊或豬皮的成革如果要求的品質是非常柔軟的服裝革或手套革。酸性軟化劑對消除已儲藏太久或已乾了的酸裸皮所形成的摺痕是非常有效的。

如想再次鬆弛裸皮， 浸酸時首先用鹽及蟻酸使PH下降至所需要的PH值爾後於26～28°C之間進行第二次的酸軟化的工藝，時間依皮的種類而不同約4～6小時或過夜，爾後再添加酸和鹽以達到鞣製前的浸酸工藝。對酸裸皮而言，首先需使用蟻酸鈉／小蘇打進行「去酸」並使PH達到所需要的PH值，然後才執行酸軟化的工藝，如果此時結合水性的脫脂劑使用，則對移除油脂的功能特別好，另外對摺痕及皺紋的消除也非常有效。

藍濕皮的軟化

使用酸性軟化劑也可能使藍濕皮有再次鬆弛的效果，如果因為準備工段的粗劣而造成藍濕皮呈現出髒而似橡膠的感覺並且收縮溫度又低，在這種情況下，首先使用45°C的水洗去所有沒和纖維結合的鉻鞣劑，然後調整適合使用酸性軟化劑的PH值，並於45°C的水溫執行酸軟化的工藝大約4～6小時，如能過夜更能得到最大的效果，經過這樣處理理後，水洗，再用2～4%的鉻鞣劑（33%或45%鹽基度的鉻鞣劑皆可使用）進行再鞣，經過這樣的處理即可提高藍濕皮對爾後再鞣、染色和加脂等工藝的化學反應，進而改善了手感和染色的匀染性及鮮艷度。即使品質良好的藍濕皮，我們也可以使用這種方法使藍濕皮再鬆弛使成革更柔軟。

第7章

浸酸

浸酸是用鹽及酸將裸皮處理至貯藏或鞣製所需要的PH。浸酸除了是可以貯藏裸皮的工藝外，理論上最重要的意義是執行淨化皮內網狀組織皮蛋白的最後工藝，之前所執行的防腐貯藏、浸水、浸灰、脫灰及軟化等工藝也都涉及到移除或去除皮蛋白不需要的部分，所以浸完酸後的裸皮其皮內的纖維都已經能和化學起反應，因而可將皮鞣製成希望具有某種特性的革，是故調整皮身的PH至所希望的PH以適合爾後各種鞣製劑的加入，如鉻鞣劑，和去除裸皮內所剩餘的鹼（灰）是浸酸最必須執行的目的。

鹽是被用來控制酸的膨脹，而且有部分的酸會使膠朊的羧基不帶電荷以延緩羧基和鉻鞣劑的結合，如果浸酸的時間長則膠朊將會被溶解一部分於浸酸液中，如此成革則比較柔軟，延伸性也較大，面積也會增加，另外可抑制酶的活力。純的皮蛋白纖維或未脫毛的皮纖維於PH2或更低也不會斷裂，這是因為酸解（加酸水解）之故。

浸酸時溫度不宜過高，否則皮質的損失很大，如超過28°C時則宜採取降溫的措施。浸酸的液比，一般使用80%以上的水量，水量的多寡和皮吸收酸無關只是和鹽的用量有關，浸酸後的酸皮不可沾到水，否則會產酸膨脹而影響成革的品質。

浸酸時要先將裸皮置於鹽和水的轉鼓內（或者划槽內），轉動直至鹽充分地溶解和擴散於水約10～15分鐘，鹽使用量的標準是以水溶液鹽的濃度為主，而不是以裸皮重的百分比為根據，估計所需要的鹽量時，我們不僅需要考慮到浸酸時的水量及稀釋酸液的水量，而且還要包括裸皮內的含水量。習慣上是維持鹽的濃度約5%（以溶液量為主），但對有些持殊的鞣製所需要鹽的濃度可低至約3%（以溶液量為主，如果以皮重算則約5.5～6%）。雖然在某些範圍內皮纖維的特性可由PH控制，但就鹽本身而論，它的濃度是皮在製造中有關成革品質最具有關鍵性的因素之一，所以添加酸之前必須測試鹽的濃度。如果沒有使用鹽就添加酸的話，結果因產生過分的酸膨脹致使裸皮變成似橡膠且厚度增加約二倍，一旦發生的話，就很難完全去除這種過份膨脹的現象，然而如果添加過量的鹽，最後成革品質的好壞也是無法預測。

皮蛋白產生膨脹的結果可由在溶液裡鹽的濃度所控制，鹽較多，膨脹較少。以溶液量計算約5%的鹽（以皮重算則約8～10%）是很好且屬實用的上限。

【註】

鹽的使用量如果以鹽液濃度為根據的話則是6～8波美（°Be'），但最實用的是在7波美左右。

大多數的浸酸法都採用「鹽－硫酸」的系統，但是添加硫酸時，需事先用十倍至二十倍硫酸量重的水稀釋，必須事先稀釋，最好約使用前6至8小時前或更長，以去除加水稀釋硫酸時所產生的熱，添加時必須分多次加入，至少分六次，但越多次越好，這是避免PH值降得太快，而且能使硫酸分佈更均勻。

浸酸最後的PH必須配合鞣製所使用鞣劑的條件，鉻鞣劑在PH較高時對皮的固定是較其它鞣劑快而強，所以假如浸酸後酸皮的PH低於2，則可得到溫和的輕鉻鞣，但如果PH是5的話則鉻鞣劑馬上固定在皮的表面上（亦即在皮的表面產生了鉻的收斂性）而能滲入皮內的量很少，是故皮內一點也沒有被鞣製，幾乎可說是尚為生皮。對鉻鞣而言，酸皮最後的PH由經驗得知，最好是皮的表面是3.0±0.2，而皮內則為4.2±0.2。

如果想使皮的粒面層得到溫和的鞣製而皮身則為強而牢固的鞣製，這時就得採用「鋁浸酸」法，在鉻鞣前需用約0.5%↑的硫酸及1～2%的鋁鞣劑浸酸，如此粒面就會非常平滑，其原因是粒面已輕微地被鋁鞣劑固定了。

如果酸的用量多，則裸皮遭受的鬆弛作用也較強，故成革較柔軟，如果添加弱有機酸如蟻酸或乳酸用以代替部分的硫酸，而且有機酸的酸性越弱，浸酸的滲透率越高。有機酸能提供緩衝、滲透及蒙囿的作用而且也能減少發生酸膨脹的可能性，也可使用1%不會產生酸膨脹的磺基苯二酸而減少鹽的使用量，甚至可能一點也不用。

植物栲膠鞣製時只要將裸皮（脫灰後或軟化後）酸化至PH為4.0～4.5（亦即栲膠的等電點）即可執行鞣製，不管是使用舊鞣液殘留的弱酸或添加其它的弱酸，如1%的醋酸或乳酸，或是使用微酸式的合成單寧，這一類的單寧所含的酸屬酸不膨脹類的酸，鞣製能力較弱，最適宜使用於不用鹽的浸酸法。

鹽、強酸的浸酸方式對栲膠鞣製則是太粗糙了，特別是重革，因為和栲膠鞣製不能協調，而PH低則容易導致快速的表面鞣製和使皮身發硬，故現在時常添加醋酸鈉或其它的化料於浸酸液裡使PH緩衝至4（重革）或3（鉻鞣）。

浸酸有很多的方法可以選擇使用，但我們可以將各種不同的方法簡化成三個基本的型式：

一、均衡式的浸酸法

一般是採取浸酸過夜，使裸皮的截面積PH值低至2～3之間。這類型的浸酸法對鉻鞣劑鹽基度的影響極微，但會加速鉻鞣劑的滲透及使粒面平滑，然而需要添加相當多的鹼以中和酸及勝任對鉻的固定。

二、輕微的浸酸法

浸酸後使裸皮表面的PH為3～3.5而裸皮內中心處的PH為4～6，因而鉻鞣劑將只滲透至裸皮的外層而且固定性小，當鉻鞣劑滲入中層遭遇到較高值的PH時會導到固定及變成較高的鹽基度。最後僅需添加少量的鹼即能完全鞣製。

三、短時間的浸酸法

當酸加完後，20～40分即將33%鹽基度的鉻鞣劑加入轉鼓，此時裸皮表面的PH將是低於2.5而皮心處將仍然維持PH約8，由於酸仍於鉻鞣劑之前繼續滲入，直到被皮內殘留的鹼中和，使浸酸液的PH值增加，導致形成慢慢地提高鉻的鹽基度效果，故短時間的浸酸法可視為不須添加鹼即能提高33%鉻鞣劑鹽基度的方法，特別是假如鞣製後的溫度必須提高超過40°C以上的話。

另外一種浸酸的方法是「無鹽浸酸」的系統，亦稱「有機酸浸酸法」，特別是添加能使鉻鞣非常均勻的磺基苯二酸，但是如果浸酸後的PH要求較低的話則不適用此系統。

浸酸時水浴越少越會增加機械動作，加速酸的滲透，提高浸酸液及裸皮的溫度，更會幫助鞣劑的滲透。

浸酸必須遵守二個規則：

1. 必須使用充分的鹽，藉以抑制膨脹。
2. 酸量的使用必須非常小心，添加時必須依據排定的時間表，如此才能符合前後一致的結果。

浸酸後貯藏酸皮

重量較輕的小皮，如果浸酸的目的是為了防腐貯藏，那麼浸酸的操作可允許達到酸平衡的條件，即皮身的PH和浸酸浴的PH是一致的，約為2，或者更低些，一般都使用浸酸過夜法。因為在強酸的情況下會抑制細菌的成長，且因使用鹽量充足所以酸不會損害皮。鹽分高且PH低的條件下不需要持意去抑制黴菌的產生，但是有些黴菌最初是生長於動物的脂肪內，尤其是綿羊、豬等動物的脂肪含量多，故必須使用消毒劑以抑制黴菌的生長。實際上大部分的消毒劑都含有氯化酚、氟化物及商業上特殊的產品混合而成。酸皮的貯藏可保留一年以上。

脫酸或去酸

要提高酸皮（用浸酸方式貯藏）的PH時，首先得進行脫酸的工藝，其方法是使用鹽水（事先已將鹽溶解在水裡）及適量的鹽即可提高PH，但這只是提高水浴的PH，無法滿足於使皮內的酸去除而將PH也提高，導致成革粒面粗劣，鞣製不足和硬。如果使用鹽水及鹽進行脫酸而想得到皮截面積和水浴的PH能平衡的話，至少須採取脫酸過夜法。

第8章

脫　脂

一般原皮所含的脂肪量並不多，所以可在脫灰時同時進行脫脂的工藝，但是有些動物皮含脂量高特別多，所以脫脂必須以特殊的工藝處理，皮內如殘留著過多的天然油脂則會妨礙鞣製劑、單寧、染料……均衡的滲入皮內，而且也會導致塗飾工藝的困難，使成革可能有黑點或油斑的現象。

脫脂的工藝必須在添加鞣製劑前完成，如鉻鞣，否則鉻鹽會和油脂產生化學反應而形成影響染色、使成革有硬感的鉻皂，鉻皂是很不容易去除的。

豬皮的脫脂工藝最好是軟化後排乾水，再進行無水脫脂，可使用脫脂劑和鹽或煤油作為脫脂的助劑約1小時，排乾皂水，用溫水（30～32°C）悶洗約20分，再進行流水洗，洗至清並調皮溫（16～20°C）以利爾後的浸酸工藝。

綿羊皮的脫脂工藝最好是浸酸後排乾酸水，再進行無浴脫脂，可使用脫脂劑和鹽或煤油作為脫脂的助劑約1小時，排乾皂水，再用鹽水（約5%的濃度）重覆地洗，洗至清，切忌使用水洗，否則會產生過分的酸膨脹，然後再用蟻酸調整PH以適合鞣製劑的鞣製。

水洗脫脂後的裸皮，當然水溫越高越容易洗，但是最好不要超這35°C，為了提高已脫脂裸皮的水洗耐溫至45°C以上，有一種非傳統的方法，但不適合使用於油脂已經呈現在染色後或經礦物鞣製過的皮，那就是脫脂前，使用短浴法和1%的福馬林進行輕微的預鞣，即可達到耐溫至45°C。如果使用「醛鞣」，即非酸性時的PH才能反應，則會增加皮身的陰離子，也就是和油脂所帶的電荷一樣，所以能幫助油脂和纖維分離。假如使用少量的戊二醛於長浴及低PH進行預鞣的話，也能得到抗濕熱的效果，現在許多軟革都採用這種方法。

以酸為媒介物執行聚磷酸鹽複合物的鞣製亦能獲得一樣的目的，而且可同時添加些螯合劑，如果水質太硬或發現有灰斑的話，但使用量不可過多，否則會嚴重的改變鉻鞣液的蒙囿能力。

第 9 章

鞣 製

鞣製的定義可謂是為了保護皮而採用的處理，進而讓皮轉變成商業上的商品。如果只是以「保護皮」或「皮和化學的反應」作為定義是不太適當的，因為沒有考慮到「成革」，但是僅以革的物性和特色為依據的定義，對技術性而言卻又不太充分。所以述說鞣製的定義時必須兩方面都要考慮到。鞣製工序是使動物皮的蛋白質提高收縮溫度、轉變成穩定，不會腐敗，成為適合製造各種皮製品的過程。

鞣製的方式，最主要是依據最後成品的要求、鞣製化料的選擇、鞣製的成本、工廠設備的條件及鞣製用的原（生）皮種類，方法有很多種如鉻鞣、鋁鞣等礦物鞣劑的鞣製，植物栲膠鞣、醛鞣、油鞣及其他鞣製法。

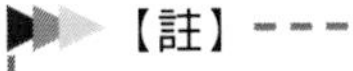

【註】

附表9-1（請見P.136）：簡述各種單寧、鞣製材料的來源、特性及最後成革的應用。

鉻鞣劑和其他礦物鞣劑

許多金屬鹽都有和皮蛋白結合的能力，但結合後的成革能符合要求的卻僅有少數，目前普遍被使用的是硫酸鉻的鉻鞣工藝。

鉻鞣是使皮纖維和鉻鹽反應形成穩定性佳、抗細菌的侵襲和耐高溫的纖維，但是如果不再進行爾後的工藝，那麼鉻鞣皮就無法變成具有所希望的品質，而使用於商業上的商品（革製品），所以鉻鞣皮必須結合染色、加脂和使用栲膠單寧或其他鞣製單寧（置換單寧）再鞣等工藝才能鞣製成可使用於商業上所需要的革。鉻鞣最主要的好處是迅速、成本低及色澤淺（藍濕皮）。

鉻鞣製的演進

鉻鞣是於1858年被發現的，但首先出現鉻鞣皮的商業產品卻在1884年，當時鉻鞣製的專利權是屬「二浴式的鞣製法」，雖然這種鞣製法有很多缺點，但是成革卻有特別令人滿意的特性。二浴法是將已脫灰和軟化的裸皮經稍微浸酸後，先用鉻酸處理，當裸皮達到飽和後再於另外一浴以海波和鹽酸處理，使鉻鹽形成鹼式硫酸鹽和釋放出皮內的硫。第二浴的目的是利用海波使所有已經滲入在酸裸皮內的鉻酸完全還原成具有正確鹽基度的鉻鹽。其實雙浴法就是使鉻礦在轉鼓及划槽內和酸裸皮同時進行氧化和還原的過程。二浴法的第一浴可視為「氧化浴」，但是使用的酸是鹽酸而不使用硫酸，原因是因為鹽酸的滲透較快，容易使重鉻酸鹽滲入酸皮內，而且其副產品「氯化鹽」的蒙囿性能小。第二浴可視為「還原浴」使用無機鹽「海波」而不使用有機的糖類是因鉻酸已經完全滲入皮內，不再需要使用會形成蒙囿能力較強的有機化合物，另外海波會分解皮內的硫使硫釋出，鞣製後的藍皮也較飽滿，粒面也較緊密。

二浴鞣製法：

亮面小山羊革的二浴鉻鞣法（%以淨面的灰裸皮重計）

將已軟化的小山羊皮經水洗及輕（稍微）浸酸後，排乾。

第一浴	100%	冷水	
	6%	重鉻酸鈉（鉀）	
	4%	鹽酸（商業級的高濃度）	轉約3～6小時

直至裸皮的裡外完全變成橘色後（切割目測），出（鬆）鼓，搭馬（需搭平，不能有皺紋，而且必須覆蓋不能見光及通風，否則會形成色斑），過夜。

第二浴	500%	冷水
	20%	海波
	10%	鹽酸（商業級的高濃度）

轉動至橘色的裸皮裡外完全變成藍綠色的硫酸鉻，切割目測無任何橘色或黃色的留痕遺跡後才進行提高鹽基度的工藝，直至鞣製符合所要求的PH及耐收縮的溫度。

由於這種老式「二浴鉻鞣法」的人工及化料花費太高，另外為了現代化產品的品質要求，它已經多次地被改良過，然而至今尚有些革類的鞣製還是延續這種二浴式鞣製法。

改良後的二浴鉻鞣法：

所以許多鞣製小山羊的皮廠現在都採用一浴及二浴結合的鉻鞣製法。首先將酸皮於轉鼓內用鉻液或鉻礬及重鉻酸鈉或部分已被還原的鉻液（常被使用）處理，完全滲透後再用海波進行完全的還原，參考的工藝如下：（%以淨面的灰裸皮重計）

浸酸	100%	冷水	
	5%	鹽	
	1%	鹽酸（商業級的高濃度）	過夜
	+12%	已部分被還原的鉻液（先用約25%的水稀釋）4～6小時	過夜，次晨慢慢地添加
	5～7%	海波或其他還原劑（先用約50%的水稀釋）	

轉動至裸皮裡外完全變成非常均勻的藍綠色後再提高鹽基度。

一浴鉻鞣法：

一般是使用鹼式硫酸鉻的三價鉻鹽和皮纖維反應為依據的鞣製法，將裸皮浸酸至PH3或較低些再添加鉻鞣劑，因在這時的PH低，鉻鞣鹽和蛋白纖維的親合性比較緩慢，所以才能滲入皮內，但滲透至皮內某一位置以及某些鉻鹽已經達到開始被吸收時，PH會升高，因而導致鉻鹽和蛋白纖維二者之間開始反應，當反應結束後的皮被稱為「全鉻鞣皮」，這時候的皮就會耐沸水煮沸。鉻鞣過程的化學作用是很複雜的，和包括數個同時存在而且是對抗的反應。鉻鞣時如果能控制PH，溫度及所使用的化料就能使這些反應達到均衡。

鉻鹽的化學作用

鉻鞣鹽是+3價，它能溶解於強酸溶液，但PH超過4時，一般將會以氫氧化鉻（$Cr(OH)_3$）、或水合化的氧化鉻（Cr_2O_3）形式沉澱。PH值高的時侯它們會和一些有機物反應，形成帶有顏色的可溶性鹽類，而且會使可溶性的蛋白沉澱。

水　解

水溶性的物質經水分解後，會形成酸式的氫離子（H^+）和鹼式的氫氧離子（OH^-），當礦物鹽（鉻、鋁或鋯）溶解於水後，水的氫氧離子會提高礦物鹽的鹽基度及加強了收斂性。水解的條件：（一）溶解所使用的水量多則水解多，（二）PH高，水解快，（三）溫度高也會加速水解的作用。

鹽基度的觀念

鹽基度的定義是每一單位的鉻和氫氧基結合的數量，一般以百分比（%）表示。

鉻鹽在非常酸性的情況下收斂性較小，但一旦酸性被中和（即PH提高），它們的結合或被固定就變成非常容易而快速。

硫酸鉻溶解於水，經水解後形成硫酸和鹼式硫酸鉻（33%鹽基度），此時的PH低約2～3，後添加鹼性化料（如純鹼，小蘇打等）中和酸，並使鹼式硫酸鉻（33%鹽基度）再次水解，則會形成較多的鹼式硫酸鉻（即66%鹽基度）。由此可知，增加鹼性化料的量，即可增加鹼式硫酸鉻的量，也就是增加鉻鞣液的收斂性或鞣製的能力。

鉻（Cr^{+3}）對氫氧離子（OH^-）的反應可寫成三個反應步驟：

$$Cr^{+3} + OH^- \rightarrow [Cr-OH]^{+2}$$ 33% 鹽基度

PH大約在2或2以下

$$[Cr-OH]^{+2} + OH^- \rightarrow [Cr(OH)_2]^+$$ 66% 鹽基度

PH 大約在2.0 ～ 4.0

$$[Cr-(OH)_2]^+ + OH^- \rightarrow [Cr(OH)_3]^0 \downarrow$$ 沉澱 100% 鹽基度

PH 大約在4.0 ～ 8.0 或 9

一般使用的鉻鞣劑其鹽基度都介於在33%和45%之間。

添加鹼性化料的多寡是決定硫酸鉻含有鹽基度多少的因素，如下表所列：

表9-2　鉻鹽的鹽基度

	＊純鹼添加量	鹽基度	顏色	溶解度	鞣製能力（收斂性）
硫酸鉻	無	0%	綠色	很好	很差
一般鹼式硫酸鉻	1/4	33%	綠色	很好	好
高鹽基度硫酸鉻	1/3	45%	綠色	很好	收斂性很強
非常高鹽基度硫酸鉻	1/2	66%	綠色	差，呈霧狀	大多數屬表面鞣製
全鹼式（即硫酸鉻變成氫氧化鉻）	3/4	100%	淺綠	完全不溶	無

＊以硫酸鉻實際的量為依據

由上面的表格中，我們瞭解如果繼續地添加鹼性化料則硫酸鉻變會形成淺綠色、無鞣革能力，且不溶於水而沉澱在鞣製液裡或皮表面的氫氧化鉻。

有關鉻鹽鹽基度方面需要注意的事項如下：

1. 當鹽基度提高時，收斂性也增加。
2. 鹽基度最高為66%，不可超過，否則會失去鞣製的能力。
3. 不可添加過量的鹼性化料，因從66%鹽基度開始，硫酸鉻會漸漸地變成淺綠色且開始不溶於水，直至達到100%的鹽基度後，便會形成氫氧化鉻的沉澱而污染皮面，造成染色不均勻。
4. 如想鉻鹽滲透佳且固定較溫（柔）和，則選用33%鹽基度的鉻鞣劑。
5. 如想固定較快速，即是高收斂性，則選用40-50%鹽基度的鉻鞣劑。

提高鹽基度（提鹼）：

鉻鞣時當鉻鹽已經完全而均勻地滲入皮內，必須添加鹼性化料，提高鉻鹽的鹽基度和固定鉻，稱為「提鹼（提高鹽基度）工藝」，但添加時要非常小心及慢，避免使鉻液內未被固定的鉻產生沉澱。

提高鹽基度不只可以增加鉻的耗盡（吸收），亦可固定鉻及增加鉻的收斂性。鉻的固定越多，收縮溫度越提高，提高鹽基度所需添加的鹼性化料（如純鹼、小蘇打等）必須事先溶解於水，溶解後的濃度不可太濃，否則會導致局部的鉻鹽沉澱而無法再次溶解。添加時須慢慢加入鉻鞣液裡才能達到混合均勻的目的。

皮本身的酸、鹼性會影響鉻鞣液的鹽基度和鞣製的能力，所以鞣製工藝開始前必須正確地調整皮身的酸鹼值。下面的舉例是說明皮身的酸、鹼值會影響鉻鞣液的鹽基度和鞣製的能力，而所使用的是33%鹽基度的鹼式鉻液：

1. 將灰裸皮（PH約12）直接投入鉻鞣液，鉻鹽將形成氫氧化鉻而沉澱，鞣製後皮硬。
2. 將已脫灰或已軟化的裸皮（PH約8）直接投入鉻鞣液，則會提高鉻鹽的鹽基度，而且也可能產生似泥巴的沉澱，或則僅在皮表面有極收斂性的鞣製，鞣製後的皮面硬，粒面粗皺或縮皺。
3. 灰裸皮經麥麩皮的發酵液脫灰和軟化後（PH約4.5）直接鞣製，僅稍微提高皮內的鹽基度，所以鞣製後的藍濕皮很飽滿，但粒面可能稍微有粗皺或縮皺。
4. 浸酸後的酸裸皮（PH約2.0-3.0）鞣製時不會提高鉻液的鹽基度，故鉻鹽的滲透性佳，鞣製後的藍皮具有平滑、均勻和柔軔的粒面。如果酸裸皮的酸值（PH值）很低，將可能使鉻液的鹽基度降低，並且低於33%，因而減少了鉻鹽的鞣製能力。

由上面四個舉例，很明顯地表達「浸酸」是鞣製前所必須執行的工藝，一般建議鞣製開始時，浸酸後酸皮表面的PH介於2-3之間而鉻液的鹽基度介於30-40%之間。

測試鹼性化料於提鹼工藝所需要的量是使用「沉澱法」，將鹼性化料的溶液（已知化料量及溶解比率的水量）慢慢地加入鉻鞣液（已知鉻液量），直至產生沉澱，便可知道多少的鹼液會使多少的鉻液發生沉澱的現象。為了安全起見一般提鹼時都使用一半的鹼液量（使鉻液發生沉澱的液量）。

使用於提鹼（提高鹽基度）的化料：

提鹼時使用的鹼性化料必須能中和酸性（酸度），而且PH高於6或7，包括弱酸鹽如硼酸鹽、碳酸氫鹽（重碳酸鹽），蟻酸鹽、醋酸鹽等，這些弱酸鹽也是緩衝鹽而且具有蒙囿的特性，所以會降低鉻鹽的收斂性和防止產生不溶性鹼式鹽（氫氧化鉻）的沉澱。

弱酸鹽的提鹼劑：

1. 蟻酸鈉及蟻酸鈣，但一般比較常用蟻酸鈣，因蟻酸鈣的鈣離子會和硫酸離子結合形成不溶性的硫酸鈣而使蟻酸離子能滲入皮內的鉻複合物，給予較穩定的蒙囿作用。商業上推銷的二羧酸鹽也是使用這種原理而研發的。
2. 使用碳酸氫鹽（重碳酸鹽）時溫度會升高，且釋放出二氧化硫的氣體，之後便會使鹽基度提高，但會失去蒙囿的離子，不過卻會增加鉻對纖維的固定。
3. 氧化鎂屬不易溶的粉狀體，它會慢慢地中和鉻鹽的酸度但卻不影響它本身的PH（即不因中和而使PH產生變化），反應的速率則依據氧化鎂本身顆粒的大小及轉鼓內裸皮所含的鹽基性。如果鞣製液的溫度增加則會導致鉻的水解，形成較多的鉻複合物，並使它們固定在纖維上。一般使用於短浴鞣製法或Y型的轉鼓。

有關提高鹽基度的方法，有下列幾種方法可選擇：

1. 使用低酸量的浸酸法使裸皮殘留著足夠的鹼。
2. 添加單純的鹼如小蘇打或純鹼液（碳酸鈉10%的溶液），添加時分多次慢慢的加入可防止PH提高至會產生沉澱的點（一般發生在PH4.3以上），並可保証PH保持在安全的水平上，鉻會漸漸的和均衡地被吸收。
3. 使用溶解性低的鹼如氧化鎂，在此系統裡的酸和鹼的反應是慢慢的耗盡，因而PH的上升是漸漸的，收斂性的增加是安全的和能固定鉻。然而假如所有的氧化鎂（或類似的化料或商業性的產品）在停止轉鼓前沒有完全被耗盡的話，則會使鹼局部化成斑點（塊），但仍然繼續提升PH，引起這些斑點（塊）在皮的粒面形成深色的氫氧鉻，它們看起來類似被沾污，被污染，而在透鏡下檢驗時將會看到的是分離的、不連接的點（塊），這些類似被污染的部份是不可能完全被去除的，染色後將會特別顯著（除了染黑色）。

   下列各項可避免污染的發生：

   A. 使用提高鹽基度的鹼不可過量。商業性的產品都會聲稱不可能形成污點，所以使用前須謹慎地察看。

B. 給予機械的動作需要有充分的、足夠的時間。

C. 利用溫度的增加以加速鹼的分解。

4. 使用自動提高鹽基度的鉻粉。

複（絡）合物的配位

鉻原子三個主要的結合價不是僅有的主要吸引力，它另有三個從屬（次，第二的）力或能從溶液中吸引離子和分子的配價位。鉻有六個配價位，這些配價位可能包括水分子，氫氧基群或其他在複合物裡的物質，任何有能力反應或在配價位裡的物質都被稱為「配位體」。「鹽基度」是指和鉻結合的氫氧基（OH），氫氧基越多，鹽基度越高。「酸度」是指鹽類含酸的部分。溶液裡如以百分比（%）表達的話則「鹽基度」和「酸度」的總合為100，如33%鹽基度（硫酸鉻）即含有66%的硫酸酸度，鹽類含酸的部分可能以複（絡）合離子和鉻原子結合也可能形成自由離子而活動於溶液裡。

【註】

一般鹽基度（鹼度）或酸度以%表示時不含小數點

蒙囿劑和蒙囿作用

能蒙囿（緩和或隱匿）鉻鞣的化學反應，進而改善鞣製的特性這類的物質被稱為「蒙囿劑」。對PH變化有敏感性的鞣製，如能添加蒙囿劑使用就能大大地減少敏感性及收斂性，也因而減少了鞣製劑對皮蛋白纖維的親合性，即是鉻不會馬上被固定，所以能幫助鞣製劑的滲透，另外尚能使提鹼的作用柔和，它雖然可能使PH升高到較高的水平，但卻不會導致產生鞣製複合鹽離子的沉澱，另外雖然對皮蛋白纖維和鞣製複合鹽的固定能力會稍微地降低，但是鞣製後皮的性能卻能得到某些效果，例如色彩的改變（指藍濕皮的顏色），皮身較飽滿和柔軟等等。

不僅只有硫酸離子對鉻鹽有配位及蒙囿的作用，許多其他的離子也有這種作用，有些可能作用更強，如果在濃度、溫度及鹽基度相同的條件下，對鉻鹽有配位及蒙囿作用的離子，由弱至強的排列次序如下：

氯化鹽＜硫酸鹽＜蟻酸鹽＜亞硫酸化鹽＜鄰苯二酸鹽＜草酸鹽＜磺基苯二酸鹽

鉻鹽越與後面的鹽類配位形成的複合物，對水解越穩定，不過形成鹼式鉻鹽的收斂性將會減少。如果蒙囿劑和金屬礦物鹽（鉻、鋁、鋯）的接觸時間長，而且溫度也高，或則蒙囿劑的莫耳（克分子量）比率較高，反應則比較傾向於形成金屬礦物鹽的複合物。所以有些皮廠常採用添加鉻鞣劑之前能先獲得鹼式鉻鹽的複合物，有些則在浸酸時添加蟻酸，而有些則是將蒙囿劑和鉻鞣劑同時添加入轉鼓，但是無論是使用何種方式添加都必須符合最後產品所要求的品質。

使用蒙囿劑的鉻鞣製，鞣製後的PH必須稍高於未使用蒙囿劑鉻制時的PH，如此才能增加反應所形成鉻鞣複合物的穩定性的量，例如使用蟻酸鹽當蒙囿劑時鞣製最後的PH約4.0～4.4、醋酸鹽的PH約4.4～4.6（不過三氧化二鉻的含量較蟻酸鹽少），但未使用蒙囿劑的PH約為3.5左右。無論是否使用蒙囿劑鞣製，如果PH高於各自PH的臨界點（危險點）則會發生鉻鞣劑的沉澱。鉻的固定性減少也是表示鞣製的效果減少。

草酸鹽對鉻鹽的反應是強有力的，能將鉻從皮身剝落分離，因而常被使用於清潔鉻鞣皮的粒面或漂白鞣皮的粒面，可能使粒面形成粉紅色或紫色的天然色彩。雖然草酸對鞣製皮的漂白有某種程度的幫助，但是提高鹽基度時因PH太高，可能導致沾污或污染，經驗上告訴我們使用適宜的漂白單寧，藉以去除可能因使用草酸鹽形成部份深綠色的氫氧化鉻沉澱，並且能給予較均衡的色彩。我們不要期望能完全去除因氫氧化鉻沉澱所造成污染點（塊）的奇蹟發生。

現在的鞣製工藝大多在浸酸時添加蟻酸，或蟻酸鈣（或鈉），或醋酸鈉，或鄰苯二酸，或則於鉻鞣後添加，或再添加這些酸類的鈉鹽當作提鹼劑，或中和劑（中和鉻液內多餘的酸）使鉻鞣製後藍濕皮的粒面較平滑。蟻酸鈉也時常被使用於染色和加脂前的中和過程，因蟻酸鈉具有對PH緩衝的能力和使皮粒面電荷均衡的效果，故能協助染色的勻染性。

蒙囿劑和金屬礦物鹽在溶液裡最初的化學反應可用下列三個步驟陳述：

1. 溶液：鹼式硫酸鉻溶解後，形成了硫酸離子和陽離子性的鉻複合物。

2. 使用蒙囿劑：溶液裡蒙囿劑從鉻複合物中取代了硫酸離子，形成了鹼式蒙囿鉻的複合物。
3. 固定：初鞣的反應是由陽離子的鉻複合物和皮蛋白纖維內酸式陰離子的羧基群二者之間結合。

因為皮蛋白纖維內的酸式羧基群和鉻鹽的複合物配位，所以能將鉻鹽固定在皮蛋白，亦即皮蛋白於鞣製時會「蒙囿」鉻鹽，但是假如鞣後的藍濕皮經蒙囿能力很強的溶液處理過後，有些被固定的鉻則可能被去除，例如使用草酸漂白藍濕皮，則藍濕皮表面的鉻被去除，皮面的顏色變淺，故一般寧願添加蒙囿劑而不願意利用皮蛋白本身酸式羧基群的蒙囿能力。

如果初鞣時鉻鹽就已經被蒙囿得很好，那麼鞣製的能力就大大地減少。

蒙囿的鉻鞣藍濕皮一般的特性是比較豐滿和柔軟，經鉻再鞣後會更加飽滿和海綿感，染色比未經蒙囿的藍皮淺（敗色），但是較均勻，加脂後更柔軟。含有長鏈芳香族碳氫鍵（約有30個碳離子C30）的雙羧酸，它除了有蒙囿作用外，對皮纖維結構比較鬆弛的部分尚有極佳的填充作用，但是蒙囿後相對的也會減少已鞣製皮內的陽離子性，因而降低了對直接性染料、酸性染料、栲膠單寧和硫酸化加脂劑等陰離子的固定能力。

有些高濃度的栲膠單寧和合成單寧也具有蒙囿的作用。螯合劑除了能軟化硬水外也具有蒙囿鉻鹽的效能。蒙囿劑除了對鉻鹽蒙囿外，也能使用於其他的礦物鞣劑，如鋯鹽和鋁鹽。

皮蛋白纖維

皮蛋白纖維包含有自由的羧基群和理論上能和鉻鹽形成配位複合物的其他活性基（反應基）。對於皮蛋白反應的主要部分，大多數的研究和理論都認為最初鞣製的反應是被丁氨二酸（Aspartic acid）和2-氨基戊二酸（谷氨酸Glutamic acid）的自由羧基群對溶液裡鉻鹽的親合性控制。

皮蛋白纖維可被視為類似配位的配位體。當羧基群（COOH）被離子化時，將吸引鉻鞣複合物並起反應，如果羧基群沒被離子化時，鉻和皮蛋白纖維之間的吸引力就很小。皮蛋白纖維的羧基群發生離子化的PH範圍很窄，僅PH2～4之間。

鉻鞣製時鉻複合物中所有配位的配位體之間所引起的反應會產生四種反應步驟，如果想在鞣製期間對不同反應的相關操作加以控制時必須考慮到PH、溫度和鉻鞣劑濃度的調整及彼此之間的平衡。

四種反應的步驟如下：

1.氫氧（OH）基群和鉻的反應，即是鹽基度的產生。

$$(\text{鉻離子})^{+3}+\text{氫氧離子}^{-} \rightarrow (\text{氫氧化鉻})^{+2}$$
$$(Cr)^{+3}+OH^{-} \rightarrow (Cr-OH)^{+2}$$

PH低的時候溶液中氫氧離子$^{-}$（OH^{-}）的濃度也低，這表示鉻的鹽基度也低，但是PH增加時反應就會向右進行，增加了鉻的鹽基度。

2.陽離子的鉻化合物和硫酸之間的反應

（氫氧化鉻）$^{+2}$+硫酸離子$^{=}$→（硫酸氫氧鉻）^{0}

$(Cr-OH)^{+2} + SO_4^{=} \rightarrow (Cr^{+}-OH-SO_4^{-})^{0}$

硫酸離子$^{=}$（$SO_4^{=}$）是一個強離子，不受PH的影響，鞣製期間的PH範圍內，它都能維持和皮蛋白反應。

3.蒙囿劑的反應，如蟻酸離子$^{-}$

（硫酸氫氧鉻）^{0}+蟻酸離子$^{-}$→（蟻酸氫氧鉻）$^{+}$+硫酸離子$^{=}$

$(Cr^{+}-OH-SO_4^{-})^{0} + (COOH)^{-} \rightarrow (Cr-OH-COOH)^{+} + SO_4^{=}$

蒙囿劑如能得到充分的離子化，即使PH低也能和鉻複合物配位。弱有機酸類的蒙囿劑和鉻複合物的配位是取決於本身的酸性和PH，PH越高則有利於反應性的增加。

4.皮蛋白纖維（羧基COO^{-}）的反應

（蟻酸氫氧鉻）$^{+}$+皮蛋白纖維（羧基COO^{-}）→羧蟻酸氫氧鉻

$(Cr-OH-COOH)^{+} + {}^{-}OOC-| \rightarrow$ Cr−OH（Cr 分別連接 COOH 與 OOC−|）

```
                                   Cr−OH
                                  /     \
                              COOH       OOC−|
```

因為皮蛋白纖維於PH低時，它的離子化作用被抑制，所以和鉻的反應很少，同樣的在弱酸時皮蛋白纖維的羧基（COO^{-}）和鉻的反應地很少，但是對PH的改變則是影響很大。

當鞣製的PH增加時，鉻複合物的鹽基度也提高，也就是鉻複合物含較多的氫氧根（OH），硫酸根對配位的親合性仍然保持一樣，因不受PH的影響，而蒙囿劑也維持著和鉻的配位。PH的增加對皮蛋白纖維的反應性也大大地增加，直至初鞣的反應完成。

初鞣反應完成後鉻的鹽基度也提高了，此時部分的硫酸根可能從複合物中被取代，蒙囿劑也因皮蛋白纖維已經能和鉻鞣複合物親合而被取代，初鞣後由於架橋反應的作用使皮蛋白纖維能完成和鄰近鍵二者之間的連接。隨著鹽基度的增加，二個鉻複合物可透過對氫氧基（OH）群的從屬吸引力而互相結合。

鉻鞣架橋的進展階段如下：

1. 初鞣時鉻複合物已經和皮蛋白纖維的羧基群反應，之後便起了架橋反應使二個皮蛋白纖維聯結。
2. PH增加時和鉻結合的硫酸根變成由羥基（氫氧基）取代，再經過羥（OH）配聚後，烴基群變成和鉻原子共配稱烴配聚。
3. 掛馬時，因複合物放棄氫氧離子（OH^-）形成氧（O）配聚，而使鞣製變成更穩定，稱氧配聚。

簡化鉻鞣作用的步驟如下：

1. 架橋：

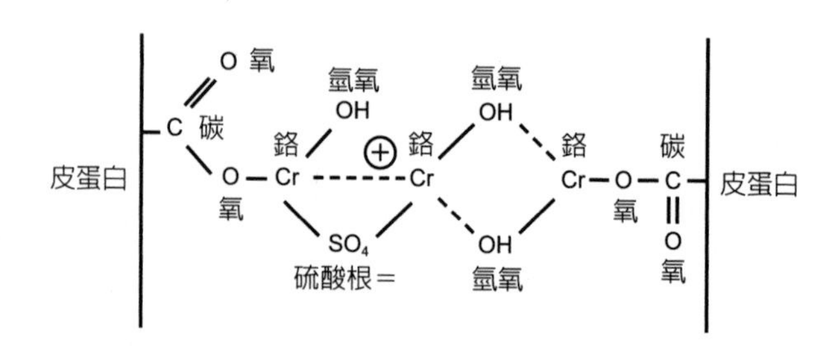

2. 羥配聚：

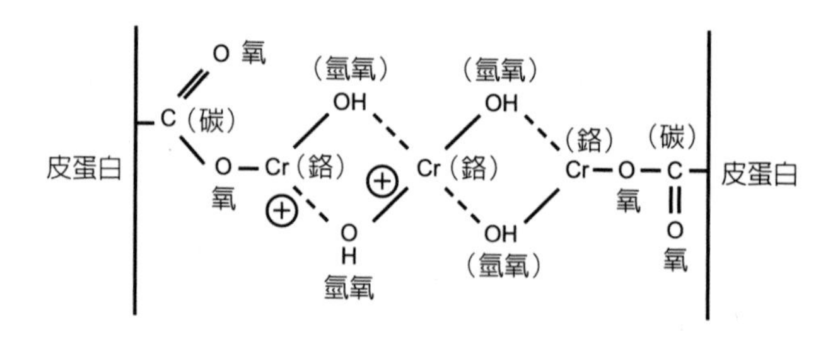

3. 氧配聚：

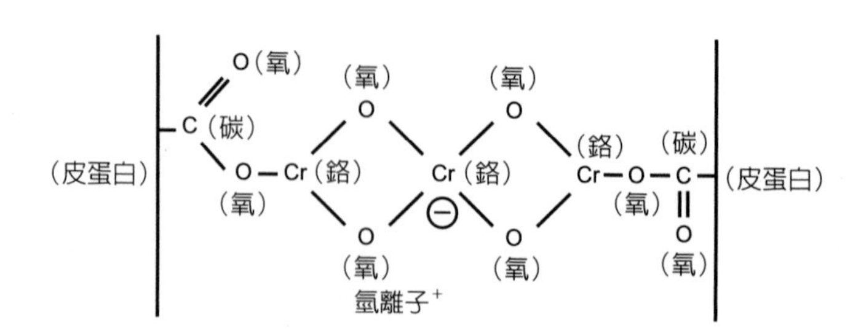

鞣製的過程中處於較高的鹽基度，而複合物的分子也能在允許架橋的條件下增大，那麼這種反應的結果是有很飽滿的鞣製和耐收縮溫度很高的皮。

鉻鞣液的調製方法

鉻礦一般都含有鐵，鉻礦裡的鉻鹽和鐵必須分離，因為鐵於鞣製添加栲膠單寧時，會使成革有黑藍色污點的瑕疵，分離鉻鹽和鐵首先將鉻礦放置在特殊的溶爐內和鹼一起加熱，直至形成黃色的鉻酸鈉（Na_2CrO_4）和過鐵酸鈉（$NaFeO_2$）後溶解於水，過鐵酸鈉經水解後形成不溶性的離子，經過「過濾」使鐵和黃色的鉻酸鈉溶液分離。再將黃色的鉻酸鈉溶液用酸中和使溶液晶體化（結晶）形成紅色至橙色的結晶體、易潮濕、易溶於水、有毒的、含六價鉻的酸式重鉻酸鈉（$Na_2Cr_2O_7 \cdot 2H_2O$），因為鞣製時使用的是+3價、無毒性的鉻鹽，所以必須將+6價、有毒性的鉻（重鉻酸鈉）還原成+3價、無毒性的鉻才能使用於鞣製。所以需要將重鉻酸鈉（$Na_2Cr_2O_7 \cdot 2H_2O$）再經過硫酸的氧化及還原劑的還原就會形成無毒性的三價鉻且可鞣製的鉻鞣液。

目前最常被使用的二種鉻鞣液形成的方法如下：

1. 二氧化硫吹氧法：重鉻酸鈉（或鉀）和熱水溶解於具有抗酸性的容器裡，二氧化硫氣體（裝於壓力筒內，如瓦斯筒）經過多孔導管射出噴入溶液內，使二氧化硫氣體射出，噴入溶液內直至橘色的重鉻酸鹽溶液變成藍-綠色的硫酸鉻。當操作中溶液也會像煮沸似地噴出過剩的二氧化硫。

化學反應式：

重鉻酸鈉＋二氧化硫＋水 → 硫酸氫氧鉻＋硫酸鈉
（$Na_2Cr_2O_7 + 3SO_2 + H_2O \rightarrow 2CrOHSO_4 + Na_2SO_4$）

2. 氧化／還原法：將硫酸當作氧化劑，葡萄糖或糖當作還原劑處理重鉻酸鈉。首先將重鉻酸鈉溶解於水後添加硫酸進行氧化，再慢慢地添加葡萄糖液或糖液。例如100公斤的重鉻酸鈉（或鉀）和150公斤的熱水溶解於具有抗酸性的容器裡（如玻璃缸、陶缸或內層鍍鉛的容器）後，將80公斤的濃硫酸慢慢地加入，同時小心地用具抗酸性的棒棍或木棒攪拌均勻後，形成釋放或噴出煮沸似的熱，而且具有腐蝕性的、紅色的鉻酸，再將30公斤的葡萄糖（工業級或38公斤的糖蜜）慢慢地、小心地加入，因會產生大量的熱和氣體導致形成泡沫，攪拌均勻後，紅色的鉻酸就被反應成深藍-綠色的硫酸鉻。

氧化／還原法的化學反應如下，分成二個步驟完成：

第一步驟：橙（紅／橘）色的重鉻酸鈉＋濃硫酸→紅色的鉻酸＋硫酸鈉＋水＋熱(1)。

第二步驟：第一步驟完成後＋還原劑→綠色的硫酸鉻＋已被氧化的還原劑＋硫酸鈉＋水＋熱(1)＋熱(2)。

化學反應式：

> **重鉻酸鈉＋硫酸＋葡萄糖 → 硫酸氫氧鉻＋硫酸鈉＋水＋二氧化碳＋熱**
> **（$8Na_2Cr_2O_7+24H_2SO_4+C_{11}H_{22}O_{11}$**
> **$\rightarrow 16CrOHSO_4+8Na_2SO_4+27H_2O+12CO_{2}$ +熱）**

可使用的還原劑種類很多，大致可區分成下列二項：

1. 有機性的還原劑：葡萄糖、糖、糖蜜、纖維素類的副產品和栲膠單寧的廢液等。選擇使用的依據是：（一）價格、成本；（二）經過還原後可能形成副產品的功能，所謂副產品即是已被氧化的還原劑，其實即是鞣製時具有蒙囿能力的有機酸類蒙囿劑。所以使用葡萄糖液或糖液當還原劑時或許用量會稍多些，因為這時還沒有達到完全的氧化作用，尚有些有機的氧化物殘存於溶液，更由於正進行強氧化作用且溶液的酸性很強，所以添加糖類後的最初化學反應會使糖直接形成二氧化碳和水，最後只有少許的醣（糖）被氧化，而未被反應的糖則殘留在形成的鉻鞣液中。如果溫度較低時，才進行還原反應，那麼原來殘留在氧化液裡的有機氧化物於鞣製時可當作蒙囿劑使用。
2. 無機性的還原劑：二氧化硫（氣體）、亞硫酸化鹽、亞硫酸氫鹽、硫代硫酸鹽。

> 【註】
> 可使用其他有機還原劑代替葡萄糖而無機類可代替二氧化硫。還原劑的改變和添加的次序（即葡萄糖在酸之前添加）、溫度、所需要的時間等都會影響鞣製的特性，如收斂性及藍濕皮的顏色。

依據氧化時的硫酸使用量，還原劑有可能調整成鉻鞣液的鹽基度為33%或50%。鉻鞣液的調製過程中，還原劑被氧化或「燃燒」後，於某種條件下（如溫度、時間）調製完成後的鉻鞣液裡，會形成某種程度的酸（如草酸，蟻酸等）能和硫酸鉻結合而蒙囿（隱匿）著硫酸鉻，這種被蒙囿的鉻鞣液都是收斂性小，因而鞣製時是比較漸近而均勻。為了安全起見，還原時的溫度最好不要超過80°C及為了能使重鉻酸鹽能完全被還原，使用葡萄糖或糖蜜的量需多些，而多餘的量也能形成具有減少收斂性和抗鹼的沉澱及鞣製時產生具有緩衝體制的有機酸蒙囿鹽。

調製鉻鞣液所添加化料的次序必須注意，如果還原劑添加在重鉻酸鹽和硫酸混合之前，則溶液對還原劑而言會有過量的、具有反應性的氧直至操作完全停止，如此的話，溶液裡的有機酸鹽會達到最高極限的氧化，產生了二氧化碳氣體，因而形成最少和最低蒙囿程度的蒙囿劑。反之，硫酸添加在重鉻酸鹽和還原劑混合之前，則對具有反應性的氧而言會有過量的還原劑，因而將導致部分被氧化的產品（有機酸）的比率高和形成的蒙囿程度高。

【註】
鉻鞣液必須完全被還原，即是所有橘色的重鉻酸鹽必須變成藍－綠色的硫酸鉻。

鞣液檢驗的方法：

1. 將形成的鞣液滴幾滴在水裡攪拌後，再一直滴銨水，如果有產生霧狀且變成沉澱的淺綠色氫氧化鉻，可用濾紙濾出。萬一尚有鉻酸或重鉻酸鹽濾紙將會呈現出黃色，如果將這種鉻鞣液使用於鞣製，則會使成革破損或削弱牢度。

2. 使用1%的二苯基卡巴肼（diphenyl carbaszone），5%的醋酸和96%的酒精混合均勻後，滴入鉻鞣液如呈紫色即表示不含重鉻酸鹽。

一般形成的鉻鞣液為33%的鹽基度，而三氧化二鉻的含量約為11～15%。

鉻 粉

鉻鞣液經過「噴霧乾燥」法處理使水分蒸發後即變成很細緻的綠色結晶體稱為「鉻粉」，含26%的三氧化二鉻。製造鉻粉的鉻液可能是葡萄還原法的鉻液，也可能是經二氧化硫吹氣處理的鉻液。鉻粉的商業製品具有各種不同的鹽基度。

鉻液或鉻粉貯藏時必須知道它們在某種條件下的變化：

1. 鉻液：溫度低，則會導致形成硫酸鈉（鉀）的結晶，但使用短浴鞣製法可以修正。溫度溫暖或熱，則會增加蒙囿的效果。
2. 鉻粉：貯藏一段時間後可能變成非常不易溶解於溫水，或是硫酸鹽被蒙囿太多以致於缺乏對纖維的固定。簡單的過濾測試便可知道鉻粉是否能真正溶解於冷水，假如不能，則須使測試的鉻液加溫攪拌直至完全溶解。

鉻 鞣

已經達到酸度的裸皮即可開始鞣製工藝，將鉻粉（含23～26%三氧化二鉻）或鉻水（含11～15%三氧化二鉻）直接加入浸酸液或先排出些浸酸液再加入，減少浸酸液再加入鉻鞣劑的目的是可以提高溫度，增加鉻鞣劑的濃度，提高機械動力，藉以促進鉻鞣劑的滲透。鉻鞣劑（粉狀）的添加可由4%高至12%（片灰皮後的重），視耐熱的程度，用量低的鉻鞣皮薄而軟。並不是所有的皮必須經得起煮沸收縮溫度的試驗-90°C↑，但這種測試確是能十分地滿足於手套革的鞣製。

有些製革廠喜歡分二次添加鉻粉，甚至分更多次加入，有些則第一次使用33%鹽基度的鉻粉，第二次再使用高於33%鹽基度的鉻粉，例如使用的是42%鹽基度的鉻粉，目的是減少提高鹽基度鹼的需要量。對反絨革而言，絨毛必須緊密，則需使用收斂性的系統，即是浸酸後PH約4.0～4.2，配合使用42%或45%鹽基度的鉻粉，採用短浴（水量少）法鞣製，水溫為45～55°C。

有些人對鞋反絨革的鞣製完成後，控制鹽基度的PH高至4.1～4.3，使鉻含有4%三氧化二鉻的量。而服裝反絨軟革則控制在PH3.8～4.0之間，三氧化二鉻的含量為3%（最高），過多則會損害革性。

浸酸對鉻鞣的影響

浸酸時酸是從皮的粒面及肉面滲透（上下滲透），所以和皮的邊緣向中心（左右向中）方向的PH不一樣，尤其是中心處尚含有些鹼故PH較高。鉻鹽是溶解於酸液裡，所以當浸酸時可以隨著酸滲透，當然酸量不足以溶解鉻鹽時鉻就沒辦法滲透。鉻的滲透直至PH約3.5，因為PH3.5即是鉻被固定的開始點。

鉻在皮中心處被固定的數目可能多於皮的粒面及肉面，因粒面及肉面的PH較中心處的PH低。所以鞣劑的濃度、成分、及皮身的PH和鞣劑的固定是相互關連的。

不同的酸值對鉻鞣劑的影響：

1. 浸酸至PH約2.5（酸浴及皮表面和肉面），亦即未達到PH的平衡條件，皮內心的PH仍是7左右，即將鉻鞣劑加入，鉻鞣劑將強烈地被皮中心處所吸引而滲往中心的部分，但到達中心的部分之前就可能已經完全被固定了。
2. 將皮浸酸至PH3時添加33%鹽基度的硫酸鉻鞣劑，這時鉻鹽會開始滲入皮內，根據正常的擴散模式會有較多的鉻鞣劑沉澱在粒面及肉面而中心處則較少，所以多數的鉻鞣劑將被固定在粒面層和肉面層以致於皮中心部分的鉻鞣效應較少，在這種情況下皮中心部分的耐收縮溫度將是最低的區域。
3. 浸酸後裸皮表面的PH是2而皮內心的PH約5左右，這時候添加鉻鞣劑，酸仍然會繼續往皮心滲透，由於PH值低，皮表面和肉面對鉻鞣劑的親合性也低，所以鉻鞣劑會強烈地被皮中心處吸引而前往中心部分。當皮中心部分的PH和酸的殘液達到平衡不久之後，皮中心處的含鉻量會比皮表面及肉面多，而且也將會首先被鞣製，因而形成皮是由內往外地被鞣製。所以經由適當地控制酸-鹼之間的平衡，再添加鉻鞣劑就會形成由內往外的鞣製方法，這種鞣製法多多少少對重量很重的皮，或最緊密的部位於初鉻時不能使鉻鞣劑滲入或完全滲透的問題會有所補救。

從上面三個例子就可說明鉻鞣劑系統內本身所具有的功能和鉻鞣製前浸酸所必須有的PH平衡。所以如果能夠在鞣製過程中透過控制皮和相關的PH平衡條件就可以克服所有的困難使皮能被鞣製得很均勻及飽滿。

鉻鞣製的各種方式

雖然鞣製時可使用划槽（長浴）鞣製，但是因為使用的水量太多（約灰裸皮重的3～4倍），造成污水處理的困擾、化料量也增加、時間太長、溫度昇高不容易，除了毛裘廠外，現在皮革廠大多採用轉鼓鞣製。轉鼓鞣製一般使用的水量約灰裸皮重的60～120%，但尚有下列的方式：

一、短浴或無酸水的鉻鞣製

浸酸後將酸水排出或轉鼓內的酸水分儘可能少最多不超過50%，鞣製時鉻以粉狀或高濃度的鉻液添加，由於酸水少機械作用強而有力，更因鉻鹽的濃度高，所以鉻鹽經由酸皮內的酸水（無酸水法）或鼓內的酸水（短浴法）溶解後，會迅速地擴散和滲入酸裸皮的內部，結果導致硫酸離子和鉻單寧的分子產生配位。鞣製時因為溶液的鉻鹽濃度高和酸液裡所含的鹽分所以足夠於阻止不正當的或過分的膨脹，更由於溶液少、機械作用大，溫度升溫快因而鞣製的速度相當地快，約2小時後即可添加小蘇打或其他適當的鹼類進行最後的提鹼作用。

蒙囿鉻鹽的意義是隱匿一些鉻鹽持有的特性，如收斂、對PH敏感等，所以被蒙囿的鉻鹽於添加鹼性化料使PH升高後也不會像鹼式鹽（氫氧化鉻）一樣地沉澱，另外即使在高PH時鉻鹽的收斂性也會被降低，因而也減少了浸酸工藝對鉻鞣製的關鍵性。但是假如添加量過多，當蒙囿的離子滲入皮內後，同樣地會減少鉻鹽的收斂性和鞣製的能力，即是減少鉻離子和皮蛋白羧基群配位的能力。由於硫酸鹽蒙囿鉻鹽使鉻鹽的收斂性減少，促使鉻鹽的滲透加速，約30～60分後當鞣製開始時，硫酸鹽的蒙囿力降低，硫酸離子便會離開鉻複合物，這時鉻鹽就恢復它正常的鞣製性能。一般而言30～60分鐘的時間足夠鉻鹽在產生收斂性之前滲入皮內。

最簡單的短浴（無酸水）鉻鞣製的舉例如下：

浸酸	150%	水（冷水）	
	10%	鹽	轉10分鐘
	+3/4%	硫酸（1：10）	轉60分鐘 皮表面的PH約3.8，排乾酸水
	+12%	鉻粉（25%三氧化二鉻，33%鹽基度）	轉2小時 鉻粉應該已經完全滲透（切割目測，截面積是藍綠色）
提鹼	添加鹼性化料時需先將鹼性化料溶解於水，水量約皮重的50%，用量經由「沉澱法」測出。		

短浴鞣製後不用提鹼即可獲得適合的鹽基度，有二種方法：

1. 弱浸酸：浸酸時使用的酸量少，使酸皮於鞣製前的PH約4.0～5.0，添加已事先蒙囿的鉻粉（液）（為避免產生沉澱或收斂），滲透後鉻鹽會產生無限制的水解（產生氫氧根），而酸會被皮本身的PH中和至PH約5，所以不需要提鹼。這種方法比較適合於使用葡萄糖或糖蜜還原的鉻液，因為鉻鹽液在溫度低時還原使用過量的葡萄糖或糖蜜會具有高度的蒙囿能力。有些情況甚至於排除浸酸工藝而將0.5～1.0%乳酸直接加入鉻液用以代替浸酸。
2. 加熱水：當鉻鹽完全滲透入皮內部後（需經切割目測，截面積是均勻的藍綠色），添加60～70°C的熱水，轉動後皮溫可能升到40°C，這時因熱水的關係使鉻鹽的水解作用程度增大，因而形成數量較多具有高收斂性的鹼式鉻鹽，故不需再提鹼。

短浴鞣製法最好是使用硫酸鉻粉末（即鉻粉），因有足夠的硫酸鹽蒙囿著鉻，而且容易溶解於水。使用噴乾法生產的鉻粉如果溫度太高或貯藏鉻粉的倉庫溫度太暖和則會降低鉻粉的溶解度結果擾亂了鞣製過程中的平衡性。

短浴鞣製時可能需要添加「滑劑」，用以防止皮的打結及擦傷。

短浴鞣製完成後藍皮需洗得乾淨才出鼓，為了除去高濃度的鉻鹽，否則氧配聚後會造成麻煩（例如不易被去除的鉻斑或斑點）。

二、弱酸式鉻鞣法

這種系統的鞣製法是將15%的33%鹽基度鉻粉+10~15%的蟻酸+70~75%的水混合成鞣製液。鞣製時將已洗滌好的軟化裸皮，但中心處尚存些微的石灰，尤其是頸部和牛背部等較重／較緊密的部位，排乾水，然後添加10%灰裸皮重的混合鞣製液，因為混合鞣製液的濃度高，所以可以阻止膨脹，又因PH低於3故亦能制止皮表面過分的鞣製而鉻鞣劑的滲透速率和酸的滲透速率一樣，直至PH3.5～4.0時即完成鞣製的工藝，不再需要小蘇打或其他鹼類進行PH的調整以達到所需要的PH和提鹼的效應。鞣製的時間一般約需4小時，但是時間需要延長或縮短則依據鞣製的設備及皮的種類而定。

藍濕皮

使用鉻鞣劑鞣製後的濕皮因具有天空藍（稍帶綠光）的顏色故稱為「藍濕皮」。出鼓搭馬後的藍濕皮因氧配聚的作用會放酸，形成對酸產生敏感性而有所變化，故爾後工藝操作時要小心控制酸度。

藍濕皮對陰離性的染料、油脂和栲膠的親和力很強，但經中和工藝後便會降低很多。含天然油脂多的動物皮，例如豬、羊等，需於鉻鞣前執行適切的脫脂工藝，防止鞣製後的藍濕皮產生對爾後染色及塗飾工藝的影響，及不易去除的鉻皂。

切割藍濕皮比較厚的部分（尤其是牛）目視測驗時最好是能有均勻的藍色，而且耐縮收溫度（Ts）至少有90°C。

最好能使用適當的殺黴菌劑處理藍濕皮，防止貯藏藍濕皮期間產生對染色和塗飾工藝及最後成革會有困擾的黴菌。不要使用過多的糖或蜜糖，例如鉻水的還原時和浸灰時，因為糖或蜜糖是黴菌的營養劑。

有一種用來處理藍濕皮的酶製品，其效能和酶軟化的工藝類似，可以減少粒面收縮成皺紋使粒面平滑及降低傷痕或疤痕的繼續擴大。

藍濕皮的手感因鹽基度和鞣製程度的不同而不同，舉例說明如下：

(A) 綿羊手套革的鞣製法：這一類的革不要求粒面緊密和結實，所以可獲得最完全而飽滿，且有一致的染色性、水洗性、出裁率及手感的鞣製。

鞣製前的酸皮是已經脫脂且PH約2.8～3.2，%是以酸皮的重量為依據。

鞣製：	100%	冷水	
	5%	鹽	
	2.5%	三氧化二鉻	約25%含11%的三氧化二鉻及33%鹽基度的鉻液 或約10%含26%的三氧化二鉻及33%鹽基度的鉻粉 3×30分直至完全滲透（切割皮察看截面積）

【註】
鹽是阻止酸皮的酸膨脹，添加鉻液或鉻粉時需於一小時內分三次慢慢地添加，才能吸收均勻。

提鹼：提鹼使用小蘇打，但需事先作「沉澱法」測試，才能知道使用小蘇打提鹼及固定鉻的用量，鞣製後提鹼及固定的程度需達到耐收縮溫度為97～100˚C，一般約6～8小時。

(B) 方格粒面紋開邊（半張）鞋面革：這一類的革所要求的是鞣製要徹底，粒面要平滑和耐屈折而且手感需要有彈性。

灰裸皮經脫灰及軟化後，%是以淨面皮（灰裸皮）的重量為依據。

浸酸：	150%	冷水	
	6%	鹽	
	1/2～1.1%	硫酸	1～2小時，排出約1/4的酸液
	+1.5%	三氧化二鉻	或約14%含11%的三氧化二鉻及33%鹽基度的鉻液 或約6%含26%的三氧化二鉻及33%鹽基度的鉻粉 約轉2小時，直至鉻鹽完全滲透

+1.5%　三氧化二鉻　或約14%含11%的三氧化二鉻及33%鹽基度的鉻液
或約6%含26%的三氧化二鉻及33%鹽基度的鉻粉
約轉4小時，

【註】
目的是使皮粒面層（肉面）的PH（約3.0～3.5）比真皮層中心處的PH（約4.0～4.5）低。

提鹼：提鹼使用小蘇打，但需事先作「沉澱法」測試，測試小蘇打的用量。

【註】
如果粒面層（肉面）的PH越低，越呈陽離子性，鉻鹽則越不易被固定，但是容易滲入，能吸引鉻離子和鹼性較強，能固定鉻於陰離子真皮層內，提昇了皮層內鉻的固定量，不過提鹼時要非常小心和緩慢，否則鞣製後可能會形成真皮層內鹽基度尚未達到所需求的鹽基度，而粒面卻已超過所需要的鹽基度，致使最後藍皮的粒面有縮紋或皺紋或使烙印、疤痕、痘疤等原皮的缺陷更加明顯。

下面二種鞣製法可以避免鉻鞣後藍皮的粒面有縮紋或皺紋或使原皮的缺陷更加明顯：

1. 輕鞣法：浸酸後的酸皮必須是裡外非常均衡的酸皮，提鹼時要非常小心和緩慢。
2. 密鞣法：浸酸時減少酸量及時間使PH能像斜坡或樓梯式漸進（如鞋面革的舉例），提鹼時僅使用稍微的鹼量。

選擇使用那種方法，通常是根據皮的厚度及要浸酸的裸皮是片鹼皮（灰皮）？或片藍濕皮？

如何增加皮對鉻的吸收率

1. 浸酸時加鉻粉前使用鋁鹽（銨明礬，硫酸鋁或其他商業性的調劑）約1小時，即可幫助鉻的攝取，如果PH在2.5以下的範圍內鋁會很快地滲入皮內，彷如形成一條讓鉻容易滲入的捷徑，而且可以減少鉻的使用量並能達到所需的收縮溫度，鉻廢液含鉻量也能降低。鋁會在提鹼（鹽基度）時被固定。
2. 使用高溫法鞣製之後使用最低40˚C高至60˚C左右的熱水，溫高的提高有下列幾種方法：
   (1) 摩擦升溫法：水浴少，轉速高使鞣製的裸皮相互摩擦即可提高溫度，但可能會有粒面受損及腹肷部形成鬆面的危險，可使用滑爽劑保護粒面。
   (2) 水浴少，但當鉻完全滲入後添加大量熱水（60～70˚C）。
   (3) 鞣製液使用具有熱交換的循環系統。
   (4) 從轉鼓的轉軸中噴入鮮蒸氣。
3. 使用商業上專用的提鹼劑。
4. 利用鹼的有限溶解度使提鹼的作用持續地緩慢進行，如此能使裸皮均衡的吸收鉻，而且粒面的電荷也較均勻，有利於爾後染色及加脂的工藝。
5. 使用雙鹽基度：首先使用33%鹽基度的鉻有利於鉻的迅速滲透，爾後使用具有自動提高鹽基度能力的50%鹽基度的鉻以完成鞣製，避免因提鹼而使PH高過標準。

【註】

PH越高則提鹼和固定的程度就越異乎尋常，PH是受限於皮的性能如鞣製後所呈現的色澤、粒面的龜裂和柔軟的程度等等。

影響鉻鞣製的因素

影響鉻鞣製的因素有PH、鹽基度、複合物的種類和濃度、溫度及時間。

一、PH

鉻鞣浴的PH最重要的是PH越高時，皮蛋白纖維越傾向於反應。但是假如PH提高的速度太快或高於最高點的時候，則可能使溶液裡的鉻鞣劑產生沉澱，因此鉻鞣時必須小心而緩慢地調整PH。

二、鹽基度

鉻鞣劑的商業產品一般都會敘述它們的鹽基度，鹽基度越高，溶液裡鉻複合物的分子越大。經由共配羧基群的作用使二個或二個以上的鉻原子結合的現象稱為「羥配聚」。鹽基度和PH之間的關係很密切，然而溶液中的氫氧基（OH）和鉻鞣複合物之間的反應並不是立即產生，所以PH一旦有變化，並不會立即形成新的鹽基度。

三、溫度

溫度越高，產生反應越快，鉻鞣複合物被皮蛋白纖維的固定也越多，而且鉻鞣複合物的羥配聚也越多，然而鞣製初期如果溫度太高，皮蛋白纖維也會受到影響，如膨脹不一致、鞣製不能均勻、皺面等缺失，所以大多數的鉻鞣於開始時都採用低溫法。

四、時間

鉻鞣的過程和新複合物、新鹽基度、羥配聚及將複合物蒙囿的形成並不是一種即刻的反應，每一種反應速率的變化都和PH及溫度息息相關。依附已建立的時間－PH－溫度三者之間的關係，採取適當的時間控制，鞣製的結果才能符合鉻鞣所要求的特性。

五、濃度

濃度高的條件下，溶液裡的配位體才能和鉻複合物的結合較多，而當PH值較低的時候，複合物的鹽基度也可能稍低。為了使鞣製的過程及結果能維持不變，那麼鼓與鼓之間每一鼓的水量和濃度的比率須維持一致。

裸皮的厚度對鞣製的影響

鞣製時在整個過程的細節裡時常會忘記提及裸皮厚度，很顯然的，適合於厚度為A的裸皮是不能和厚度為B的裸皮的工藝相同，因為化料和水之間的擴散速率是決定鞣製的速率。

當處理較厚的皮時重量是和皮面積是有著強烈的關係，例如提鹼時，厚皮可能需要大量的提鹼劑才足夠於提高PH，但是如果一次就將所有提鹼劑加入，或添加的速度太快，可能使鞣浴內的PH和裸皮粒面層的PH達到沉澱點（一般在PH4.3↑），而皮內仍然含有酸。另外即使採用較安全性的提鹼劑，然而因為轉動的時間不夠充分，導致提鹼劑不能均衡的達到所需要的PH和無法完全地被耗盡。

鉻鞣時需要注意的事項

1. 使用高蒙囿的鉻液鞣製前，需小心地控制裸皮內斜坡式的PH，亦即酸裸皮由外至內的PH是漸漸地提高。
2. 提高鹽基度時使用氧化鎂，因它的不溶解性使中和酸和提鹼的速率緩慢，因而可以避免皮表面發生提鹼過分，但需注意轉鼓的轉速及轉鼓的載重量，因鞣製液的溫度增加則會導致鉻鹽的水解，而影響提鹼的均勻性。
3. 使用自動提高鹽基度的鉻鹽鞣製提鹼時需提高溫度。
4. 使用自動提高鹽基度的鉻鹽鞣製時最好能配合一些助劑使用，例如幫助鞣液穩定的油脂劑和防止打結的滑劑等等。

5. 裸皮如果有鬆弛的部分需要填充飽滿，則於提鹼時使用具有這方面的功能的特殊蒙囿劑，如聚合酸類和長鏈型的雙羧酸。
6. 可使用其他的鞣劑或單寧，如鋁鞣劑、鋯鞣劑、栲膠及合成單寧等代替部分的鉻鞣劑以減少污水的處理量及符合最後成革所要求的特性，但不能全部取代鉻鞣劑，否則會失去鉻鞣皮飽滿而柔軟的特性。

鉻鞣完成後的測試法

檢驗鞣製的程度是用測量鞣製後皮抗熱程度的方法稱為「收縮」或「煮沸」測驗法。耐收縮溫度通常最被採用測試鉻鞣劑和皮蛋白纖維二者之間架橋反應後的穩定性程度，穩定程度越高，耐收縮溫度越高。

一、煮沸（收縮）的測驗法

1. 切割一小塊鞣製後的濕皮樣並用筆在紙上沿著皮樣的邊緣描劃出皮樣的輪廓。
2. 將皮樣浸沉可加熱的含水器皿內，一邊攪拌一邊加熱。
3. 當皮樣有收縮現象的溫度時將皮樣拿出並和之前在紙上所畫的原皮樣輪廓比較，如有收縮即為收縮溫度。
4. 如尚未收縮，將皮樣放入器皿內，繼續加熱升溫直至皮樣收縮。

有些皮廠寧願使用將皮樣置於煮沸的沸水內浸3分鐘後，再檢測皮樣的收縮程度。

二者不同處是皮樣浸於水內再加熱升溫，升溫至收縮期間皮仍然有繼續鞣製的作用，所以耐收縮溫度的程度比直接浸於煮沸水的耐收縮溫度高。假如耐收縮溫度尚未達到標準必須提高，可依據鞣後最終的條件：(1)提高PH或(2)昇高溫度或(3)繼續、延長鞣製，但是這三個方式都可能導致鬆面或皮身較鬆軟，不過可用後工藝加以補救，例如使用鉻再鞣或植物栲膠再鞣。

一般測驗時所預定的收縮溫度是@未鞣製的酸皮約50°C@栲膠鞣製約65°C@鋁鞣約85°C@鉻鞣約96°C↑，但鞣製非常好的鉻鞣藍濕皮可耐100°C的熱水2～3分鐘而不收縮。

大多數全鉻鞣的鞋面藍濕皮，測驗都以耐2分鐘的沸水為準，但是手套皮及服裝皮則以溫度達則100°C時不會收縮為目標。不過有些皮廠為了能得到平滑的粒面，採用輕鞣法，即是使耐收縮溫度達到94～97°C，爾後再用後工藝補救。

如果鞣製後的皮經測試收縮溫度是96°C，出鼓，將鞣製後的藍濕皮出鼓搭馬，堆置2～3天後再測，耐收縮度可能會比沸水的溫度高。鞣製後的皮如果能耐沸水而不收縮，則可獲得緊密的粒面摺紋。

這種測驗法並不是意味著鞣製後的皮能長時間禁得起（抵擋）它所通過測驗的溫度，如果藍濕皮於PH5.0時，它的收縮溫度（Ts）約為60°C，但在恒溫為59°C水的轉鼓或划槽操作時，它將禁不起5分鐘或2小時就會收縮。一般實際生產的操作溫度其上限是38°C。操作濕工段時較安全的溫度是低於中和前或中和後皮本身收縮溫度（Ts）的20°C。

如果需要耐溫超過120°C時就得添加甘油（丙三醇）液，甘油或液態的石蠟。

二、色層分離分析法

是一種用來分析鉻置留在皮內的位置和狀態及多寡的方法。鞣製後將皮的樣品從粒面至肉面片成數層，每一層再經過針對鉻和皮蛋白的化學分析便可得知非常有價值的資訊，如每一層鉻的含量及分佈是否均勻和PH值，但分析的過程是令人非常厭煩的。

其他的鉻鞣劑

一、鉻礬

無論是銨鉻礬（Ammonium Chrome Alum）或鈉（鉀）鉻礬，最主要是使藍濕皮的顏色非常淺，接近於白色，適用於裘革，白色的正絨面革（牛巴哥）或爬蟲類革。

二、自動提高鹽基度

自我提高鹽基的鉻鞣劑是粉狀的鉻鞣劑添加了一種僅是中和鉻粉本身鞣製時所產生的酸，但不會過分提高PH，而且不溶於水或微溶解於水的特殊鹼類如碳酸鈣，碳酸鎂或氧化鎂。這種鞣劑最適合使用於無浴或短浴的鞣製法，即是浸酸後排乾酸液，然後以粉狀添加自動提高鹽基的鉻鞣劑。添加後在轉動的初期，這類的鉻粉都已經被高度的蒙囿，收斂性少，水浴的濃度非常高，導致硫酸也具有類似有機離子的蒙囿作用，所以溶解後能迅速而平穩地滲入裸皮內，約30～60分鐘後開始產生水解，由於機械作用力強，溫度升高導致鹽基度的增加，同時鞣劑內的鹼會慢慢地被酸溶解，這也是導致鹽基度的提高的原因之一，當自動提高鹽基的鉻鞣劑完全滲透後，添加熱水（60～70°C）則會進一步增加鹽基度的提高直至鞣製完成而不需要再添加其他鹼性化料。

重覆使用鉻廢液的鉻鹽

鉻鞣後未耗盡的鉻鹽，如不經過污水處理則會隨著排出的廢鉻液流向河川、湖、池塘等等的地方造成污染，為瞭解決沒經過污水處理的鉻廢液問題，技術上已研發証明可能可以使用下列的方法克服：

回收鉻廢液並重複使用：收集所排出的鉻廢液，經過濾去除碎皮，皮屑及沉澱物，如氫氧化鉻等。

一、使用經過濾後的廢鉻液

假如原來的廢鉻液是浸酸時使用100%的水、5%的鹽而未浸酸的裸皮是已經過軟化、水洗、排乾水，並且排得很乾使得裸皮重大約等於70%的水和30%的皮蛋白的總和。鞣製時使用2.5%的三氧化二鉻（約10%的鉻粉含33%鹽基度及26%的三氧化二鉻），鞣製最後只有70%的三氧化二鉻被固定在皮纖維（因鉻粉只被酸皮內70%的水分溶解）而其餘的30%的仍留在鉻液裡，約溶液重的0.3～0.4%，（大約的演算法是2.5%×30%×100÷170總水量）。鉻廢液排出後最多大約可收集80%其餘則伴隨著藍濕皮而消失於擠水、片皮、削勻等機械操作過程。所收集的80%鉻廢液含有約0.36%的三氧化二鉻（2.5%×30%×100÷170×80%）及3%的鹽（5%×100÷170），所以下次浸酸時只需添用20%的水，2%的鹽（因前次用100%的水及5%的鹽）和少量的酸使PH降至和前次酸皮的酸值一致的1～2小時後再添加2.14%（2.5%－0.36%）的三氧化二鉻鞣製（2.14%÷26%故約8%鉻粉含33%鹽基度及26%的三氧化二鉻）。

經由實際使用鉻廢液過的工廠証明，回收再使用的鉻廢液可以重複循環回收使用很多次，而且不影響成革的品質。

二、處理廢鉻液後再使用

先將過濾後的廢鉻液放入貯藏槽，添加氫氧化鎂（鹼性化料）和鉻廢液反應，形成不溶於水的氫氧化鉻沉澱，過濾濾出氫氧化鉻後用酸溶解，溶解後即形成可再使用的鉻鞣液。

鋁　鞣

鋁是一種白色的結晶體，含有硫酸鋁、硫酸鉀和水。銨礬含有硫酸鋁是用來代替硫酸鉀。鋁鹽於PH低的時候對皮的親合性比鉻鹽大，所以如果能在鉻鞣之前配合使用些鋁鹽當作預鞣作用，則最後藍濕皮將有非常細緻的粒面摺紋。

鋁鹽和皮蛋白纖維的結合和鉻鹽一樣，溶於水後的溶液也會產生酸，添加鹼性化料溶解後會形成更有收斂性的鹼式鹽、或氫氧化鋁的沉澱，所以需要限制鹼的添加量。一般鋁鹽發生沉澱的鹽基度比鉻鹽低。

鋁鹽和鉻鹽的不同處是鋁鞣製後的皮是白色的，但是和纖維的固定並不很牢固，所以容易於水洗時被洗掉變成類似「未被鞣製」的皮，除非「老化」（搭馬）的時間長或鞣製時添加其他的化料輔助，如油脂等。低鹼式鋁鹽水解時不易形成較穩定的複合物，反而類似一般的水解，易形成不溶性鹼式鹽的沉澱，PH高時也比鉻鹽更敏感。鋁複合物和皮蛋白的固定及架橋的比例也沒有鉻鹽高。鋁和皮蛋白纖維的結合並沒有鉻的牢固和穩定，所以無法抗煮沸。鋁的鹽基度在PH範圍狹小內可由0%提高至100%，而鉻只是33%～66%。添加羥（基）酸鹽（含氧的酸鹽），例如酒石酸鈉、檸檬酸鈉，可幫助鋁複合物的穩定和鞣製時的PH較寬濶，一般都使用於皮裘廠。甲醛於鋁鞣製時經常被當作輔助的鞣製劑使用。

綿羊面皮使用鋁鞣法鞣製後粒面平坦而光滑，一般稱「鋁明礬鞣」或「硝（明礬）鞣」，如能配合鉻或栲膠再鞣的話，則纖維的結構非常適合反絨革。

通常工廠都是將鹼式硫酸鋁作為鉻鞣或栲膠鞣的預鞣劑。

高鹼式氯化鋁是一種具有特殊性能的鋁鹽鞣劑，它溶解於水後的溶液是清澈而穩定，鞣製後的皮是耐收縮溫度高的白皮。

鋁鞣鹽如和鉻鞣鹽結合使用時收斂性很高，形成的優點很突出，那就是能使皮纖維的結構緊密，粒面很細緻，或使反絨革的絨毛較緊密。鋁鞣鹽的陽離子性高，故對酸性和直接性染料，栲膠單寧和硫酸化油脂等而言會增加固定，但是會使它們的滲透能力降低，所以一般使用鋁鞣鹽通常是為了使表染能鮮艷，或減少陰離子油脂的滲透使成革較結實。

雖然如果以鋁鞣鹽代替鉻鞣鹽所排出的廢液沒有鉻廢液嚴重，較能被接受，但是它卻形成另一種污染，那就是所排出的鋁廢液裡常含有單寧，染料及油脂劑的沉積或沉降物。

毛裘的鞣製加工

毛裘皮的鞣製是以鋁鞣為主，因為鋁鞣的優點在於無色及對毛裘皮的原型狀和色彩不利的影響很少，最重要的是能給予毛裘皮的皮身薄而飽滿，雖然抗熱水性及水洗性（冷水）等牢度差，但是一般對這方面的要求很少，尤其是毛裘皮的外套和大衣。

鞣製時使用鉻鞣的優勢是因重鉻鹽於氧化時會反應成黃色的鉻酸鹽，但是鋁鞣劑不會被氧化，因而可將黃色的鉻酸鹽當作和鋁鞣一起鞣製的鞣製劑，也可以視為染毛裘皮底色的染料使用。

鋯　鞣

鋯的組成是50%的鹼式鹽，PH值很低約為2，所以使用鋯鹽的條件是酸值很低。可單獨使用於鞣製的工藝，鞣製後的皮是白色且耐煮沸，發生鹼式鹽的沉澱比鉻鹽或鋁鹽發生的PH還要低，收斂性很強，成革緊密和結實。因容易產生只有粒面的鞣製，所以可鞣製「縮紋革」或「鬆面革」。使用鋯鞣的反絨面革其絨毛是短而細緻。

處理的方法如果和鉻鹽或鋁鹽相同時，鋯鹽比鉻鹽或鋁鹽易產生水解的作用，所形成穩定性好，因為適合於鞣製的複合物所佔的比例小，所以大部份的複合物會沉積於纖維間類似填充劑，故成革將是飽滿而且有栲膠鞣製的結實感。

鋯鞣時如果使用類似醋酸鹽的蒙囿劑，例如檸檬酸或檸檬酸鈉，就會減少它的收斂性，成革將會有比較柔軟而平滑的粒面。鋯鞣製的白皮，其日光堅牢度和水洗牢固都比鋁鞣製的白皮好，而且耐收縮溫度可達到90˚C。

鋯鞣最好採用短浴法以粉狀添加，如比才有利於鋯鹽的滲透和減少鋯鹽的收斂性。鋯和鉻結合使用於鞣製時則可得到緊密的粒面或反絨革有緊密的絨毛結構。鋯鹽鞣製的皮和鋁鹽鞣製的皮一樣，具有陽離子性，會使陰離子性的染料、栲膠單寧和硫酸化油的滲透性減少。

藍濕皮再鞣時採用短浴法並使用鋯或鹼式鋁鹽作為再鞣劑，目的是使腹部纖維較鬆弛的部分能優先吸收，形成緊密，柔軟度適當但不過分，因為油脂劑會被阻止滲入鋯或鋁鹽吸收較多的部分，故成革將會是飽滿而粒面緊密。

鐵 鞣

鐵鞣曾經被考慮研發成可代替鉻鞣的鞣製系統，雖然鞣製時可使用羥酸鹽當它的蒙囿劑，但定它和栲膠單寧劑不能相容，因為會產生深色鐵離子複合物的沉澱在皮身的內外，而且技術上的效果也不比鉻鞣的效果好，另外價格又貴所以不能被商業上的使用者（皮革廠）接受。

礦物鞣製劑的專業領域裡，因為它們和皮蛋白纖維結合後比其他鞣製系統更穩定而且抗化性及抗熱性更好，故能廣泛地被接受採用，尤其是鉻鞣劑，但是如果能減少它對PH及溫度的敏感性，那就會令人更滿意。

表9-1　鞣製劑（或單寧劑）的種類及用途

鞣劑	植物栲膠單寧	鉻鞣劑	鋁鞣劑	油鞣劑	醛鞣劑	合成單寧
材料的來源	用水浸提自植物或樹木的皮、木、葉或果實	硫酸鉻或氯化鉻	明礬或硫酸鋁或氯化鋁	鱈魚肝油	甲醛、戊二醛	合成單寧的原料
使用量（%根據鞣製前排乾水後的皮重）	20～50%純單寧量	6~12%鉻粉（33%鹽基度、26%三氧化二鉻）	3～8%明礬	30～40%	1～2%甲醛	10～20%
PH對鞣液的影響	PH低，單寧固定快而且量多	PH低時會減少鞣劑的固定和速度	PH低時會減少鞣劑的固定和速度	對PH不很敏感	PH低，固定性減少	PH低，單寧固定快而且量多
濕皮態的等電點	4.0	7.0	7.5	3.0～4.0	3.0～4.0	2.5～3.0
PH5時負載的電荷	陰離子	陽離子	陽離子	陰離子	陰離子	陰離子
鞣製後皮的手感	緊密而結實	柔軟有彈性	一般而言非常柔軟	很柔軟有伸張性	柔軟	依據皮性的要求
鞣製後皮的重量	較重	不很重	不很重	不很重	不很重	一般不很重
鞣製後皮的顏包	淺棕色，陽光下顏色會變深	淺藍綠色，陽光下會稍微變色	白色，陽光下會稍微變帶黃光	晦暗的黃色，陽光下會被漂淺	白色，陽光下會更白	顏色比栲膠更淺，陽光下可能變較深
耐水洗性	單寧會慢慢地被水洗出來	耐水洗性佳，鞣劑不易被洗出	鞣質很可能被水洗出來	吸水性強，不易被洗水出來	吸水性強，不易被洗水出來	類似栲膠，但單寧不會被水洗出來
成革的應用	鞋底革，傢俱革，手袋革，鞋裡革，腰帶革，書面革，工業用皮帶革等	鞋面革、手套革、服裝革及皮帶革等	手套革、毛裘革	耐水洗革類	耐水洗革類	白革和特殊要求的革類

第 10 章

植物（栲膠）單寧鞣劑

鞣製時完全使用植物單寧鞣劑的成革最主要是使用於鞋底革、腰帶、工業傳動用的皮帶、馬鞍、傢俱、鞋裡革、行李箱、手工藝革（Handicraft如雕刻皮）、精緻革（Fancy Leather，如書面皮）等。將植物單寧鞣劑當作藍濕皮（鉻鞣皮）的再鞣劑時大多使用於鞋面革及服裝革（如綿羊服裝革）。

植物單寧鞣劑是將各類型的植物、樹木、樹葉、果實、嫩枝和樹皮等浸於水裡，含有鞣革能力的單寧鞣質便會被濾出於水中稱「浸提」。浸提後所得的浸提物經化性的分析後含有單寧鞣質，非單寧鞣質及不溶物，即水不能溶解的物質。

一、單寧鞣質

化學結構上是由碳、氫、氧三個元素所組成，具收斂性、能和皮纖維結合、有收縮和固定纖維的的功能。

二、非單寧鞣質

化學性和單寧鞣質很類似，但是不具有鞣性，亦即不能和皮纖維結合的物質。主要的組成成分有糖類（大多數是葡萄糖）、多糖類（Polysaccharides）、有機酸（因發酵而產生，有酚酸、乳酸和草酸等，所以也可作蒙囿劑使用）、含氮的物質、不具有鞣性的酚（即輔助單寧，亦屬弱鞣性的單寧）、及無機酸（浸提時使用含有鉀、鈣、鎂鹽的水所形成）。非單寧鞣質的種類和數量，因單寧鞣質的材料來源不同而異。由於含有糖類和有機酸類的物質，所以能增加單寧鞣質的擴散，即是分散單寧鞣質聚集在一起的分子，阻止單寧鞣質的沉澱，穩定鞣液內的單寧鞣質，增加單寧鞣質的水溶性，減少單寧鞣質的收斂性，加速單寧鞣質的滲透性，使鞣液具有緩衝的作用，不至於形成粒面有過鞣的現象（即單寧負載過多），否則成革的粒面會形成皺紋或變硬或易脆裂或易龜裂等缺陷。但是如果所含無機鹽的量過多，則會產生鞣液內單寧鞣質的沉澱而被析出的「鹽析」作用，另外糖因發酵而生酸（有機酸），使PH下降，酸會使部分的單寧鞣質產生分解，另外鞣液內酸和鹼的平衡是很重要的，因為要控制鞣製時的膨脹，所以鞣液內的酸含量不宜太多，因而非單寧鞣質內所含的糖量要適當，否則會影響鞣液的PH及功能。

三、不溶物

不溶解於水的沉澱物稱不溶物，其微粒的大小，影響沉澱的速度，大則快，小則慢。浸提植物單寧的過程中，溫度越高，不溶物越少，但是每一種植物單寧於浸提時，都有它自已最適應的最高溫度，如果超過此最高溫度，情況反而變成相反，即不溶物越多。浸提過程的時間增長，則會增多不溶物。單寧液的濃度越高，不溶物也越多，但有一界限（一般約15%以上的濃度），在此界限以上，不溶物反而減少，不過却增加了非單寧鞣質的分量。另外PH越高，不溶物越少，PH越低，不溶物越多。為了減少不溶物的困擾，可用亞硫酸化鹽處理單寧鞣液，即可使不溶物變成可溶性物質。

植物單寧鞣質

如以化學結構而言，植物單寧鞣質基本上都屬於多酚性，可分成二類：

一、縮合單寧（CondensedTannin）
亦稱兒茶酚（鄰苯二酚）單寧（Catechol Tannin）

縮合單寧鞣質的顏色一般是紅棕色，具有收斂性，溶解後置放，會沉積成紅色泥狀，被稱為「紅粉（Phlobaphenes）」的沉澱物。大多數的分子都很小，但是將它的酸溶液煮沸時會增大分子。水解性比較穩定，但易氧化成深紅色，特別是當PH提高（添加鹼於鞣液內），或曝露於陽光下時，會產生熱。不過可使用大約0.5%亞硫酸氫鈉和大約0.25%蟻酸的混合液一起煮沸處理或添加大約0.1%連二亞硫酸鈉（亦稱低亞硫酸鈉Sodium dithionite）處理。另外鞣製時所產生的二氧化硫也能幫助阻止氧化作用。如和強酸及甲醛的混合液一起煮沸的話則會形成對鹼完全不溶解的沉澱物。溶液含有鐵離子時會呈現出綠黑色（荊樹皮呈藍黑色），可用草酸或其它螯合劑（Chelating agents），例如：乙二胺四醋酸（Ethylene diamine tertra acetate E.D.T.A.），處理。

 代表性的縮合單寧鞣劑如下：

1. 荊樹（Mimosa或Wattle）有三種類型：

(1) 荊樹皮（Mimosa或Wattle Bark）：浸提自8～10年的含羞草科樹皮（金合歡屬樹皮Acacia Bark），含單寧約35%，紅棕色，成革飽而結實，曝露在陽光下顏色會變深。

(2) 荊樹皮栲膠（Mimosa或Wattle Extract）：樹皮浸提後將水蒸發留下約含30%的單寧成分，或全部將水蒸發後的固體稱為荊樹皮栲膠，含單寧成分約62%，但不易再溶解。粉狀的荊樹皮單寧鞣質是浸提後用噴霧－乾燥法製造，暗黃色，單寧成分約70%。屬收斂性單寧鞣質，鞣性良好，滲透快，結合力佳，沉澱物少，不溶物含量低，成革結實而平坦。因含非單寧鞣質和鹽類低，所以很容易被改良成類似其它的單寧鞣劑，有一種栗木（Chesnut）的代替品就是用檸檬酸使荊樹皮酸化至PH3.1～3.2改良而成的。

(3) 亞硫酸化荊樹皮栲膠（Sulphited Mimosa Extract）：使用3～8%的亞硫酸氫鈉將栲膠的深紅棕色漂白成淺餅乾色，增加栲膠的溶解性，減少收斂性，但是曝露在陽光下顏色仍然會變深。

2. 堅木（Qubracho）有二種類型：

(1) 堅木栲膠（Qubracho Extract）：浸提自樹木中心的心木，浸提後一般單寧的含量約20%，深紅棕色，但是通常使用時液態的單寧成分為33%，而固態則為66%或79%，含非單寧鞣質的量很低，屬強收斂性的單寧鞣質，對固定在纖維的傾向力很強。不易溶解，很容易沉積成「紅粉（Phlobaphenes）」，但是如果事先將堅木拷膠用亞硫酸氫鈉處理後，溶解性和非單寧鞣質的含量便會增加，收斂性減少，降低結合的傾向，滲透性加快，成革柔軟而空鬆，曝露在陽光下色澤會變成較深紅色。有三種類型：

A. 熱水溶解類型：收斂性強，成革堅實，顏色變紅，亦是製造酚或間苯二酚甲醛類樹脂的主要成分。

B. 半溶解性類型：填充性良好，一般使用於羊皮。

C. 冷水溶解頹型：收斂性小，滲透快，成革柔軟而空鬆，粒面的粒孔突出，即呈凸狀，色淺。

(2) 亞硫酸化堅木栲膠（Sulphited Qubracho Extract）：和亞硫酸化荊樹皮栲膠一樣，但是顏色稍為粉紅色，同樣的也能增加溶解及減少收斂性。

3. 紅樹林樹皮（Mongrove Bark）：

皮革界稱「紅樹皮」。浸提自樹皮，單寧含量約33%，固體的單寧含量約55%及含有大量的氯化鈉。深紅棕色，滲透快，收斂性良好，鞣性屬硬而脆的鞣質，如果單獨使用成革將是硬而脆，故常混合堅木栲膠或其它單寧鞣質（栲膠）使用以增加鞣製後成革的豐滿性、彎曲性和得革率。

4. 松樹皮（Pine Bark）：天然的PH4.5。浸提自樹皮，單寧含量約10%，紅棕色，將水蒸發後的栲膠有含25%（液態）及50%（固體）單寧含量二種。
5. 鐵杉樹皮（Hemlock Bark）：正常的PH天然3.5。浸提自樹皮，單寧和糖的含量約10%，紅棕色。一般使用於底革。
6. 緬甸兒茶（Burma Cutch）：取自樹木。
7. 黑兒茶（檳榔膏Gambier）：取自樹葉和嫩枝。是最溫和及最柔款的單寧鞣劑之一。

二、水解單寧亦稱焦性沒食子酸（連苯三酚）單寧（Pyrogallol tannin）

酸性溶液中煮沸時，將被分解。加入鹼時，單寧色變淺淡。加入鐵鹽呈藍色。水解單寧鞣質一般的顏色比兒茶酚類較黃棕色，收斂性也較兒茶酚類弱，水解性比較不穩定，無論是酸液或鹼液，當溫度升高時就會產生水解，尤其是在60°C以上，故應儘量避免使用60°C以上的溫度，否則單寧的含量會遺失得很快，單寧含量會的遺失也可能發生在30°C，但溫度低則會受到微生物及酶菌的侵襲，所以鞣液的準備可短暫地使用60°C（最高）處理再迅速降溫，或添加抗微生物化料處理。如果鞣製的時間長（例如重革的鞣製）或準備鞣製的鞣液需貯藏一段時間的話，為了防止發酵作用的產生（糖類會發酵使單寧鞣質的含量減少）可以添加亞硫酸氫鈉於鞣液內處理，處理後於鞣製時亦可防止具有毒性的二氧化硫釋出。水溶液添加鹼時會變為紅色，但紅色的程度比兒茶酚單寧低，溶液如含有鐵離子時會呈現出藍黑色，可用草酸或其它螯合劑，例如E.D.T.A，處理。當有沉積發生時會產生像砂顏色的泥狀沉澱物稱「黃粉Bloom」。可劃分為二大類；

1. 棓子鞣質（Gallotannins）如橡樹棓子（Oak Galls），刺雲實（Tara），漆樹（Sumac），土耳其棓子（Turkish Galls），中國棓子（Chinese Galls）。
2. 鞣花鞣質（Ellagitannins）如橡樹（Oak）的樹木及樹皮，柯子樹（Myrabolam），角豆樹（Algarrobilla取自果實莢），栗木（Chestnut），橡椀（Valonea），雲實莢（Divi-divi取自果實莢）。

兩者都含有六羥基二苯酚（Hexahydroxydiphenic acid）的酯類，所以傾向於使棓子酸（鞣花酸）沉澱，但是鞣花鞣質的六羥基二苯酚大多已被氧化或改良過。

 代表性的水解單寧鞣質如下：

1.栗木（Chestnut）

浸提自樹木，樹皮及樹葉。中棕色，含單寧量約9%，收斂性和兒茶酚類相似。成革的重量佳（指→底革），飽滿，色澤非常淺黃。一般商業上可買得的這類產品有含30%單寧成分的栲膠單寧（液態）及含62%單寧成分的栲膠單寧（固態），粉狀的鞣質其單寧含量因供應商的不同而有差別。有二種類型：

(1) 一般型：PH3.4～3.7，能使皮纖維緊密而結實，成革堅實而圓滿。

(2) 去酸型：即已甜化的栗木，用亞硫酸鈉中和栗木部分酸質的酸性使PH達到4.5，增加非單寧鞣質的鹽類成分及加速滲透率。成革柔軟。

【註】

藍濕皮（鉻鞣皮）於再鞣使用這二類型的栗木栲膠作比較時，如果使用量都在5～10%之間，二者最後的成革性能，結果都是一樣。

2.橡碗（Valonia）

浸提自萼及果鬚，淺棕色，單寧含量約30%。收斂性良好，滲透速度中上，鞣製的性能和栗木相似，傾向於在皮纖維間產生「黃粉」的沉澱物，故可當作「填充劑」使用。成革的粒面平坦而光滑，但是皮纖維的結實性和緊密性較栗木差些，故適用於軟革。

3.漆樹（Sumac）

浸提自樹葉，色澤淺，單寧含量約25%，收斂性弱，鞣性較栗木或橡碗溫和，含糖分高，發酵易生酸，不會發生「黃粉」的沉澱物，染色性佳。成革對酸非常穩定，皮纖維的結構緊密而豐滿、柔軟、粒面緊密、平坦、韌性強。一般使用於輕鞣革。因為浸提容易，所以有些皮廠乾脆就直接將漆樹葉直接加入鞣製液。

4.柯子樹或欖仁樹（Myrabolan）

浸提自堅果，含34%的單寧量，色澤深黃。含非單寧鞣質的比例高，因非單寧鞣質的主要成分是糖類，故發酵易生酸，滲透較慢，易產生「黃粉」（Bloom）的沉澱物，收斂性不強，成革柔軟，粒面平滑。

5.黑兒茶（檳榔膏Gambier）

浸提自樹葉及嫩技，屬最柔和的單寧鞣質。滲透慢，填充力強，成革圓滿而不結實，粒面緊密而且有絲綢般的平滑。

6.五倍子（沒食子Gallnut）取自橡樹的樹葉和葉芽

單寧含量約50～60%，色澤淺而不雜。商業上都以它為生產單寧酸的原料。

其它的水解單寧鞣質：

- 木素磺酸鹽（Lignosulfonate）：取自蘇木（logwood）木片屑的木素（Lignin）。

  將木片屑和亞硫酸化鹽共煮，亞硫酸化鹽和木素起反應就形成木素磺酸鹽，而木片屑被分解成纖維素纖維和含有糖類的液態木素。

  木素磺酸鹽對皮的親合性很強，沒有完全鞣革的功能，但卻有填充的作用。

  木素磺酸鹽不同於木素磺酸鞣劑（Spruce extract取自雲杉樹皮）。

具有縮合及水解特性的單寧鞣質：

1.橡木樹皮（Oak Bark）

浸提自樹皮，屬兒茶酚類和焦性沒食子酸類二者混合而成的混合型。含單寧量約10%，棕綠色。成革結實，能彎曲，更因得助於所產生的黃粉沉積於纖維間，所以防水性及耐用性佳。

2.桉樹單寧鞣質（Myrtan）

取自樹木，樹皮及樹葉。水解性屬鞣花鞣質。

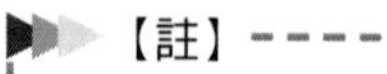

【註】

① 鋁鹽，如硫酸鋁、銨礬（Ammoniumalum）或鈦鹽，如草酸鉀鈦（Titanium Potassium Oxalate）、鈦酸三乙醇胺（Triethanolamine Titanate）則會使鞣質形成金湖色（翠藍色），所以常有人使用這種方法當作染色。

② 非離子乳化劑會使鞣質形成不溶物，所以選用加脂劑時要特別小心是否含有這種化料。

植物單寧鞣質的浸提法

如果要浸提植物單寧鞣質的話，取用的材料越新鮮越好，否則會因酶的作用而迅速遺失單寧的含量，或因氧化而導致變質，特別是單寧的顏色，故所採取的材料不宜貯藏。

浸提法（Leach）

將準備的材料壓碎，或剁碎，或切割成細小而薄，然後放入底部有鑿孔或格孔的木桶，較粗糙的材料放在最底部，加滿熱水，置放至單寧自材料滲出，漏出收集，再添加熱水一直至無單寧滲出，因每次所得的單寧含量不同，最早收集的最高，爾後次之，所以最後需要將所收集的單寧液混合攪拌，才能得到單寧含量一致的浸提單寧液。浸提時所需要的水必須是硬度很低的水及水中不能含有游離狀態的鐵離子，最好使用少量的隱匿劑（Sequesteringagent）先處理水的硬度及鐵離子，例如乙二胺四醋酸（Ethylene diamine tertra acetate E.D.T.A.）。

各種單寧材料的浸提溫度有自己最適當的溫度，例如：

- 漆樹：50～60°C；
- 荊樹皮和柯子樹：70～80°C；
- 紅樹林樹皮：80～90°C；
- 堅木：100～120°C（需要在11/2～2的大氣壓下）

注意下列各項的建議：

1. 如能將材料剁碎或磨碎則能增加浸提的速率，但顆料不能太小，否則不易浸提，因太小水不易滲入浸提。
2. 必須先去除果仁或種子，因它們可能不含任何單寧的成分，反而可能會因為含有些妨礙浸提工序的物質，如澱粉。

3. 使用熱水浸提，但每一種植物有各自的浸提最高溫度的限制，尤其是水解單寧鞣質於溫度超限升高時會傾向被分解。雖然縮合單寧鞣質是比較穩定，可能可以達到100˚C，但是也需要在限定的大氣壓力下進行浸提。

蒸餾提煉法（Extract）

使用浸提法如果所得的單寧液單寧含量在10%以下是最不經濟的產品，但是可以用蒸餾提煉法使浸提液多餘的水分加以揮發，藉以提高單寧的濃度至30%（液態）或60%（固態）。使用蒸餾提煉法時需要注意的是溫度，溫度太高會導致單寧的顏色變深，溶解性及鞣製能力消失，所以最好是在低氣壓或真空狀態下加溫。

噴霧－乾燥法（Spray-dry）

經噴霧－乾燥法所得的粉狀單寧鞣劑所含的單寧成分很高約70%。將浸提單寧液由很高的圓柱形頂端內室噴灑，水滴會沿著圓柱側壁旋轉而下，利用燒油噴射法使圓柱的溫度昇高，水滴便會為上乾燥形成粉末掉落在圓柱的底部，再從底部收集這些粉末裝袋。

【註】

將浸提物的水分蒸發後的單寧可稱為「栲膠單寧」，有液態及固態二種。將液態的栲膠單寧用「噴霧－乾燥法」收集的粉狀單寧可稱為「單寧鞣劑」。

植物單寧鞣質的鞣製觀念

植物（栲膠）單寧的鞣製大約可分：（一）重革鞣製：面積大、重量重的動物皮，如牛，水牛。成革的販賣大多以重量為準，故鞣製時需要使用多量的單寧鞣質，藉以固定皮纖維，填充纖維間空隙（非單寧鞣質及「紅粉」或「黃粉」等沉澱的不溶物）使最後的成革能增加重量而且纖維緊密。（二）輕革鞣製：面積小、重量輕的動物皮，如小牛，羊，山羊及豬。成革的販賣以單位面積的平方為準，如平方呎或平方尺，因大多需要經過塗飾的工藝，故鞣製需講求染色性，亦即鞣製後單寧的顏色需要能達到淺而均勻的顏色（例如淺餅乾的顏色）以適合染色，並且能將單寧鞣質固定得很好，以避免易被水洗出來，而且成革需要有曲折性（彎曲性）。

植物（栲膠）單寧鞣製的革大多數是結實的、能維持成品的形狀（不易變形），切割性佳（例如切割邊緣時乾淨而俐落），壓花性佳（即能保持所壓的花紋）。除非是經過特殊的處理，否則成革的抗水性差，另外有些成革能當鞋革用，原因是能吸收或移轉腳汗。植物單寧鞣質含大量的多酚分子、一些酸性群和高從屬價位（偶極氫鍵）。

酸性群可和皮蛋白的鹼性群結合，藉以取代水解作用。而從屬價，偶極或氫鍵可和縮氨酸（肽）結合，也是取代水解的作用。因此我們可將植物單寧鞣質當作濕態狀時皮蛋白纖維的脫水劑，以單寧分子層代替水分子。乾燥期間因纖維會收縮，故會阻礙單寧的架橋作用。成革是否柔軟？取決於所選用的植物（栲膠）單寧的種類和使用量。

一般而言，酸性的條件比較有利於植物（栲膠）單寧鞣質的固定。利用皮蛋白的鹼性群（PH低於5）離子化的增加，吸收已被離子化的酸性群到植物（栲膠）單寧的分子裡。陽離子的鹼性皮蛋白群和陰離子單寧分子二者之間的吸引力有利於滲透。然而植物（栲膠）的單寧酸是弱酸（除非已被亞硫酸化），如果酸性量越多或PH越低，被離子化則越少，所帶的負電荷也越少。當單寧分子的被離子化群減少時，偶極和氫鍵的力量就增加，偶極鍵的力量增加，不僅導致單寧鍵傾向於纖維，而且也會使一個單寧分子傾向於另一個單寧分子，即是溶液的單寧分子變大，因而減少了滲透進入皮纖維的能力，便會傾向積聚於皮外層的表面。另外溫度的增加會使從屬能力減少，導致稠度降低，粒子微胞化及固定性（收斂性）減少。

植物（栲膠）單寧鞣劑鞣製的滲透

鞣質的滲透和其分子的大小有關，分子小滲透快，但是收斂性小，也就是和皮纖維的結合和固定的作用力小，成革扁薄，不結實。分子越大，滲透越慢，收斂性也越強，和皮纖維的結合和固定的作用力也越大，成革豐滿而結實，但是因為滲透差，需要延長鞣製的時間，因而可能會導致產生粒面負載較多，即粒面產生過鞣，所以需要慎選不同的鞣質配合使用，藉以兼顧滲透的速度、和皮纖維結合及固定等目的，從而提高成革的堅實性、飽滿性及色澤方面的品質。

影響植物（栲膠）單寧鞣劑鞣製的因素

影響植物（栲膠）單寧鞣劑的鞣製有四個最重要的因素：1.PH，2.濃度，3.溫度，4.中性鹽。這四個因素都將影響單寧介質的膠質特性和單寧分子的化學反應，所以使用植物（栲膠）單寧鞣劑鞣製時需要能熟練地控制這四個因素的均衡條件。

1. PH：單寧分子的天然弱酸性於提高PH時將幫助增加分子顆粒的電荷量和膠質顆粒的分散，增加溶解性和影響單寧本身的顏色。PH越高，溶解性越佳，顏色越深，溶液的混濁性比PH低時少。
2. 濃度：濃度越高，皮蛋白纖維對植物（栲膠）單寧鞣質的固定反應越多，但是濃度越高，單寧分子的顆粒越大，導致產生沉澱，阻止單寧鞣劑的滲透，因而常形成皮的表面有過多單寧鞣劑的沉積物。
3. 溫度：溫度越高，植物（栲膠）單寧鞣劑的分散性越佳和皮蛋白纖維反應的比率越多，因為溫度升高會減少單寧鞣劑顆粒的大小，幫助單寧鞣劑的滲透，另一方面也會增加皮表面如果有過多單寧鞣劑沉積物的固定率。
4. 中性鹽：鞣液內如有少量的中性鹽，就能緩衝鞣質和皮纖維的結合，避免成革有粗面或粒面有過鞣的現象，但是如果含量過多，則不僅會阻礙鞣質和皮纖維的結合，而且可能會使部分的鞣質因「鹽析」作用，發生沉澱而被析出（濾出），形成鞣液的濃度降低。

第 11 章

醛　鞣

具有鞣性，而且化學結構能和皮蛋白反應，並能防止皮腐敗的醛類有很多種，但是以具有辛辣刺激性氣味的甲醛（Formaldehyde）其鞣性最強，而戊二醛的鞣製效果最佳。甲醛易溶於水，其水溶液俗稱「福馬林（Formalin）」。

甲醛是醛類系列內分子最小，但卻有能力和許多具有活性氫原子的有機化料反應，例如使用於生產合成單寧的「縮合」反應。由於皮蛋白含有活性氫原子，所以也有許多可能和甲醛反應的部分。甲醛是和皮蛋白的鹼式氨基群反應，其反應的方程式如下：

皮蛋白－氨基＋甲醛 → 皮蛋白－氮氫－碳氫－氫氧

$$R-NH_2 + \begin{matrix} H \diagdown \\ \\ H \diagup \end{matrix} C=O \rightarrow R-NH-CH_2-OH$$

【註】

其實這是形成羥甲基衍生物的典型「胺－甲醛」反應。反應後，還會繼續和其他的氨基群反應，形成「縮合反應」。

皮蛋白－氮氫－碳氫－氫氧＋皮蛋白－氨基

→ 皮蛋白－氮氫－碳氫－氮氫－皮蛋白

$$R-NH-CH_2-OH + R-NH_2 \rightarrow R-NH-CH_2-NH-R$$

鞣製時這種反應的最後形成皮蛋白的架橋反應及鞣製的穩定，一般而言只有少部分的甲醛於架橋時被固定。

甲醛於貯藏期間可能酸化成蟻酸或形成仲甲醛（亦稱多聚甲醛Paraformaldehyde）的固體沉澱，為了加強它的穩定性，故添加了8～10%的甲醇（Methanol）。如將它當作鞣劑使用，則會使皮蛋白變硬，它是一種特殊的鞣劑，一般都當作其他鞣劑的附屬物使用（預鞣劑或再鞣劑）。含量40%的甲醛溶液最主要是被使用於正絨面的白革、水洗革或鹿皮的正絨面白革及水洗革。

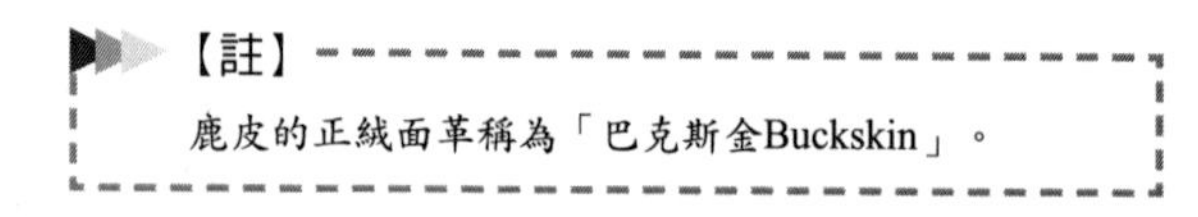
【註】
鹿皮的正絨面革稱為「巴克斯金Buckskin」。

甲醛單獨和皮蛋白反應後能提高最多32°C的收縮溫度，當結合其他鞣製劑時甲醛可能會提供其他額外的鞣製效果。甲醛可以當作礦物鞣劑鞣製的預鞣劑，使粒面先「定型」，或再鞣劑，一般都喜歡當作再鞣劑使用，可以提高礦物鞣劑鞣製的收縮溫度，但對鉻鞣的效果不太顯著，不過通常被使用於鋁鞣的手套革及裘革。

植物栲膠鞣製的皮用甲醛再鞣的話，可以提高17°C（最多）的收縮溫度，及增加內底革（insole leather）的抗汗性。

醛鞣的方式是採用輕浸酸法，將裸皮的PH調整至4或5，如果開始使用的是酸皮，則需採取200%的水，6%的鹽及2%的醋酸（%是以酸皮重為依據）進行脫酸，當PH達到要求值時，排乾水，過夜，鞣製時添加3%的甲醛液（先和少量的水混合），如能使鼓溫提昇至30°C，是最有利的，轉動約4～5小時後停鼓過夜，次晨「提高鹼度或灰度（Ash-up）」，即分次的添加50～100%的水及0.5～1.5%的純鹼（兩者預先溶解）直至皮的PH不低於8，因PH8或以上，甲醛會很快地固定在皮，然而PH越高，甲醛固定的作用越強烈，如此可能形成只有粒面單方面的迅速過鞣，使得其他的甲醛液無法滲透，最後成革的粒面是硬且易龜裂。是故醛鞣最適宜的PH約6～7最後提升至8左右，如此才能使甲醛縮合成有能力使蛋白結構產生架橋作用的大分子及促使吸收較多的甲醛，這就是所謂的「醛醇縮合Aldol Condensation」，如果有鈣，鎂離子存在時也有利於這種縮合作用。但是在此PH期間皮蛋白會經歷了某種程度的鹼膨脹，經由其他鞣製的系統所暗示「如果鞣製已膨脹的皮蛋白纖維，將會形成硬而且易龜裂的粒面」，不過我們可以採取無水的系統鞣製，如此才沒有多餘或過多的水分使皮蛋白產生膨脹而避免此缺點，當然水液裡如果鹽的含量高（8°Be'以上）也會減少這種危險性，或則在提高PH前先添加約3%的硫酸鎂，如此不僅可以增加鹽的含量，而且可以限制PH太高時所形成的危險性，因為鹼鹽會使硫酸鎂沉澱成不溶性的氫氧化鎂，而且鎂離子也有利於縮合的作用。鞣製後的皮需要洗得很乾淨，以去除多餘的甲醛，如果尚有甲醛存留在皮內，則會繼續鞣製形成過鞣的狀態。由於人的皮膚和甲醛接觸後會產生過敏性或造成皮膚炎，為了避免這種危險性，我們可以將甲醛鞣製後，洗淨的皮再用0.5～1.0%的銨鹽處理以去除尚未洗掉的甲醛，也可使用尿素處理。

甲醛鞣製的革，一般而言是飽滿而柔軟且易吸水，收縮溫度約75～80°C，但其特性是75°C以上時面積可能收縮50%，不過如果馬上將收縮的皮浸於冷水，則收縮的現象將鬆弛，使皮回復至原面積的98%左右，而這種回復的現象稱為「艾華德效應Ewald Effect」並且是重複性的，可當作檢驗醛鞣的方式。

醛的反應完全是根據鞣液內醛的濃度，「無浴法」或「短浴法」一般的用量較少，約0.25%～0.5%，而且在PH較低時使用，即可得到相當令人滿意的鞣製效果。

醛和皮蛋白纖維的鹼式氨基群反應後會降低和某些化料的反應能力，最顯著的是降低醛鞣皮對酸固定的能力，因而無法去除由礦物鞣液所產生的水解酸，導致爾後無法提高礦物鞣劑的鹽基度到正常的範圍。

預鞣時使用0.5%～1.0%的福爾馬林（Formalin）或其他的醛類，其溫和性及非收斂性有助於爾後使用鹼式鉻鹽的鞣製，特別是鋁鞣和鋯鞣。

醛鞣也會降低對某些植物栲膠鞣劑及染料的固定能力，所以植物栲膠鞣劑及染料的吸收較均勻。如同植物栲膠鞣劑，醛鞣也會降低皮的等電點（I.E.P. isoelectric point），使醛鞣的皮於任何PH所帶的陽離子電荷都比生皮，或礦物鞣劑鞣製的皮少。醛鞣也會降低對陰離子油脂劑的固定能力，所以油脂劑滲透較佳，皮面不會太油膩（硫酸化油脂劑），但是比較容易被洗出來（因固定性不好）。

使用甲醛液鞣製時，須注意下列各項：

1. 甲醛在PH6～7時才有鞣製的作用，PH大於8時，甲醛的結合量會提高，但收縮溫度不會提高。另外提高醛鞣液的PH時，雖然結合量增加，但是抗張強度卻降低。
2. 甲醛液的使用量對鞣製的影響，只表現在PH較低的時候，這時候只需要使用量少，即可獲得相當高的收縮溫度，如果使用量過多，則結合量增加，不僅收縮溫度不會增加，而且可能反而造成抗張強度下降。使用量不超過4%裸皮的重量，則可能使皮得到較佳的延伸性及彎曲強度。

3. 甲醛鞣製的時間約30～40分鐘內大部分的甲醛就已經結合好了。因即使經過很長時間的鞣製，甲醛的結合量仍不可能達到百分之百。
4. 提高鞣液的溫度，則會增加甲醛的結合量。

使用甲醛鞣製後的皮，收縮溫度為85˚C左右，即使洗滌後其收縮溫度也不會改變，強度也不會遺失，而且色淺，耐鹼，耐氧化劑的作用，耐汗及對金屬的腐蝕性都不比植物栲膠鞣和鉻鞣差，但是會降低染料結合的牢度。

戊二醛鞣

戊二醛（Glutaradehyde）的化學式是OCH-CH_2-CH_2-CHO，有刺鼻的氣味，商業產品有含25%濃度的溶液，原屬無色的液體，但貯藏後會變成黃色或有輕微的沉澱物（如果貯藏的時間長的話），也有含45～50%濃度的溶液，但是添加了二羥甲基（DIMETHYLOL）藉以增加穩定性，使PH維持在4.5以上的鞣製（戊二醛最適當的鞣製作用是PH介於6至7之間），或使縮合作用和貯藏時的變黃性減少。

使用戊二醛鞣製時可在酸性介質PH4～5，或鹼性介質PH6～7中進行。鹼性液鞣製的利用率較大，但成革的顏色較暗。酸性液鞣製（酸皮）時必須依據要求而添加蟻酸鹽、醋酸鹽或碳酸氫鹽等，藉以使鞣液達到一定的PH。收縮溫度為85～90°C。

戊二醛對皮纖維的鞣製行為和甲醛很類似，諸如濃度、PH、溫度及鞣製後的皮呈現黃-白色，具吸水性，對爾後以鉻或其他礦物鞣製再鞣時具有非收斂性及對陰離子的油脂劑具有幫助滲透的效果。但是在相同的條件下，即濃度、PH及溫度，二者的不同處；戊二醛比甲醛的鞣製程度及耐收縮溫度比較高，另外戊二醛可以在PH4-5之間鞣製，而大多數的礦物鞣劑及植物栲膠鞣劑也是在此PH範圍產生固定或開始鞣製，故可當作它們的預鞣劑或再鞣劑。甲醛（除非使用無浴或短浴法）則需於PH6～7甚至8才能維持相同的鞣製效果，但是在如此高的PH，對礦物鞣劑及植物栲膠鞣劑則會發生再酸化的效應。

使用戊二醛當作預鞣劑可提高皮的耐收縮溫度，所以能夠於40°C以上或天然油脂的熔點（Melting Point）以上執行脫脂的工藝。

戊二醛是和膠朊纖維的氨基（NH_2）和羥基（OH）反應形成牢固的交聯鍵，所以鞣製後皮對酸的固定能力降低，形成鞣製後的濕皮於任何已知的PH內所含的陰離子會較多，因此如果希望使用鉻再鞣的皮，則可能於預浸酸時使用的酸量需較少或則使用較高鹽基度的鉻鹽再鞣，如此才不會有收斂性及產生皺粒面等等的缺陷。這種現象也表示著礦物鞣劑對PH較敏感。同時也可使鉻再鞣後對中和的所需能夠減至最少，即中和後不需要高PH，才能使皮內含有較多的陰離子，以利於染料和油脂劑的滲透。

鉻鞣皮如將戊二醛當作預鞣劑或再鞣劑使用則有助於公牛粒面的片皮強度，因為使用片皮機去除大部分的纖維層（網狀層），如果片至粒面層少於0.7毫米（mm），則會使粒面層削弱，但是假如有均衡的鞣製和油脂的分散，即能使此現象減少至最小。

植物栲膠鞣製前如使用戊二醛稍微預鞣的話，則會降低原植物栲膠鞣劑的收斂性，而且不會對植物栲膠鞣劑的顏色產生敗色，不像其他的合成單寧會敗色。甲醛對植物栲膠會產生縮合作用，可能會使成革變硬且易龜裂，但是如果使用同程度的戊二醛，則不會發生這種狀況。

戊二醛使用的PH範圍和鉻鞣及鉻再鞣相似，因這兩種鞣劑是相容的，所以也可添加在鉻鞣前，如此不僅可以得到戊二醛鞣的好處，同時亦可獲得鉻鞣的優勢。

鉻鞣皮（藍濕皮），或其他礦物鞣製的皮如果使用戊二醛再鞣，可促使膠朊纖維更穩定，提高革的收縮溫度及更耐化學劑的侵蝕。再鞣至某種程度，更會增加成革的耐水洗性及改善成革的抗汗強度，尤其是鉻鞣的手套革和服裝革，如果抗汗性不佳的話則革會變硬及龜裂。

戊二醛因具有雙機能的本質，有能力使皮蛋白產生架橋的功能，故屬極佳的鞣劑，使用它當作鞣劑鞣製後，皮的性能佳，但是具有深黃色。如將它當作鉻鞣劑的補助鞣劑，則會大大地增加蛋白纖維的穩定性，如此便會提高鞣製後皮的收縮溫度及抗化性。

使用戊二醛鞣製的毛綿羊革或綿羊羔革（Shearling），具有極佳的抗尿性及耐水洗性。

所謂抗化性，即是抗化學侵蝕的強度，包括內底革，鞋革及鞋裡革的抗汗性，戊二醛也能增加抵抗穀倉附近所產生的各種酸。戊二醛不僅具有軟化皮的功能而且也能使皮較易接受爾後的各種化學處理，如防水處理和其他特殊效果的處理。基本上大多數的皮革廠都將戊二醛當作再鞣劑或其他鞣劑的輔助鞣劑使用。

二醛澱粉（Dialdehyde）

針對醛類所研發出來的一種能和皮蛋白纖維反應，具有鞣製效果的氧化澱粉，由於成革的品質及原材料的成本，使得在商業上無法被廣泛的接受，但是一旦將來採集植物鞣劑的勞工成本增加時，就有可能取代植物栲膠的鞣劑。

第 12 章

油　鞣

油鞣革亦稱香麋思革（Chamois Leather，法國音「香犸啊革」）或「純油Full-oil」鞣革，最主要是鞣製（或稱「加工」Dress）毛綿羊皮粒面移除後的剖層皮「Splits」，綿羊肉面的剖層皮（Flesher）或襯裡皮（Lining），由於鞣製或加工的方式有很多種，所以僅作主要的操作原則說明。

經過小心地削肉後，即進行「去粒面Frize」的操作，「去粒面」後的皮稱「剖層皮」，「去粒面」的操作也同時可以移除綿羊網狀層（纖維層）的脂肪細胞層，洗滌，潔淨不具有粒面的粒面層，使粒面層不含有過分的油脂，如此才有利於爾後鞣製油的滲透。

【註】

移除粒面的方法有：（一）使用片皮機，片下來的薄粒面層可鞣製成書套革，或其它的精緻革，（二）用削勻機去除。

首先割去皮腿部的捆繩，避免在轉鼓內發生捆紮的打結，放入烘乾轉鼓（Dry-Drum一種一邊的轉軸可輸入熱風，另一邊轉軸排出熱風，藉以調整鼓溫、皮溫及烘乾皮的轉鼓），調整「剖層皮」的PH至6.5～8.0，無論是添加醋酸（灰皮後去粒面）或使用醋酸鈉去酸（已去粒面的酸皮）。

通常最有效的方法是排乾酸液，添加5%的白堊粉（Whitening）乾轉（無浴），白堊粉是不溶於水的碳酸鈣粉末，因為如此可以避免提高PH時產生鹼膨脹，另外還可以中和酸的存在。轉動的時間是根據皮的厚度，一般約60分至120分，直至切割面的PH是5.5。為了去除可能擴散至白堊粉上的酸，可以添加約0.5%略溶解於水的小蘇打。白堊粉使用量過多的話對成革有填充的效果，但是成革如果是「擦拭清淨革」則可能形成黏或油膩的不良效應。假如剖層皮的肉面太油膩的話，則由白堊粉裡會發現有白油灰，但是白油灰可從爾後的機械操作去除，如削勻。經由白堊粉處理後的皮必須使用油壓機或離心力脫水機，但是大多數的工廠是採用油壓機，藉以調整皮的濕度達到約40～50%。

油壓機的壓板及底部都會覆蓋著麻布以防壓皮時皮會滑出，另外皮需平放，疊皮時慎防有摺痕，否則不易去除壓後所造成的「死紋」。進行油壓時一般都以一打的皮為準，油壓的壓力及時間是根據油壓板面的大小、皮的數量、皮的含水量及已成液態油脂的含量而定。壓後的皮最好是柔軟的，有彈性的，呈均勻的白色且沒有壓痕，不潮濕，用手扭榨也不會榨出任何一滴水，如此皮的濕度即約40～50%。否則油鞣劑的油（鱈魚肝油）就無法均勻的滲遮或氧化的空氣無法進入纖維組織，形成鞣製的斑點或斑駁的缺點。

油鞣的介質（材料）是未飽和，平均碘值約124的生鱈魚魚肝油。以前油鞣所使用的機械稱「揉皮機Fulling Stock（=Kicker）」，但現在大多採用的是「烘乾轉鼓」。將已油壓的皮放入轉速10～12轉的轉鼓（具有鼓樁及檔板，而且有一轉軸可輸入熱風，猶如烘乾轉鼓），乾轉1～2小時，藉以打開油壓皮的摺痕或縐痕，添加40%生鱈魚魚肝油（%是以油壓後皮重為準），轉動轉鼓以利於油的分散及滲入皮的纖維組織，轉動期間同時輸入熱風，使皮內的水分蒸發出來，如此鞣製介質的油才能進入皮內，直至皮溫提高至38˚C，而濕度只剩約20%，亦即只有少量的水分仍然存留在皮纖維間隙的空間，這需要轉動約1～2小時。當皮溫達到38˚C、濕度達到約20%時是最有利於空氣能均衡地滲入皮內，也能同時氧化覆蓋著纖維表面的油，使纖維上的油產生氧化是油鞣工序的重要工藝，因氧化作用時會形成過氧化物和有機過氧化物（Hydro peroxides），而它們會和皮蛋白起反應（聚合反應），呈現出獨特的「純油Full-Oil」的鞣製。

對於一些未被固定的油可以使用揮發性的醛類（如丙烯醛Acrylaldehyde和具有不愉快及窒息氣味的丙烯醛Acrolein）或不揮發性的醛類或酸類，產生聚合作用使油增黏、增稠而固定在纖維上。

油鞣的反應不僅是氧化反應，也是聚合反應，而且兩者都是放熱反應，溫度越高，反應越快，但是反應期間必需阻止皮繼續趨於乾燥，否則皮纖維會瓦解、萎陷，故必需小心控制皮溫，維持著皮的濕度以催化氧化反應。如果發現皮變成太乾燥（可用手感測試），立即添加少量的水約2～5%，藉以降低放熱，便可克服此問題。

鞣製是否終了？切割一片皮面沒有油（未被固定）的皮樣用少許的肥皂，蘇打（純鹼）及溫水洗，皮乾後再以聞皮的氣味、皮的顏色和手感等經驗評定。另外亦可由放熱反應是否終了？即是在標準的條件下（不添加水）轉鼓內皮溫不再下降，也是一種顯著的裁決鞣製是否終了的現象。鞣製期間油「碘值」的下降並不表示屬於鞣製能力的象徵。

鞣製完成後，鬆鼓，將皮排出，冷却再浸入40°C的溫水，通過油壓機或滾輪機壓榨出多餘的已氧化的鱈魚油（約含10～25%的水分），亦稱為氧化魚油（Degras，Moellon）可當加脂劑使用。

油鞣皮雖已經壓搾了，但仍含有多餘的油，所以再將已壓榨的油皮放入轉鼓或划槽以皮重300%40°C的水和2～4%的蘇打灰（無水的純鹼）進行水洗，此工藝稱呼為「洗滌Scouring」，洗滌的工藝可能一次即可，也可能需要多次。

蘇打灰和氧化油及被洗出的任何未被固定的油會形成「皂」，再將洗滌廢水添加酸進行酸化使由油皮洗出來的油浮在水面，這些浮油即是「蘇打油Soda Oil」。油鞣剛開始使用40%的鱈魚肝油，但是最後僅剩3～5%被固定在皮上。

鉤起已水洗或洗滌過的皮、吊乾，剷軟後再用砂輪機磨皮的兩面，即是油鞣的軟面油革。

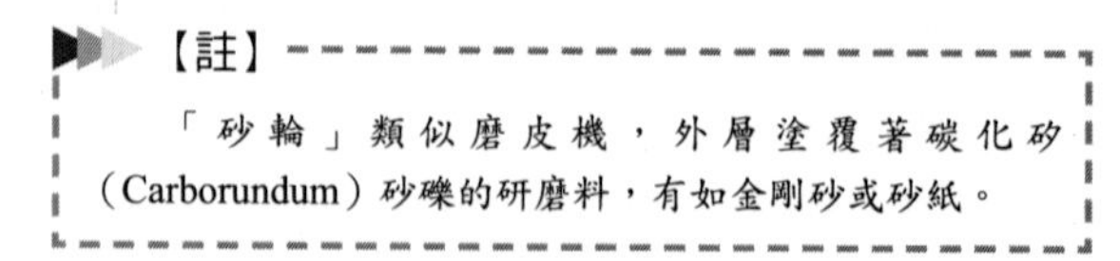

【註】

「砂輪」類似磨皮機，外層塗覆著碳化矽（Carborundum）砂礫的研磨料，有如金剛砂或砂紙。

油鞣革中最主要是水洗革，因為具有吸水的能力，而且也很容易將水擰掉，不過有些清潔劑會破壞這種能力，另外水洗革也不耐高溫。一般的油鞣革會被日光漂白。油鞣革尚可使用於過濾石油和水、製造「手套革」、擦拭玻璃，眼鏡等。

油鞣過程中及油鞣後尚須注意下列各項：

1. 油鞣後水洗或洗滌的過程中所排流出的溶液皆屬鹼性及含有皂和已乳化的油，雖說可用酸調整廢液的PH至5使水和油分離，但這並不是很容易的一件事，而且就酸的使用量而言成本也太貴了，所以最好是將油鞣後的油皮置於轉鼓內使用乾洗用的油脂溶劑（Fat Solvent）進行脫脂，藉以代替「洗滌」，經這種再餾溶劑所得到的油脂，即是可製造亞硫酸化油脂劑材料的無水氧化魚油（Anhydrous Degras）。脫脂的工藝必須執行得透徹，不要使油皮內尚含有多餘的油脂，否則會失去油皮的防水性及不適合當作「水洗革」。

使用「脫脂」的工藝比「洗滌」的工藝，無論是最後皮的顏色或手感都比較有均勻性及前後一致的效果。

2. 油鞣革無論是耐收縮溫度、艾華德效應、等電點和染料、植物或礦物鞣劑的反應都和醛鞣很相似，它也可以採取和醛鞣一樣的再鞣，但是使用鉻再鞣時，最重要的是添加鉻鞣劑前，油皮不能含有自由的油脂（即未被固定或未被脫脂移除的油脂）及PH需調整至5～6。

   油皮無法固定陰離子的染料，但是如果是為了增加染色的水洗堅牢度，最好是使用硫化染料，或反應性的三氮雜苯或三吖嗪染料（Reactive triazinyl dyes）。

3. 油鞣時可以結合醛當作預鞣劑鞣製，因為醛會促使鞣皮對油的吸收及減少放熱反應時皮會失去所含的濕度，導致皮溫增加，皮漸趨向乾燥的危險性。

4. 可使用合成的脂肪磺醯氯（Aliphatic Sulphonyl Chloride）以1:4（鱈魚油）的比例代替一些鱈魚肝油，因磺醯氯能直接和蛋白的氨基群結合，也能和水反應形成磺化的脂肪族化合物（Aliphatic Sulphonate）。如果不易取得鱈魚肝油時，可用其它魚油混合代替使用。

5. 使用合成的脂肪磺醯氯及其它魚油混合代替鱈魚肝油使用於油鞣時，最好採取醛當預鞣劑預鞣，如此才能比較容易移去水分，成革柔軟，並且也能使用三吖嗪染料染成適宜的，而且水洗堅牢度佳的黃色油鞣皮。雖然這種替代性的油鞣皮可鞣製成水洗革，但欲使髒物和皮分離確比較困難。如果三者一起和鱈魚肝油結合鞣製的話，最後油鞣皮的特性及味道都將介於中間性。

第 13 章
合成單寧

鞣製時使用合成單寧的意義

合成單寧是以有機化合物為原料合成的，能溶於水，如果具有鞣性的合成單寧其鞣性很像植物（栲膠）單寧的鞣性，但填充性較差，所以可以代替部分或大部分的植物（栲膠）單寧。磺酸化的合成單寧會代替酸和纖維的氨基酸結合，使皮纖維於任何PH都帶有很多的陰離子，不過被取代的酸便形成自由離子的酸，但這些自由離子的酸很容易於水洗工藝被洗掉。

使用合成單寧一般常伴隨著無機鞣劑（礦物鞣劑），植物（栲膠）單寧使用，優點如下：

一、使用於植物（栲膠）單寧鞣製方面：有預鞣、漂白、鞣製和再鞣的功能。

1. 預鞣：適當地使用合成單寧進行預鞣後，能促進植物（栲膠）單寧劑中不溶物的再溶解，而且能使其中部分變成鞣質，故可更充分地利用鞣液，進而使鞣液被吸收得更清澈。而且可以降低收斂性較強的植物（栲膠）單寧對粒面的親和力，避免使粒面的單寧負載過多（過鞣），形成皺面，故鞣製後的粒面細緻、平滑且堅實，成革顏色淺淡〔植物（栲膠）單寧的顏色〕，更能確保鞣製均勻。另外也能調整植物（栲膠）單寧鞣液的PH值，所以不會引起鞣質的沉澱。同時可以消除可能因脫灰不均，而產生不良的效果。

2. 漂白：使用適當的漂白性合成單寧，如以萘（Naphthalene）為主的合成單寧，可漂白植物（栲膠）單寧的顏色至淺淡色。
3. 鞣製：於鞣液中添加適量的合成單寧能幫助植物（栲膠）單寧的溶解，減少植物（栲膠）單寧的殘渣及沉澱（稱紅粉Phlobaphens或黃粉Bloom）。
4. 再鞣：增加成革的豐滿性、手感性及顏色淺淡。

二、使用於鉻鞣劑鞣製方面：有再鞣、中和、漂白和均染的效果。

1. 再鞣：如為了修面革（Corrected grain upper）的磨面，或使成革更豐滿而進行的再鞣，而使用植物（栲膠）單寧再鞣的話，因鉻鞣皮對植物（栲膠）單寧鞣質的親和力大，易造成粒面的單寧負載過重，形成皺面和裂面的缺點。有些合成單寧，如酚醛縮合單寧、鉻複合物的合成單寧，對纖維的鉻複合物具有蒙囿的效果，可避免再鞣使用植物（栲膠）單寧對粒面可能造成的缺點，所以如果使用植物（栲膠）單寧對鉻鞣皮進行再鞣的話，必須於再鞣前先使用適當的合成單寧處理後，再用植物（栲膠）單寧鞣劑再鞣。

2. 中和：使用合成單寧中和的話，不會像鹼中和一樣，會產生粒面的粗糙性，且能縮短中和和再鞣的操作時間，並能免去中和後水洗的操作（需單獨使用合成單寧中和）。
3. 漂白：有些合成單寧具有遮蓋鉻鞣皮藍綠色澤的能力，故能將鉻鞣皮再鞣成白色的白胚革。
4. 染色：染色時可當作媒染劑、勻染劑或滲透劑。為使鉻鞣皮的染色能均勻而且一致，特別是淺色，通常會在染色前使用均染劑，如萘醛合成單寧，主要是使粒面層的纖維先和均染劑反應，佔據和染料（陰離子）反應的氨基，降低粒面層，或肉面層到染料的親和力，使染色時染料能較深入，而且也較均勻。

合成單寧當然還有其它的優點，但因種類繁多，無法一一列舉。

合成單寧的鞣質和皮纖維的反應

合成單寧大多數是芳香族烴或酚類經磺酸化及縮合，或縮合及磺酸化所製成的。

分子中含有磺酸基（SO_3H）及羥基（OH），磺酸基的主要作用是促使合成單寧溶於水，但是合成單寧的鞣性因磺酸基的增加而降低，故磺酸化的程度以能使合成單寧溶解於水即可，最好是每3～4個芳香族環上只有一個磺酸基。羥基則是提高合成單寧的鞣製作用，磺酸基和纖維的氨基以電價結合，即正負電荷的吸引，但是磺酸基和纖維的結合是不同於其它強酸和纖維的結合，因它不會導致纖維的膨脹。而羥基則是和纖維的縮氨酸（肽Peptide）成共價結合，因而能促進皮的成型性。未經縮合的萘磺酸和纖維的結合不牢，易被洗出。苯環上的甲基（CH_3）也會影響合成單寧的鞣性，一元酚的合成單寧中以酚（Phenol）和甲醛縮合的鞣性最好，甲酚（Cresol）縮合的次之，而以二甲酚（Xylenol）縮合的最差。二元酚的合成單寧中以間苯二酚縮合的鞣性最好，鄰苯二酚次之，對苯二酚則是最差。合成單寧芳香族環間結合鍵的類型，也會影響鞣性及成革的耐光性，如碸及磺酰亞胺，都會加強芳香族合成單寧的鞣性和耐光性。

合成單寧的生產過程

有磺化、縮合、中和（輔助型的合成單寧）及縮合、磺化、中和（置換型的合成單寧）法。

一、磺化

是以濃硫酸或發煙硫酸或氯磺酸處理熔融狀態的有機物，如芳香族的碳氫化合物、酚類及其它混合物，將硫酸基引入它們的分子內。

1. 依據磺化條件的不同，可以產生一磺酸、二磺酸和多磺醛，以及碸（Sulfone）型化合物。
2. 引入硫酸基是提高產品的溶解度，而碸型化合物的生成，則是使分子變大，提高鞣製的效果。
3. 影響磺化的因素有；磺化劑的性能、濃度、用量及磺化時的溫度和時間。
4. 磺化反應是一種可逆反應，磺化過程的停止與反應中不斷地生成的水有關，因水會稀釋硫酸，以及使硫酸解離成離子，因而形成磺化能力降低，促使磺化反應停止。
5. 磺甲基化：以亞硫酸鈉（Na_2SO_3）作為磺化劑且同時和甲醛縮合，這種的磺化法稱為磺甲基化或ω一磺化。所形成的磺酸，其酸性要比以硫酸或發煙硫酸磺化所產生的酸性低，故效果較佳。

二、縮合

利用甲醛，使芳香族碳氫化合物和酚類縮合成大小適當的分子，其目的是為了提高合成單寧分子中芳香族環的數量。

例如酚和甲醛的縮合，其生成物稱為「酚醛清漆樹脂Novolac Resin」是一種熱塑性樹脂，其硬度和分子量都取決於甲醛對酚的比率，甲醛的用量越多，平均分子量就越大，然而如果合成單寧的分子太大，則較難滲透入皮內，但是分子太小，鞣製作用則太小，故應小心控制甲醛的用量。

三、中和

經磺化後的產品中，常含有少量的游離酸，因游離酸會影響皮的品質故應去除，可用碳酸鈉、苛性鈉、氨水或一些金屬氧化物以中和游離酸。

合成單寧依其原料的化性及用途，可分為下列二種：

一、輔助型的合成單寧

沒有獨立的鞣皮作用，和纖維結合的數量不多，但對植物（栲膠）單寧或樹脂單寧具有分散或滲透的功能，染色時對陰離子染料有勻染或滲透的效果。一般是屬芳香族的碳氫化合物，如萘（Naphthalene）、蒽（Anthracence）、酚（Phenol）和甲酚（Cresol）的磺化物，或它們和甲醛的縮合物。但以萘為原料最多，而酚次之。

1.以萘為主的輔助型合成單寧

萘是一種固態的芳香族化合物，熔點為80°C。將萘熔化，加入硫酸，形成萘磺酸，根據磺化溫度的不同，可能形成阿爾發–萘磺酸（α－Naphthalene sulfonic acid 35～36°C）和貝嗒－萘磺酸（β－Naphthalene sulfonic acid 150～160°C），用水稀釋萘磺酸後，再用甲醛縮合，藉以結合一些未反應的萘，產品屬強酸性，可使用於漂白植物（栲膠）鞣製或鉻鞣製的皮。可將它中和成液態或固態的合成單寧中性鹽，因磺化時會產生游離狀態的硫酸，所以用鹼中和這些游離狀態的硫酸後，產品的分子內會含有中性的硫酸鈉。化學反應如下：

① 萘＋硫酸 → 萘磺酸＋水
（$R + H_2SO_4 \rightarrow R-SO_3H + H_2O$）

② 萘磺酸＋甲醛→磺酸－萘－碳氫－萘－磺酸
（$R-SO_3H + HCHO \rightarrow HSO_3-R-CH_2-R-SO_3H$）

③ 磺酸－萘－碳氫－萘－磺酸＋苛性鈉→磺酸鈉－萘－碳氫－萘－磺酸鈉
（$HSO_3-R-CH_2-R-SO_3H + NaOH \rightarrow NaSO_3-R-CH_2-R-SO_3Na$）

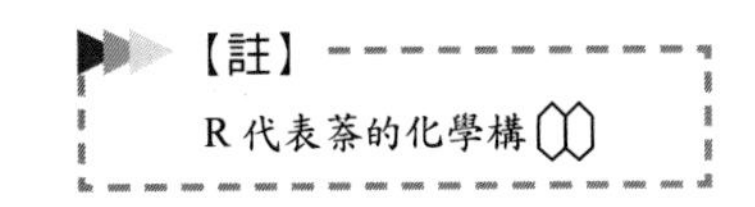

萘合成單寧經由氫鍵被皮蛋白吸收，而被酸固定在膠朊上，故PH接近中性時被固定的量很少。萘合成單寧是含有親水性磺酸群的有機大分子，易溶於水，而本身的萘環則吸收溶解性較小的分子。如果溶解於植物（栲膠）單寧的鞣液內，則會幫助植物（栲膠）單寧鞣質顆粒的分散及滲透，對染料也會有這種作用，故可當作染料的媒染劑，如均勻劑、滲透劑及增艷劑。

2.以酚為主的輔助型合成單寧

這類輔助型的合成單寧，是將酚或甲酚磺化後，再使用甲醛縮合，即可得到此類的產品。化學反應如下：

① 酚＋硫酸→酚－磺酸＋水。
（$R+H_2SO_4 \rightarrow R-SO_3H+H_2O$）

② 酚－磺酸＋甲醛→磺酸酚－碳氫－磺酸酚
（$R-SO_3H+HCHO \rightarrow HSO_3-R-CH_2-R-SO_3H$）

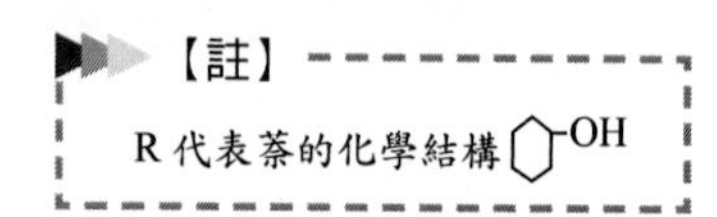

除了產生二環產品外，亦有三環和四環的產品。

【註】

因酚及萘的化學式是呈六角菱環狀形結構，故稱環產品。

使用這類的合成單寧鞣製的話，成革色淺、緊密而柔韌、但不夠豐滿，更由於酸度高，所以只能使用於預鞣或植物（栲膠）鞣製時作為添加劑，促使鞣液中沉澱物的分散和加速鞣製，另外可漂白鉻鞣皮和植物（栲膠）鞣製的皮，而且也可使用於淺色革的再鞣，藉以增加日光牢度。

二、置換型的合成單寧

具有獨立鞣製的作，能與纖維大量結合。一般是由酚的磺化，或亞硫酸化並和甲醛縮合所製成的。

置換型的合成單寧都具有羥基（OH），所以能和皮蛋白纖維反應，即是具有鞣性，可部分或大部分地代替植物（栲膠）單寧鞣劑鞣製皮，並適用於鞣製各種皮。

1.酚醛類合成單寧

I.使酚和甲醛縮合，形成「酚醛清漆樹脂Novolac Resin」。它是一種熱塑性樹脂，其硬度和分子量取決於甲醛對酚的比率，莫耳（克分子量）比率大於 1 時即為硬性的樹脂，如能適當地調整莫耳的比率，則可獲得分子量平均為300～400的濃漿物質，但是酚醛清漆樹脂，不溶於水，故需添加硫酸，使其磺化，才能溶解及分散於水中，進而使用於鞣皮。化學反應如下：

① 酚＋甲醛→酚－碳氫－酚
（$R+HCHO \rightarrow R-CH_2-R$）

② 酚－碳氫－酚＋硫酸→酚－碳氫－磺酸酚
（$R-CH_2-R+H_2SO_4 \rightarrow R-CH_2-RSO_3H$）

以酚醛清漆樹脂為主的合成單寧所鞣製的革比酚磺酸（酚先磺化，再縮合）為主的合成單寧所鞣製的革，更柔軟、更豐滿、抗張強度高、收縮溫度為82°C、鞣製軟皮時可代替部份的植物（栲膠）單寧鞣劑。

【註】
如每分子所含的酚環太少，則鞣製能力差。太多則滲透性差。

磺化的程度也影響鞣製的性能，過分的磺化則會降低鞣製的效能。

II.酚醛合成單寧（經縮合→磺酸化→縮合）

使酚和甲醛先縮合，磺酸化後再縮合。化學反應如下：

①酚＋甲醛→酚－碳氫－酚
（$R+HCHO \rightarrow R-CH_2-R$）

②酚－碳氫－酚＋硫酸→酚－碳氫－磺酸酚
（$R-CH_2-R+H_2SO_4 \rightarrow R-CH_2-RSO_3H$）

③酚－碳氫－磺酸酚＋酚－碳氫－酚＋甲醛→
酚－碳氫－酚－碳氫－酚－碳氫－磺酸酚
（$R-CH_2-RSO_3H+R-CH_2-R+HCHO \rightarrow$
$R-CH_2-R-CH_2-R-CH_2-RSO_3H$）

由上反應所得的產品中，每四個環（酚）可獲得一個磺酸基（SO_3H），在鞣質分子中每一個磺酸基上負荷的有機物越多，則其鞣製的性能越好，但條件是以不損失其溶解於水的性能，否則會形成不溶解於水的酚醛樹脂。

III.磺甲基化的合成單寧

在有亞硫酸氫鈉或亞硫酸鈉存在的條件下，使酚和甲醛縮合，這種磺化和縮合同時進行的方法稱為「磺甲基化或ω－磺化」。化學反應如下：

酚＋甲醛＋亞硫酸鈉→〔酚〕－碳氫－磺酸鈉＋水

〔酚〕表示酚化學結構上的羥基（OH），其氫離子已被鈉取代，形成鈉氧基（ONa）和酚環結合。

（$R+HCHO+Na_2SO_3 \rightarrow R'-CH_2-SO_3Na+H_2O$）

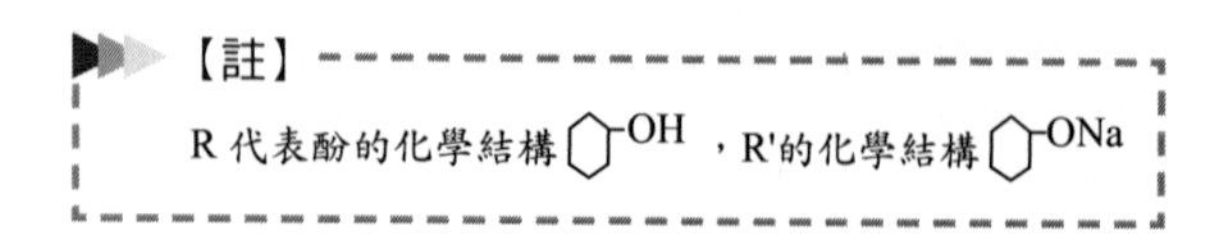

因其酸性比使用硫酸磺化的產品較低，所以一般於PH2.5～3.5中使用。

2.間苯二酚（Resorcinol）類的合成單寧

以間苯二酚（含二個羥基的苯）為原料所制成的合成單寧，對水的溶解度比其它多元酚高，由於溶解度高，所以不必磺化也能形成水溶性的合成單寧。

(1) 間苯二酚和甲醛縮合的合成單寧於微酸性溶液中鞣製，成革較硬，但豐滿性、厚度及得革率，都比植物（栲膠）單寧所鞣製的革高。革呈淡紅色，氧化後漸成棕色。因不含磺酸基，所以長期貯藏也不會變質。

(2) 微量硫酸存在時，間苯二酚能和有機溶劑，如丙酮（Acetone）和苯醌（Quinone）縮合，縮合後會將大部分的有機溶劑蒸發，故產品能溶於水，可在中性介質進行鞣製，成革為淺綠色，堅實，收縮溫度為85°C。

(3) 間苯二酚和糠醛（Furfural）縮合後，所形成的合成單寧能溶解於水，並能在鹼性介質中鞣製，成革的收縮溫度可達到113°C。

(4) 間苯二酚如和乙醛（Acetaldehyde）縮合，所形成的合成單寧是非常高級的鞣劑，它們主要是以氫鏈和皮纖維結各，和植物（栲膠）單寧的結合很類似，但其性能卻比植物（栲膠）單寧好。

3.碸（Sulfone）型合成單寧

分子中含有碸的合成單寧，具有和蛋白纖維反應的本能，並能影響鄰近的羥基及微弱的酸基，提高它們的離解作用。碸類的合成單寧具有高度的成形性及填充性。

二羥基二苯碸（Dihydroxydiphenylsulfone）是將酚磺化，或酚磺酸和酚加熱即可製成。簡式化學反應如下：

酚＋磺酸→酚－碸－酚＋水

（$R+SO_3 \rightarrow R-SO_2-R+H_2O$）

或酚＋硫酸→酚－磺酸＋水

（$R+H_2SO4 \rightarrow R-SO_3H+H_2O$

酚－磺酸＋酚→酚－碸－酚＋水

$R-SO_3H+R \rightarrow R-SO_2-R+H_2O$）

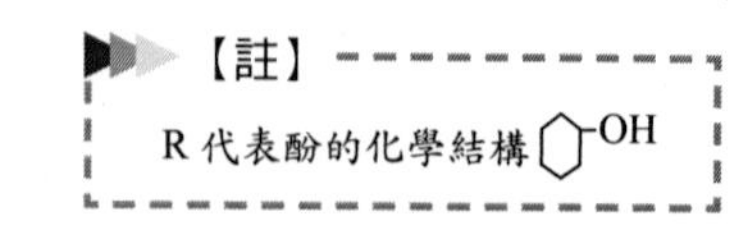

使用甲酚（Cresol）、二甲酚（Xylenol）或酚的混合物代替，亦可以製造各種相應的碸。

(1) 二羥基二苯碸

是一種白色的固体物質，幾乎不溶於水，但溶於熱水和酒精，耐氧化和還原作用，所以形成的鞣劑耐光性佳，和蛋白纖維的反應比酚強，這可能是碸的緣故。

為使二羥基二苯碸變成品質優良的合成單寧，必須使其分子變大並能溶解於水，例如引入磺酸基及使碸和芳香族磺酸（Aromatic Sulfonic acid）、木素磺酸（Lignin Sulfonic acid）等縮合，都能促成合成單寧溶於水，但單獨引入磺酸基在碸的分子內，會降低合成單寧的填充性能，故一般使用甲醛使碸和芳香族磺酸縮合。

二羥基二苯碸雖難和甲醛縮合，但卻很容易和芳香族的磺酸反應，形成化合物後，中和至PH5～6，即可獲得填充性能和耐光性能都很好的合成單寧。

(2) 二羥基二苯碸和脲（Urea）及甲醛縮合

形成不溶解的樹脂，但再使用萘磺酸反應後，便會使樹脂分散且具溶解性，形成一種特別適用於漂白鉻鞣皮成白革而且耐光牢度佳的合成單寧。

(3) 甲醛及亞硫酸鈉和芳香族環一起反應

形成可溶於水的產品後，再用甲醛縮合，形成鞣製白革及淺色革的合成單寧。

這種合成單寧的性質取決於甲醛、亞硫酸鈉及所使用的酚化合物（芳香族環）之間的使用比例，具有下列的特性：

- 能使白色革或淺色革的皮纖維鬆散（張開）得很好。
- 可以控制聚合的程度和非鞣質（未被聚合的部分）的比例。
- 依據反應的時間，可以控制膨脹力，最後的PH及溶解度。

(4) 二羥基二苯碸經磺化雙（4-羥酚基）丙烷（Sulfonated of bisphenol A）及甲醛縮合

形成的合成單寧，可使用於鉻鞣皮的再鞣劑及縮花面皮的預鞣劑，具有良好的填充性及耐光牢度，成革亦較豐滿、粒面細緻且抗張強度和縫合撕裂強度高。

4.磺酰胺合成單寧（Sulfonic amide）

芳香環中含有磺酰胺鍵（$-NH-SO_2-$）的化合物，如分子中至少含有三個環以上的都屬於鞣劑，而所形成的合成單寧，鞣製後的革，色白、耐光，但因價格高，一般常使用於鞣製爬蟲類的皮。

將氨基苯磺酸（Aminobenzenesulfonic acid）和磺酰氯硝基甲苯（Sulphonylchloride Nitromethylbenzene）於微鹼性介質中反應，爾後於鹽酸成醋酸介質中用鐵粉使硝基還原，再於鹼性介質中和磺酰氯硝基甲苯縮合即得。化學反應簡述如下：

氨基苯磺酸＋磺酰氯硝基甲苯＋苛性鈉→
磺酸鈉－苯－胺－碸－苯－甲基＋氯化鈉＋水
∟硝基
經還原，縮合後形成磺酸鈉－苯－胺－碸－苯－甲基
∟硝基－碸－苯－甲基
∟硝基

$HSO_3-R-NH_2+ClSO_2-R-CH_3+NaOH$
∟NO_2

$\rightarrow NaSO_3-R-NH-SO-R-CH_3$
∟$NO_2+NaCl+H_2O$

$NaSO_3-R-NH-SO-R-CH_3$
∟$NO_2-SO_2-R-CH_3$
∟NO_2

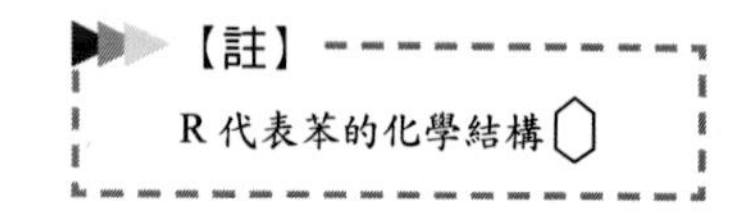

5.木質磺酸單寧和木質磺酸合成單寧（Lignosulfonic acid）

合成單寧生產過程中，為了改進其性質及降低生產的成本，一般均廣泛地使用木質磺酸單寧，並將它視為分散劑。

木質磺酸是從亞硫酸鹽法製造紙漿的廢鹼液中提取的，爾後用硫酸，或硫酸鈉，或亞硫酸鈉等加以處理，形成硫酸鈣的沉積物，以去除廢鹼中所含的鈣離子，即可得到木質磺酸單寧，亦可稱為亞硫酸鹽紙漿廢液鞣劑。

木質磺酸單寧的分散能力和穩定性都很高，對裸皮的滲透也比天然單寧鞣劑快，但是其最佳的結合和滲透都必須在強酸PH2的範圍內才能發揮。單獨使用它鞣製後的成革略硬、彎曲性及成形性不夠，故需和其它單寧鞣劑或鉻鹽一起使用。製造合成單寧或樹脂單寧時，可將它當作分散劑添入。

木質磺酸和碸混合後用甲醛縮合，則可製造出碸型的合成單寧。

6.兩性合成單寧和陽離子合成單寧（Amphoteric & Cationic syntan）

兩者都是將鹼式群，如碸酰胺（Silfonamide），加入酚單寧分子內或使酚單寧和脲（Urea）或苯胺（Aniline）類化料共同縮合，如此便會減少強陰離子性的磺酸，所以不需引入磺酸基而獲得對水的溶解性，所形成的單寧鞣劑需在酸性介質中使用，因在酸性介質時會溶解於水，並經由氫鍵固定在纖維上，但是中和（PH4～5）時又變成不溶的狀態，且失去鞣製的能力。化學反應簡述如下：

酚＋苯胺＋甲醛 → 酚－碳氫－胺－酚＋水
（$R+R-H_2N+HCHO \rightarrow R-CH_2-HN-R+H_2O$）

兩性合成單寧最主要是當作媒染劑或鉻等礦物鞣劑的再鞣劑，因會使鉻或其它的礦物鞣劑減少對陰離子的親和力，例如植物（栲膠）單寧、染料及油脂劑等，而使皮身變成具有非常均勻性的效果。

陽離子合成單寧是一種不含酚羥基的單寧，是苯胺和甲醛的縮合物經熱處理後即可獲得。和兩性合成單寧一樣，需要在酸性介質時使用，中和時形成沉澱，使皮纖維分離，藉以達到某一程度的鞣製效果。

7.金屬複合型的合成單寧

合成單寧的酚羥基和磺酸基都能滲入鉻，鋁的複合物而形成含鉻，或含鋁、或含鉻-鋁的合成單寧。鞣性佳，能改善粒面層的強度，防止粒面粗糙，可作為植物（栲膠）速鞣法（轉鼓鞣製法，不使用浸鞣液池的鞣製法）的預鞣劑，幫助植物（栲膠）單寧的滲透，不會降低植物（栲膠）的等電點（I.E.P.PH約4.2±0.2）及吸收和鉻鞣皮的再鞣劑。如以氫氧化鉻或氫氧化鋁製造作為中和劑的輔助型合成單寧，即可製造含鉻，或含鋁的金屬型合成單寧。另外如以硫酸鉻，或硫酸鋁作為處理紙漿廢液的去鈣劑，亦可製造含鉻，或含鋁的木質磺酸單寧劑。

由於為了降低置換單寧鞣劑的成本及增加它的特殊性能，在製造置換單寧鞣劑時，常以酚為主體再配合木質磺酸單寧或萘磺酸單寧生產，如此便能降低成本及增加了置換單寧鞣劑的鞣製效能。

第 14 章

樹脂單寧

「樹脂單寧」的涵意是能滲入皮纖維組織內，特別是纖維結構比較鬆弛部分的大分子化合物，藉以增加皮的飽滿度及結實性。

如何使分子大的化合物滲入皮內？溶於水會太黏，而且不易控制滲透，為了克服這種難題，現在都使用分子小的相關樹脂，它的水溶液不黏，能滲入皮纖維內，再依據PH、溫度等條件使滲入的樹脂能縮合成大分子、不溶於水且永遠固定在纖維的化合物。

樹脂單寧的固定，一般是提高酸度（Acidity）、溫度或延長轉動的時間。如果樹脂含正電荷或類似陽離子性的特性，則會吸收負電荷或阻止陰離子的滲透，例如單寧、染料及陰離子性的油脂劑，但是這就是這種「樹脂單寧」的優點。

樹脂單寧是以有機氮化合物的甲醇基（Methyol）衍生物應用於皮革的鞣料。最簡單的樹脂單寧是二甲醇脲（Dimethyol urea），比較普遍被使用的是三聚氰胺的甲醇衍生物（Methylol derivate of Melamine），這些化合物都以醛縮合的方式和皮蛋白纖維的氨基反應，產品中有機氮化合物的成分是控制單寧鞣劑的豐滿性及結實性。

樹脂單寧同皮革結合後有就地形成分子量大的化合物的能力。它們最有價值的是能和皮的邊腹部（肷部）結合從而增加了成革的得革率或裁割率（值），在這方面雖然植物（栲膠）單寧鞣劑也能達到這種效果，但是用量需要多，而氮型或樹脂型的單寧鞣劑的使用量只需少量即可，並且有無色和耐光的優點。

皮革化料商場上，主要的樹脂單寧有下列三種：

1.脲甲醛樹脂單寧（Urea Formaldehyde Resin Tannin）

脲和甲醛在微鹼性或中性介質中於常溫下，依莫耳（Mole）比例的不同，可縮合成「一甲醇脲」或「二甲醇脲」，但是脲甲醛樹脂單寧中主要的是使用二甲醇脲作為鞣劑。化學反應簡述如下：

脲＋甲醛→一甲醇脲　　脲＋2甲醛→二甲醇脲

$$NH_2-\underset{\underset{O}{\|}}{C}-NH_2+HCHO \rightarrow NH_2-\underset{\underset{O}{\|}}{C}-NH-CH_2OH$$

$$NH_2-\underset{\underset{O}{\|}}{C}-NH_2+2HCHO \rightarrow 2NH_2-\underset{\underset{O}{\|}}{C}-NH-CH_2OH$$

二甲醇脲反應性較強，反應後會縮聚成凝膠及三度空間結構型的聚合物，所以鞣製時才採用它。但生產製造時為了延緩它的反應速度可使用甲醇、或乙醇、或丙醇等進行醚化（Etherification）以封閉羥基，使於鞣製時，醚鍵才逐漸破裂而釋出甲醇脲。化學反應簡述如下：

二甲醇脲＋甲醇 → 二甲基甲醇脲＋水

$$2O = C\begin{matrix}/NH-CH_2OH \\ \backslash NH-CH2OH\end{matrix} + 2CH_3OH \rightarrow 2O=C\begin{matrix}/NH-CH_2OCH_3 \\ \backslash NH-CH_2OCH3\end{matrix} + 2H_2C$$

甲醇脲於鞣製時的反應速度取決於鞣液的PH和溫度，PH越低，縮聚反應越快，成革越硬。反之PH越高（弱酸性），反應越緩慢，成革的可塑性越大。熱溶液鞣製，成革更柔韌，故鞣製時於PH高的時候添加此劑，至少轉動2～4小時，用酸調PH至2.5，再轉動直到PH4.5（切割面），水洗時使用45～50°C的水溫進行水洗的工藝，藉以形成縮聚反應，如此便可達到收縮溫度為80～95°C。

脲甲醛樹脂單寧鞣製的革，純白、耐光、耐酸和耐鹼，但缺點是吸水快且量多，另外在聚合過程中，可能產生甲醛，而使皮纖維乾燥，甚至脆斷，故用量宜少，最好和其它單寧鞣劑一起使用，如鉻單寧鞣劑。

2.三聚氰胺樹脂單寧（Melamine Resin Tannin）

三聚氰胺在微鹼性或中性介質中用甲醛縮合。使用三聚氰胺樹脂單寧所鞣的革，色白、豐滿、結實、耐光、收縮溫度為80～90°C，其缺點是縮合過程中會釋出甲醛，對成革有不良的影響，而且縮合不易達到完全，對潮濕也很敏感，易使皮腫脹，不耐儲藏，故用量宜少，最好和其它單寧鞣劑一起使用，如含礦單寧的化合物及植物（栲膠）單寧鞣劑。

3.雙氰胺樹脂單寧鞣劑（Dicyandiamide Resin Tannin）

雙氰胺和甲醛的縮合物，不會釋出甲醛，故其特性和上述二種樹脂單寧鞣劑不同，具有兩性，可被鹽析，填充性能比上述二種樹脂單寧鞣劑的填充性能更佳，但是無顯著的鞣性，所以常和其它的單寧鞣劑一起使用。

雙氰胺樹脂如和植物（栲膠）單寧一起使用於鉻鞣皮的再鞣，由於它含有正電荷因此能吸收皮內的負電荷（如植物（栲膠）單寧，或置換型和輔助型的合成單寧。它和皮結合後會就地形成分子量大的化合物。最有價值的是它能填充及被固定於較鬆弛的腹肶部，因而可以提高皮面積的）裁割值Cutting value）

第 15 章

聚合性添加物

聚合物是由小分子（單體）經聚合作用而形成的大分子的化合物。聚合物的種類很多，從熱不可塑至熱可塑或具彈性、伸縮性的聚合物都有。聚合物具有不同程度的化學反應能力，其溶液於常溫時呈黏稠狀。

鞣製時添加聚合物的目的是使成革具有抗磨耗性（Wear resistance），熱塑壓成型性（Thermoplastic mouldability）……等等。

分子大的聚合物不易滲入皮內，但經乳化聚合的作用形成固成分約40～60%，分子小，可滲入皮內的乳狀分散液。使用前用水稀釋，或添加界面活性劑，甚至合成單寧藉以幫助分散及穩定。

較便宜的聚合物，如聚氯乙烯（Polyvinyl chloride）稍具熱塑及成膜性，比較惰性，即化性不活潑，於轉鼓轉動時可滲入皮的纖維組織，其滲透的程度決定於所使用皮的種類，使用於鞣製時，依轉鼓轉動的程度（轉速及時間），藉以分散聚氯乙烯。使用量約皮重的5%（固成分），可於肉面及腹肷部看到明顯的效果。

許多具有熱塑性的單體，如以乙烯（Vinyl）或丙烯酸鹽（Acrylate）單體為主的皆有可能經乳化聚合作用後形成分散液，乾燥後形成具有黏著力的軟膜，天然的橡膠乳膠（Rubber Latex）即屬這類型。當分散液經過穩定處理後，即能滲入皮內，但是用量不要超過皮重的5%（固成分），否則成革雖然飽滿，但是手感似橡膠或塑料的製品（合成皮Plastic）。不過如果在同條件下使用已經穩定處理後的橡膠乳液於反絨革或割層（二、三層）反絨革，則不僅可得到很好的填充性效果，而且磨皮容易，即使鬆弛的部分，故絨毛短，另外磨皮的皮粉易去除。

這類型的聚合性化物，一般的用量都低於皮重的5%，而使用於藍濕皮的中和後，或染色或加脂之前或之後，如此才能得到飽滿的腹肷部，豐滿的、飽滿的、結實的手感及很好粒面特性。但是對染色或油脂的滲透效果不佳，所以最好和其它適當的合成單寧使用於再鞣浴或添加於加脂工藝。

丙烯酸樹脂單寧鞣劑

丙烯酸樹脂單寧鞣劑（簡稱聚合單寧劑）能和未被鞣製的膠朊親合，大都是由於聚甲基丙烯酸酯（Polymethacrylate）之故，它除了含有甲基丙稀酸（Methacrylic acid）外，最主要的是也含有羧酸群（Carboxylic group），故能和礦物化合物（鉻、鋁等）形成複合物（錯合物）而被固定在膠朊上。

將鉻鞣液和聚合單寧液混合後，便可得知聚合單寧和鉻複合物的反應及不同PH時所產生的老化現象。當聚合單寧的羧基酸進入鉻複合物後，酸被分離，由於被分離的酸，不具緩衝作用，所以混合後溶液的PH會下降，由此可見PH的提高可增加複合物的形成，另外複合物的形成也和聚合單寧的平均分子量有關，平均分子量的增加，則會降低複合物的結合群。PH在3～4之間，低分子量的聚合單寧比二羧酸（Dicarboxylic acid）更具有強烈形成複合物的能力，所以常被當作鉻鞣和鉻再鞣的固定作用使用。

丙烯酸樹脂單寧鞣劑可使用於浸酸及鉻鞣。使用於浸酸會增加皮的飽滿度，但會導致鬆面（Loose grain）的增加及鉻的分散不均勻，所以最好是鉻鹽已滲入皮內後再添加此劑，轉約90～120分鐘後再慢慢地提高鹽基度，但是如果使用蒙囿劑的量過多，則會降低聚合單寧劑的填充能力及對鉻的固定作用。

鉻鞣皮再鞣使用丙烯酸樹脂單寧鞣劑時，無論聚合單寧劑的使用量多或少，都不會造成因「過鞣」，而使粒面呈現粗糙的現象。

聚合單寧劑分子量的大小會影響植物（栲膠）單寧於混鞣時的滲入，尤其分子量大的聚合單寧劑影響甚鉅，不過共聚單寧因含羧酸群比聚合單寧劑少，所以不會影響植物（栲膠）單寧的滲透，成革軟而飽滿。置換單寧的滲透則不受聚合單寧劑分子量大小的影響，但是如果皮外層被聚合單寧劑所佔據的話，則會降低置換單寧的固定性。

第 16 章

再鞣的意義和目的

由準備工段開始至鞣製後的皮，除了鞋底革、工業傳送帶革等外，其餘的皮類大多數是無法滿足其他各類型皮製品的要求，如鞋面革、傢俱革、手袋革等等，所以需要再經過中和、再鞣、染色、加脂等過程，將鞣製後的皮加以改善，使成革能適合於最後皮製品所要求的特性。

再鞣的目的大約有如下列所述的目標：

1. 改善皮的手感，緒如飽滿性、柔軟性、結實性等等。
2. 改變藍濕皮的顏色由淺至白。
3. 提高修面革（Corrected grain），正絨面革（Nubuck）及反絨革（Suede）的磨皮性。
4. 增加壓花性，尤其是壓粒面紋。
5. 調整皮的轉鼓染色性。
6. 經再鞣，加脂後的胚革，適於噴染、淋漿染（Curtain coat dyeing）、浸染及印花。
7. 提供抗水性或防水性的預處理。
8. 增進某些特殊的性能，如抗汗性，水洗牢度，熱的傳達性及可燃性等等。

總之，再鞣的目的是進一步改善已經鞣製皮的性質，例如使成革更豐滿、更柔軟或粒面更緊密、更細緻，並具有良好的染色性和成型性、或更具有磨皮性（乾磨）等等，以適合各類型的革製品。但是最重要的目的是利用填充的方式使皮腹部、腹肷部及頸部等纖維較鬆弛及空鬆的部分能和其他部分的纖維一致，增加成革的裁割值。

再鞣是一種輔助的工藝，用量絕不能多，否則會失去已經鞣製的原來皮性。喪失鉻鞣皮特性（如飽滿、柔軟）的再鞣稱為「重鞣」。

再鞣時最重要的是控制正確的PH，濃度，時間及動力使化料及再鞣劑能滲入三度空間組織的皮纖維結構，而再鞣劑的使用量，輕革約2～4%削勻後藍濕皮重，重革約5～12%，甚至高至20%以上，如軍鞋、工作鞋及旅行長筒靴等需重填塞的革。再鞣時最好使用短浴法，避免不需要的電解質，因水含有電解質，可能會造成染色的困擾。使用濃度高的液態化料，及含鹽類越少越好的化料及再鞣劑。

再鞣時所使用的輔助劑有二種類型：

1. 再鞣前如沒有執行預加脂工藝，則需添加滑劑（Slip agent），藉以保護短浴法時皮面不會因轉動磨擦所造成的擦傷痕及節省能源。
2. 分次添加少量的消泡劑。最主要使用於Y型的轉鼓，由於Y型轉鼓轉動時會形成水液的亂流，而當由轉軸添加再鞣劑和加脂劑時可能會因而形成穩定的泡沫，減少再鞣劑和加脂劑的能力。常用的消泡劑大都以矽（矽）為主體的產品，但是用量不能太多，否則會導致爾後塗飾的黏合力或在苯胺革（Aniline Leather）上操作射出成型（Injection Moulding）的黏合問題。

選擇再鞣劑時應注意的是@固態性的固成份及濕度@液態性的固成份及含水量和兩者稀釋後的PH，稠度和再鞣劑本身的顏色及顆粒的大小。二種以上的再鞣劑混合使用時，無論是同時添加或分別添加都必須測試它們彼此之間的相容性。

再鞣會強烈地影響成革的許多物性，即使只是輕輕地再鞣也會改變成革及革製品的性能。

強烈性的填充再鞣，可能導致兩個非常重要的後果：

1. 增加厚度，降低張力或粒面層和網狀層間撕裂強度（Split tear strength）。
2. 厚度增加，皮面積減少。

常用的再鞣劑可分成二類

【A】無機鹽：如鹼式礦物鹽鞣劑（鉻、鋁、鋯）。

【B】有機鹽：如植物（栲膠）單寧、合成單寧、樹脂單寧及戊二醛……等等。

A-1 鉻鞣劑的再鞣

如具有下列性質的藍濕皮最好使用鉻鞣劑的再鞣：

(1) 鉻鞣不規則，亦不均勻，尤其是粒面。

(2) 縮收溫度太低，亦即煮沸試驗後溫度低於95°C。

(3) 被固定於纖維上的三氧化二鉻的數量太低。

如果鉻鞣不規則的現象較嚴重的話，再鞣前需要先進行「酸洗」，甚至可能也需要使用「螯合劑E.D.T.A」或具有漂白性的中和劑（合成單寧），期望能洗掉革面上有點狀，或條狀等因不規則鉻鞣所形成的污染現象。

使用鉻鞣劑的再鞣系統，其操作和控制的方法應和鉻鞣一樣，但是問題在於不能確定皮纖維內鉻被固定的效率，因即使在鉻鞣時最多也不過是三小時，就開始下一步驟「提高鹽基度（羥配聚）」，爾後藍濕皮出鼓後，大多數的工廠也不允許長時間的「掛馬」以達到固定的效率，亦即「氧配聚」的時間太短，因而水洗藍濕皮時水浴中仍能發現「鉻」。改進固定的方法，建議再鞣時使用高鹽基度的鉻鹽或已被蒙囿的鉻鹽，則會有較好的耗盡率，不過即使如此，鉻是否能完全被固定？也是值得懷疑？總之如果能在鉻鞣時徹底地執行及控制到最恰當的鉻鞣條件，使藍濕皮不需要再經鉻鞣劑再鞣的話是最好，而且能符合「環保」的要求，除非用鉻鞣劑再鞣是為了其他目的，如染色。

A-2 鋁鞣劑的再鞣

使用鋁鞣劑再鞣的成革，柔軟且皮面較展開，但是要注意使用時的PH值，否則固定和填充等作用並不明顯。

A-3 鋯鞣劑的再鞣

鋯鞣劑屬經強蒙囿後的鹼式硫酸鹽，它於纖維間具有形成大聚集的傾向，像這種無機鹽物於纖維間會發生沉積的結果是使成革的粒面飽滿，但理論上會較硬，如需要成革較軟的話，則需增加油脂劑的添加量，所以如果能在鋯鞣同時添加油脂劑的效果最好，但是因為鋯鞣劑的酸值低（PH：1.8～2.9視鋯鹽的鹽基度）和電解質所要求的水平比較高，故採取同時添加的油脂劑必須小心地慎選。

使用鋯鞣劑於再鞣的工藝，已經非常成功地應用於毛裘的服裝革，此外它的填充及良好的染色性，使最後所獲得的反絨面成革具有細緻而緊密的纖維，鮮艷而堅牢度佳的染色，不幸的是經鋯再鞣後的皮，對陰離子染料的親合性很高，故須配合陽離子染料的助劑，藉以避免染色不均勻，這種陽離子染料的助劑，它們的陽離子電荷低，能和陰離子染料形成複合（錯合），對染料的親合性會產生牽制力，使皮對染料的吸收緩慢。

結論：如用鉻鹽或鋁鹽再鞣除了對染色有好處外、成革的粒面粒紋清晰、皮身豐滿，但是鬆弛的部分，如腹部，腹肷部的填充效果則不明顯。

如用鋯鹽再鞣，對陰離子的染色幫助不多，需經弱陽離子的助劑處理，但是因為分子大，填充性佳，可改善皮的豐滿性和結實性，故對鬆弛的部分有幫助。

總之，一般而言，使用礦物鞣劑再鞣的原因，大多數是為了強化染色性，強化的程度是依據礦物鞣劑被「蒙囿」或被陰離子複合的強度，經此系統再鞣後的皮，至少在染色的範圍，或色澤的鮮艷度都有明顯的改進，不過建議使用礦物鞣劑再鞣之後也能於中和後再使用陰離子鞣劑再鞣，如此將會克服染色時可能發生的負面效果，例如染色不均勻、或產生狀似流眼淚的痕跡等。

B-1 使用植物（栲膠）單寧鞣劑和酚類合成單寧鞣劑的再鞣

研發酚類合成單寧，最主要的是用來代替植物（栲膠）單寧，因為二者對藍濕皮而言都具有相似的效應，諸如它們的固定及對染色性的影響。

再鞣時使用酚類合成單寧的目的是使較大的單寧分子沉積及聚集於纖維之間，使纖維能維持分離，另填充較鬆弛部分的空間，如粒面層和網狀層的交界處及腹肷部。

藍濕皮內的鉻，會使纖維的反應比較傾向於這類型的再鞣法，故易造成單寧鞣劑沉積於粒面的危險，為避免這種危險，而且能使皮吸收均勻及單寧鞣劑能完全滲透，則必須使藍濕皮有均勻的中和作用，且PH值約為5，同時添加屬這類單寧鞣劑的分散助劑，並且必須一起使用。假如粒面單寧負載過多，造成過鞣的現象，則成革於製鞋「鞋幫Lasting」時會漲破。

植物（栲膠）單寧和合成單寧的不同，在於合成單寧本身的顏色是從無色至米黃色，分子較小且含較多的水可溶性群（磺酸群），故對皮飽滿性所需要的填充，聚集等傾向性，因而較低，相反的，植物（栲膠）單寧是由一大群的酚類分子所組成的，有些植物（栲膠）單寧於溫度較高時，溶解性會增加，而它們彼此之間也容易地互相作用和凝聚，使藍濕皮加以修正，故成革飽滿、厚度增加，粒面緊密而結實。由於本身具有天然的棕色色澤，且日光牢度差，使染淺色的成革很容易地變成較深的顏色，不過對染棕色而言，因其本身的天然色澤故能補救不耐光且易褪色的棕色染料。

如前已述，植物（栲膠）單寧必須和它的分散助劑（或單寧）一起使用，藉以避免可能造成粒面單寧負載過多而有龜裂的危險。使用植物（栲膠）單寧和合成酚類單寧，最顯著的限制是在於染色，因等電點及皮變成含有較多的陰離子，故失去了對陰離子染色的親合性，形成染色的範圍變窄且染料易被洗出，另外也會改變色凋，不易得到染色後色澤的鮮艷度，故對酸性染料和直接性染料的染色效果較差。使用植物（栲膠）單寧和酚類合成單寧再鞣時，使用量必須降低，藉以減少染色可能產生的缺點，而不足量的部分可添加多酚類單寧（Polyphenol tannin）以彌補缺失的特性。

對鞣革者而言，不幸的是沒辦法使用單一種單寧鞣劑再鞣，就能鞣成廣括所有皮性的成革，故再鞣時各種鞣劑的混合使用就更趨於複雜，也因而使染色的變化更廣闊。

控制植物（栲膠）單寧和酚類合成單寧使用於再鞣的要點如下：

(1) 溫度、時間和PH。

(2) 中和的均勻性及中和滲透的程度。

(3) 必須同時使用分散助劑。

(4) 水洗時須徹底，如此才能洗去粒面上過多的單寧鞣劑。

B-2 使用羥甲基脲（或稱脲基甲醇Methylol urea）衍生物的再鞣

羥甲基脲衍生物屬合成樹脂的預縮合物，對粒面的固定作用比填充作用顯著，成革的手感效果佳。藍濕皮「中和」時需均勻，並且需要能使再鞣劑滲透及均勻地沉積於纖維間。當然如果「中和」控制不當，則容易導致「鬆面Loose Grain」，但是如果使用羥甲基脲衍生物於「中和」工藝的話，不僅可預防皮的鬆面，而且能固定藍濕皮細緻的粒紋，預防使用植物（栲膠）單寧再鞣後，可能造成粒面粗糙的缺點。

羥甲基脲衍生物的滲透發生在PH4以上，而凝聚／縮合於酸介質（PH3.6以下），這表示使用時藍濕皮需先使粒面稍微中和，例如使用0.2～0.5%的蟻酸鈉中和，約5分鐘後，再添加羥甲基脲衍生物，才能使羥甲基脲衍生物由PH較高的粒面和肉面滲透，而沉積於粒面下PH較低的地帶，使粒面層能和網狀層（纖維層）密接在一起，形成粒面緊縮，因而對爾後的中和及加脂等易造成鬆面的過程比較安全。重要的是，如果使用不當，最後得到的則是不盡理想的成革，例如粒面太「酸」，導致羥甲基脲衍生物沉澱於粒面太多，而中和作用太強，皮吸收羥甲基脲衍生物較深入，形成對粒面的緊密性無效果。羥甲基脲衍生物對染色不影響，亦不會改變皮的軟硬度。

控制羥甲基脲衍生物使用於再鞣的要點如下：

(1) 添加羥甲基脲衍生物前，需先處理粒面的PH至少在4以上。

(2) 中和僅至毛囊底部，可用溴酚藍（Bromphenol Blue黃→藍PH3.0～4.6）測。

(3) 使用中和劑時，例如蟻酸鈉，轉動的時間不可太久，最多5分鐘，否則會使羥甲基脲衍生物滲入較深。

(4) 水洗時不能洗太久，否則會將羥甲基脲衍生物縮合時所需的酸洗掉。

B-3 使用脲醛（Ures Fomaldehyde）衍生物的再鞣

使用脲醛衍生物主要的目的是改善皮的飽滿性和皮面的均勻性，如和多酚類鞣劑同時使用，則脲醛衍生物便具有選擇性的填充能力，如結構較鬆弛的腹肷部，進而增加成革的裁割率。

脲醛衍生物有效的反應在PH3.0～5.5之間，而使用後的結果依同時使用的多酚類鞣劑的量，可得下列二種效果：

(1) 最多可增加約50%皮的飽滿度。

(2) 可增加染色的範圍及鮮艷度。

由此可知多酚類鞣劑的使用量並不多，但可增加粒面的彈性及改善染色性。由於脲醛衍生物的反應較慢，故可以和植物（栲膠）單寧或酚類合成單寧同時添加。

使用於反絨革的再鞣時其效果是填充纖維，使纖維的結構組織均勻，磨皮後纖維短而乾淨（即皮屑粉少），成革的絨毛短，而且背部至腹部的絨毛都很均勻。

使用脲醛衍生物類的再鞣系統，尚有另一個好處，那就是減少皮的延長性，因當鞣製軟革時常需要添加量較多的油脂劑，但是油脂劑添加越多，成革的延伸性越增加，如此則會造成皮於乾燥過程中及皮製品（如鞋、皮衣或沙發等）的尺寸、定型性和穩定性的困擾。

控制脲醛衍生物使用於再鞣的要點如下：

(1) 使用時的PH。

(2) 皮於乾燥前，需掛馬過夜（8～24小時），使脲醛衍生物有足夠的時間反應。

B-4 使用蛋白質水解物分散體（Dispersion of protein hydrolysate）的再鞣

最初使用此劑於再鞣是將它當作選擇性的填充劑，尤其是針對著纖維結構較鬆弛的部分，但經實際使用操作後卻發現尚有下列的功能：

(1) 提高皮的柔軟度及飽滿度，無需多添加油脂劑。

(2) 染色性非常均勻。

(3) 粒面平滑而緊密。

(4) 摔軟後的粒面，非常均勻。

(5) 可增加皮的表面積。

由於具有上述的優點，故蛋白質水解物分散體是非常適合使用於軟鞋面革、服裝革及沙發革的再鞣工藝。使用時一般都摻合其他的再鞣劑，藉以增加染色的範圍及鮮艷度。

像這類的填充劑，尚有蛋白化合物的分散體混合丙烯酸樹脂或合成單寧，使用時需注意化料供應商的建議。其他例如陶嶺土，澱粉，纖維素等都可當填充劑使用。

B-5 使用戊二醛（Glutaraldehyde）的再鞣

戊二醛在酸性介質中能和膠朊結合。藍濕皮經戊二醛再鞣後，成革較柔軟，較耐水洗、較耐汗和耐鹼。不過耐光性不佳，故不宜使用於淺色革的再鞣工藝。

總結： 使用合成單寧和樹脂單寧於再鞣工藝，由於它們的種類繁多，特性各異，無法一一述及，故使用前需慎選。

再鞣時應該注意的事項

一、鞋面革

成革的伸縮性（彈性Elasticity）〔包括彈性延伸（Elastic extension）及塑性延伸（定型性延伸Plastic extension）〕是影響鞋穿著後是否能恢復原形狀的因素，彈性延伸佳，即塑性延伸低，鞋形的恢復性好。

再鞣會導致粒面的油脂含量因減少而龜裂及降低伸長性，影響製鞋時的綳鞋幫（Lasting）工段甚巨。再鞣也會影響成革的親水性或防水性及抗熱性（針對射出成型及橡膠的加硫性）。經過再鞣的成革比全鉻鞣的導熱性低，導熱性會影響夏天及冬天時穿著鞋的舒適性。另外也會影響粒面因吸收水而膨脹。

再鞣和加脂會強烈地影響成革後水性塗飾的接著性，導致可能因而一旦成革潮濕時，塗飾層便會被排斥而脫落。

1.修面的鞋面革

再鞣的目的是填充鬆弛及空鬆的部位，提高粒面的磨革性。基本上這類型的革都比較結實，所以中和需要比較輕，即PH不可太高，或使用中和單寧後再採用雙氰胺樹脂提升粒面，藉以促使再鞣時植物栲膠單寧能和樹脂反應後沉積於粒面層和鬆弛及空鬆的部位。

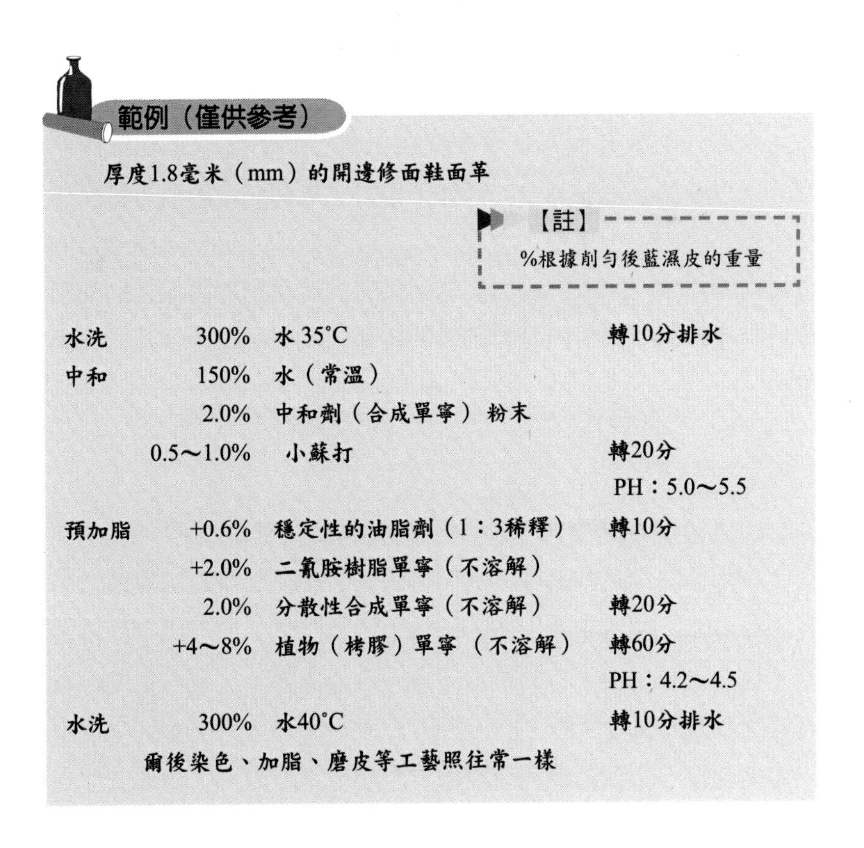
範例（僅供參考）

厚度1.8毫米（mm）的開邊修面鞋面革

【註】
%根據削勻後藍濕皮的重量

水洗	300%	水35°C	轉10分排水
中和	150%	水（常溫）	
	2.0%	中和劑（合成單寧）粉末	
	0.5～1.0%	小蘇打	轉20分 PH：5.0～5.5
預加脂	+0.6%	穩定性的油脂劑（1：3稀釋）	轉10分
	+2.0%	二氰胺樹脂單寧（不溶解）	
	2.0%	分散性合成單寧（不溶解）	轉20分
	+4～8%	植物（栲膠）單寧（不溶解）	轉60分 PH：4.2～4.5
水洗	300%	水40°C	轉10分排水

爾後染色、加脂、磨皮等工藝照往常一樣

2.輕鞋面革（小牛鞋面紋革Box-calf）

再鞣講求的是粒面必須平坦、緊密及細緻，皮身僅能輕微的填充。所以只能使用輕中和的工藝，使皮能有彈性的手感。開始再鞣時需以低收斂、分散佳的合成單寧劑先，藉以調整及維持粒面的細緻和平滑，爾後使用少量的具有填充效能的單寧劑或填充劑。因粒面已得到充分的保護，故所添加的其他再鞣劑、填充劑僅能填充皮身而不會影響粒面。

3.軟鞋面革

大部分的軟鞋面革都需要呈現出的粒面，必須是細緻而緊密。所以中和必須在安全的條件下執行，故最好使用具有緩衝作用的中和劑或中和單寧（合成單寧）或填充劑，另外選擇適當的聚合樹脂單寧，藉以控制填充的效果，並能達到無需太多的油脂劑也有柔軟的效果，而且有細緻的粒面、良好的染色性及日光堅牢度。

4.白革鞋面

如果藍濕皮的顏色是藍光，則有利於再鞣成白革，但是如果藍濕皮是因提鹼時鹼度太高而帶綠光，或浸灰時使用黑糖當石灰的分散劑，或鉻鹽含太多的黑糖（當還原劑）而形成帶橄欖綠光，這些光澤是很不容易被白單寧（合成單寧），或白色的顏料膏等遮蓋而再鞣成白色。

削勻後，水洗藍濕皮時需添加醋酸或草酸處理，藉以去除表面未結合的鉻離子。避免使用會產生綠色光澤的中和劑或有蒙囿作用的化料。合成單寧再鞣前最好先用除鐵劑（螯合劑Chelting agent）處理約10～20分鐘，藉以避免鐵離子的污染，再添加遮蓋性佳及對皮有高親合性的白單寧（合成單寧）處理。添加白單寧時最好分2～3次添加，而每次添加白單寧前先用酸固定，使白單寧的遮蓋力提高，而且也可以在分次添加白單寧時的其中一次一起添加約0.003～0.01%勻染性及固定性佳的染料（一般為橘或紅色），這是為了修正白革的光澤，也可使用螢光增白劑（Optical brightener比較特殊的要求才用），混合使用聚合性的樹脂單寧，藉以增加日光堅牢度，減少對熱、光及老化的變黃性，而且粒面會更緊密及更細緻。

為了增加遮蓋力，可使用2%藍濕皮削勻後重的白色顏料漿於加脂工藝前，但顏料漿需和分散性佳的油脂一起攪拌混合使用，藉以增加顏料漿的穩定性及均勻的分佈於皮面上，如此當塗飾時顏料膏的使用量會減少，亦即成膜性的接著樹脂量也降低，所以能提升成革的品質。也可將鈦白粉（Titanium oxide）當作「白色染料」於染色時使用。藍濕皮要再鞣成純苯胺白革（Pure aniline white）（無論是粒面，正絨面及反絨）是很困難的，也可以說沒辦法，除非皮的鉻含量非常低或不含鉻。

範例（僅供參考）

【註】
%是根據藍濕皮削勻至1.8毫米（mm）後的重量

水洗	300%	水 40°C	
	0.5%	草酸	
	3%	白單寧（合成單寧）	轉 45分 PH：2.5 排水
再鞣／中和	150%	水 40°C	
	2～3%	白單寧（合成單寧）	轉 30分
	+2～3%	白單寧（合成單寧）	轉 30分
	+3%	中和劑（合成單寧）粉末	
	1.5%	醋酸鈉	轉 45分PH：4.5 排水
水洗	300%	水50°C	轉10分排水
填充／加脂	150%	水50°C	
	6%	填料	

2%	日光牢度佳的油脂劑	
2%	白色顏料膏	轉20分
+6%	日光牢度佳的油脂劑	
0.005%	紅色染料	轉60分
+1%	甲酸（85%）	轉20分
+2%	陽離子油（固定用）	轉30 分 PH：3.7

不水洗，出鼓、擠水、真空乾燥，70°C/2分、吊乾、回潮、刮軟或震軟。

5.正絨鞋面革

這類型的革，磨皮後必須是均勻的顏色、平整的短絨，所以需要正確的再鞣才能執行這種條件，當然染色的工藝也很重要。

粒面層已柔軟的皮，再鞣盡可能使用鉻單寧。使用的鉻單寧最好是（A）芳香族碸的合成單寧和鉻複合物混合，而不是由（B）芳香族化合物和鉻鹽混合。粒面層較硬的皮，則需要有能填充粒面層，使粒面層柔軟並且具有良好的磨皮性的再鞣工藝。

二、傢俱革（沙發革）

如果粒面層佔有一半以上的切割面層，那麼任何一種對粒面填充的再鞣都會使粒面的撕裂強度消失。另外再鞣後的成革會於使用時比較有穩定性，即不會有塑變（塑性形變Plastic deformation），因而再鞣必須柔軟化，但必須儘量維持粒面的平滑性及使粒面能具有拉伸性。

1.絨面傢俱革（沙發革）

基本上傢俱革都使用大牛皮為原料，即原皮的面積在50英呎以上或50公斤以上的公牛，所以再鞣較重，才能充分地滿足磨皮的平整性，而且必須避免皮粉遺留在絨面上。

再鞣工藝可使用鉻單寧，但是如果為了有填充的效果，而使用填充單寧或填充劑的再鞣必須符合爾後的處理工藝，如防水、抗污及對成革品質分類後級數較低所採取的壓花處理。

2.反絨割層皮（榔皮或二層皮）

割層皮的再鞣必須要有鉻再鞣，因為一般的藍濕皮於鉻鞣時常沒有完全鞣透。

鉻再鞣時使用銘粉及鉻單寧（A或B參考上述的正絨鞋面革），成革才可能有平滑而柔軟的手感。

割層皮再鞣時需填選再鞣劑，如礦物鞣劑、樹脂或兩性填充劑，才能有良好的磨皮性及染色性。一般使用鋁再鞣是為了絨毛短及染深黑色，使用具有潤滑和防水效果的聚合性樹脂是為了能有最佳的防水效果。

三、服裝革

服裝革無論來自山羊、綿羊、羔羊、豬皮、小牛或其他皮類，最重要的是要注意撕裂強度及維持服裝的形狀，即不能變形—塑性延伸（定型性），乾洗及水洗牢度。再鞣對這些特性的影響甚巨，而且會直接或間接地影響加脂及防水工藝，甚至染色的勻染性、鮮艷度和堅牢度。

服裝革的再鞣並不是以填充為主，而是以柔軟及染色為主。

再鞣對柔軟的效應分二階段，首先是使用柔軟性的再鞣劑，如鉻單寧，丙烯酸類的聚合樹脂，第二是添加油脂劑。因為再鞣有助於油脂的分散及散佈，所以最好在加脂工藝之前執行再鞣的工藝。

戊二醛有助於柔軟但填充效果不多，能提升抗汗性及水洗服裝革的再鞣劑。

四、縮紋（花）粒面革

粒面經縮紋（花）成小卵石的花紋後會改變皮的形狀和面積，如想得到均勻的縮花效果，除了必須有良好的控制，同時也必須考慮下列影響縮花效果的因素：

1. 原料：縮紋（花）粒面革適合於各種皮類的生產，最常使用於牛皮，但小牛皮的效果最顯著。

   粒面層和網狀層的厚度對縮紋（花）工藝的影響很大，透過片鹼皮工藝的小心操作，使二者之間的厚度比例能達到每張皮和每張皮的比例都一樣，這是很重要的首要觀念。

2. 纖維結構：準備工段時（Beamhouse）要打開纖維，並執行再灰「Reliming」工藝1天，甚至2～3天，對縮紋（花）工藝幫助很大。完全的脫灰及軟化，藉以避免脫灰或軟化不均勻，不能得到均衡的纖維結構。水洗時需洗得很乾淨。

3. 裸皮的含水量：添加縮紋（花）單寧前裸皮的含水量是關鍵性。水分少縮紋的紋路細，水分多紋路粗。縮紋（花）的作用是由①脫水效應②收斂性單寧僅在皮粒面上產生收斂性的鞣製和③機械作用，三者結合而成的。
4. 縮紋（花）單寧的選擇如酚類單寧或戊二醛：一般使用於這種特殊目的的單寧都需要添加酸，如硫酸或蟻酸，藉以增加它的收斂性，加強粒面的皺紋或卵紋的程度。
5. 摔軟效果：鼓的機械作用是根據鼓的轉速、尺寸（長、寬、高）和鼓形及轉動方向的改變（即轉動的方向，交互相換）。

縮紋過程中的疑難問題和影響：

(1) 縮紋革可能會遺失面積最高到30%，甚至可能40%，如何使遺失的面積最小化？
(2) 酸膨脹或縮紋過程中無論是無浴或短浴法，可能因由於粒面的粗皺及機械的作用，產生摩擦熱（38°C↑）而造成的損害。

縮紋工藝的範例（僅供參考）

裸皮已經過複灰、完全地脫灰、酶軟、水洗、搭馬脫水（不可擠水及伸張）

縮紋（花）	200%	水30°C	轉5分
	+10%	縮紋單寧（即收斂性強的置換合成單寧）	
	2%	蟻酸（85%）	轉120分（至少）
鉻鞣	+100%	水30°C	
	8%	鉻粉（25%三氧化二鉻、50%鹽基度）	
	0.2%	蒙囿劑	轉6～8小時

水洗，搭馬，伸張，摔軟，削勻，爾後工藝照常。

【註】

上面的參考工藝，結果將是粒紋大而粗的縮花效果。如果希望縮花效果的粒紋小而細緻，則於搭馬脫水後，「伸張」，縮紋工藝也必須使用「無浴法」，並添加乾的「鋸木屑」，藉以控制裸皮的含水量。

無浴法因沒有水，所以不會產生酸膨脹。使用乾鋸木屑是一種用以代替水的「代替法」，減少摩擦，避免或緩慢溫度的提升。短浴法，如果水液的含量在10～30%時是最危險的，因溫度會升高很快，然而水液提高至40～50%，則會增加安全的極限。

添加縮紋（花）單寧鞣劑後約20～30分鐘即開始產生縮紋（花）的效果，如果繼續轉動，效果越規則，轉動2小時（最多）後縮紋（花）作用完成，添加鹼式的鉻鹽（約2%三氧化二鉻），或混合些鉻單寧進行鉻鞣。縮紋（花）作用完成後添加的鉻，可能會和一些殘留的收斂性單寧鞣劑形成沉澱，這種現象可能會導致染色的不均勻，不過可利用水洗或「隱匿劑Sequeatering agent」藉以避免。

縮紋（花）白面革，鉻鞣時必須使用少量的鉻－鋁鞣劑（冷水溶解），再鞣使用白單寧。縮紋（花）時可混合些相容性的其他的鞣劑或單寧，如戊二醛，可使縮收鞣液更穩定，而且也能提高填充力，但是可惜的是增加製造成本。

範例（僅供參考）

2%	戊二醛（25%）	轉30～40分
+10～20%	縮紋單寧	
2%	蟻酸（85%）	轉120分後依一般的鉻鞣工藝，執行鉻鞣。

從藍濕皮開始執行縮皺粒面

不使用戊二醛和縮紋（花）單寧且從藍濕皮才開始執行縮皺粒面的方法，首先將藍濕皮削勻後，水洗，濕繃皮至乾，回潮（完全），中和，（填充），染色，加脂，再鞣，加酸固定，表染，加酸固定，水洗，出鼓，濕繃至乾，回濕，摔軟至少8小時以上或過夜。

再鞣劑的選擇（收斂性強的合成單寧）及被固定在粒面層的速度（即不可滲入太多在網狀層）對摔軟後能否具有碎卵石般的粒面皺紋的影響是非常重要的因素。

這種工藝最適合使用於山羊皮、豬皮、羊皮及小牛皮等服裝革。

特殊的個案

如果鞣製時分二個階段，而且第二次的鞣製是緊接著第一次的鞣製，當然這種鞣製法可以勿視再鞣，而第一次的鞣製屬輕鞣不是主鞣的話，則稱第一次的鞣製為「預鞣」。例如「白濕皮」的預鞣法有二種方法：①使用改良性的戊二醛及合成單寧預鞣；②使用鋁／聚合物預鞣。

使用戊二醛，陽離子樹脂單寧預鞣後再進行鉻鞣，爾後執行鉻再鞣，再用些填充性的再鞣劑再鞣的方式常被執行於綿羊皮及羔羊皮的鞣製。

植物（栲膠）鞣製的皮，如想用鉻再鞣，必須先進行脫鞣再執行鉻再鞣，如比才能使成革柔軟且具良好的染色性。

再鞣的生態觀念

再鞣和加脂工藝最好是同鼓液執行，因為兩者的殘液可混合而同時被排出。

由於重鞣革和為了特別柔軟，加強加脂工藝的革，如傢俱革，於再鞣／加脂後都會產生大量的「化學需氧量（COD Chemical Oxygen Demand）」。所以必須選擇最好的耗盡條件，如水量、溫度、PH和鞣質的使用量等等，然而如果使用混合再鞣劑再鞣的話就能改善排出液的品質，例如混合聚合物的單寧劑就比混合植物（栲膠）或合成單寧的耗盡率好且容易使用及含「化學需氧量」更低，因為聚合樹脂單寧是液態，意謂著不含有無機性的稀釋劑或填料，僅含有量非常少的自由單體，換句話說，所要選用的合成單寧必須只含少量的自由酚及甲醛。一般而言，使用液態的化料有很多的好處，諸如使用方便及精確、無粉末的灰塵及操作員直接的接觸性少等等，但最好使用容量大的槽或櫃的包裝，藉以減少運輸成本。

藍濕皮使用鉻再鞣時，即使使用高溫、高鹽基度的鉻及助劑，但是因為轉動的時間不充分，大多只有2小時，所以耗盡率較差，這時可以考慮配合聚合樹脂單寧使用，因有些聚合樹脂單寧具有固定鉻的能力，所以鉻和聚合樹脂的結合是一種最能解決藍濕皮鉻再鞣的方案。

第 17 章

中 和

鉻鞣皮的收縮溫度能否提高？是依據和膠朊結合的鉻數量及被固定的多寡而定，因為皮於鞣製時，鉻複合物經由離子作用而和膠朊纖維產生架橋的現象，再經鹽基度的提高（羥配聚）及氧配聚等過程得以獲得固定，但在過程中放出的酸，會附著於膠朊纖維上，而未結合的鉻離子則會沉澱於纖維間及粒面層，這些游離酸及游離的鉻離子會慢慢的使膠朊纖維產生水解，而於水解發生期間，則會漸漸地破壞膠朊纖維，也就是說破壞了鉻複合物的結構，直至水解的作用達到平衡（約需1～2個月），亦即已無鞣製的效果（不可能提高皮的收縮溫度）。中和的目的是去除這些游離酸和游離的鉻離子，如此除了能防止鉻複合物的結構被破壞外，尚能增加皮對爾後所添加陰離子助劑的吸收，例如單寧劑，染料，油脂劑等，及預防這些陰離子助劑會產生不均勻地沉澱於皮的表面上而不能滲入皮內。簡單的說「中和最主要的目的是去除皮內的游離酸和游離的鉻離子，減少陽離子電荷，降低和陰離子助劑的反應，使陰離子助劑能完全滲透及分散均勻」。

削勻後的藍濕皮，經水洗去除藍濕皮表面的酸及沉澱於表面的鉻離子和削勻的皮塵後，並於「中和」前，先將皮處理至PH於3.5～4.0之間。因為「中和」開始時的PH值為3.5～4.0，即能「中和」尚未被洗去而附著於表面纖維上的酸，爾後滲入，直至約為

6.0時才能「中和」網狀層附著於纖維的酸及鉻離子，形成氫氧化鉻的沉澱，所以能「中和」膠朊纖維上的酸且又不傷害已結合的鉻鹽，「中和」後水浴的PH值最好在5.0～5.5之間，否則可能有些部分的膠朊纖維會發生脫鞣的現象。

中和必須經常調整以適應不同的藍濕皮及成革的不同用途。中和時也必須考慮所使用的水量及水溫，因水溫如果相差10°C的話，則中和的反應速率會不同，而且可能會相差2倍以上的速率。中和時最忌諱添加化料（中和劑）的速度快，因為會在粒面形成局部過鉻及產生鉻斑，所以事先須使中和劑和水稀釋後，再由軸孔慢慢的分次加入。中和作用如果太強的話，則會形成粒面粗糙，腹肷部單薄而鬆弛，故中和對成革的厚度，外觀，品質及爆破力等的影響很大。

中和後一般使用「溴甲酚綠（Bromcresol Green PH3.8～5.8黃色～藍色）」指示劑測試皮切割截面積的PH值，由顯示的顏色可知截面積的PH值及中和劑滲透的程度。

中和後需將皮充分的洗滌，最好使用流水洗，藉以洗去中和時所產生的中性鹽及過量的中和劑，因它們會影響爾後的染色及加脂的工藝。

中和，水洗後的皮絕對不能靜置，或過夜，必須立刻接著操作爾後的工藝，因為鉻鞣皮是在酸的條件下進行鞣製的工藝，皮內含有酸，如靜置，或過夜，則可能會因水解而破壞已結合的鉻鹽，使皮內又開始產生酸，失去已中和的效果，另外任何一種鹼都可以當作中和劑使用，但是要避免使用強鹼，因為它們的中和速度太快了，可能會使所添加的量尚未滲入皮內，就已經大量地耗盡在粒面及肉面上，形成只有粒面及肉面的酸被中和而已，也可能把粒面已結合的鉻鹽變成氫氧化鉻的沉澱，如果沉澱在粒面上，則會形成「鉻斑」，或造成「脫鞣」，或提高粒面鉻複合物的鹼度，導致染色後形成色花，故中和時一般都使用強鹼式的弱酸鹽。

表17-1　一般常用的中和劑及其特性

產　品	10%溶液的PH	特　性
蘇打（碳酸鈉）	10.8～11.2	中和只有表面作用，即使長時間處理，亦不能得到均勻的滲透，有過中和的危險。
硼酸	9.0～9.2	中和剛開始時作用較蘇打弱，但時間一長，則鹼效應較蘇打高。有過中和的危險。
小蘇打	7.8～8.1	滲透佳，用量多則有過中和的危險。不可使用35°C以上的水稀釋，因會形成蘇打。
大蘇打（硫代硫酸鈉）	6.5～7.0	中和能力差，故用量需多，由於硫的沉澱，故會使皮的顏色變淺。
碳酸氫銨（銨粉）	7.5～7.8	滲透性持佳，有過中和的危險，如一旦發生過中和時，則不能完全被排除。
亞硫酸鈉	7.8～8.0	溫和性，滲透均勻。
蟻酸鈣	9.5～10.2	溫和性，無過中和的危險，但可能產生硫酸鈣，影響皮的柔軟度。
蟻酸鈉	8.8～9.2	溫和性，滲透很快，即使用量多也無過中和的危險。
醋酸鈉	8.0～8.2	溫和性，具漂白作用。

除了上述一般常用的中和劑外，現在被使用的其它中和劑，大多屬於輔助單寧類的磺酸單寧，或萘磺酸，或芳香族醚等，因為它們不僅能中和及置換游離硫酸基的反應能力，而且能中和纖維上的陽離子電荷，所以有利於染料或油脂劑的滲透及分散的均勻，和使成革的粒面緊密而細緻，腹肷部也較飽滿。

中和劑會影響染色的色調，飽滿度及深度，例如中和時使用醋酸鹽和蟻酸鹽，則會增加染色的鮮艷度和深度，但如使用小蘇打的話，則因會改變較多的鉻複合物，所以色澤較鈍，不鮮艷。有機酸鹽和磷酸鹽的中和劑也會使染色後的色澤較鈍，不鮮艷。

油脂劑的擴散及滲透的能力，大多受到中和的程度及中和劑滲透的深淺度等因素的影響，但是具有抗電解質特性的油脂劑，對這方面的敏感性較小，然而中和程度的因素仍然對油脂劑本身所含的特殊能力及對成革的抗乾洗牢度具有相關的影響力。

等電點（Iso-Electric Point I.E.P.）和中和的關係

皮在等電點的PH值時，電荷是「0」，而在等電點的PH值以下的皮性屬「陽離子」，即皮身帶「正電荷」，這表示皮的表面會很快地和一般的陰離子性的助劑，例如再鞣劑，酸性染料，或油脂脂劑等起反應，造成分散不均，滲透差等效果。而在等電點的PH值以上的皮性屬「陰離子」，即皮身帶「負電荷」，所以和陰離子性的助劑不會發生快速的反應，故能獲得分散均勻，滲透佳但固定較少的結果。

皮身的PH值，低於等電點的PH	皮身的PH值，高於等電點的PH
增加陰離子助劑的固定速率，但分散不均勻勻，滲透性差。對陽離子助劑的固定速度慢。	對陰離子助劑的固定速度慢，分散性佳及滲透性佳。對陽離子助劑的固定速度快，例如鹼性染料。

表17-2 各種不同鞣劑的等電點其PH值

類型	醛鞣劑	合成單寧	植物單寧	灰皮	生皮
PH值	2.5	3.3	4.0	5.0	5.2
類型	胚革	鉻鞣劑（蒙囿）	鉻鞣劑	鋁鞣劑	鋯鞣劑
PH值	5.7	6.0	6.7	7.2	7.4

舉例說明有關等電點的PH值，例如醛鞣時須於PH6～7時才能給予鞣製的效果和使皮帶有陰離子，但是它等電點的PH值是2.5，故可使用少量的醛鞣劑約1～2%作為礦物鞣劑鞣製的預鞣劑，或再鞣劑，藉以改變礦物鞣製皮的等電點，減少皮的「正電荷」，使皮於於任何PH值時都具有較多的陰離子，如此即使稍微「中和」的話，亦能使陰離子化料或染料在皮內分散均勻，另外一般都是在「中和」工藝後才將合成單寧或植物（栲膠）單寧當作再鞣劑使用，因為這些陰離子性的再鞣劑，它們的等電點PH值很低，故能改變皮的等電點，減少皮內的陽離子，所以即使「中和」後，中和浴的PH值較低，但是如果能達到可被接受的「中和」程度，即能適合爾後染色和加脂等工藝的滲透和分散均勻即可。

第 18 章

油脂劑的觀念和選用

鞣製前由浸水至浸酸的準備工段已經移除了大部分皮內及覆蓋在纖維上藉以潤滑纖維的天然油脂，再經過為了防止細菌侵襲皮纖維結構而採取的鞣製如鉻鞣，植物（栲膠）鞣或醛鞣後，使纖維和纖維之間的潤滑性更加減少，而濕革於乾燥時，纖維間的水分會被轉移（昇華Migration）或蒸發消失，同時有些鞣製單寧，鹽類，染料或天然油脂也會因轉移而傾向表面遺失，但是貼板及真空乾燥則傾向於肉面遺失。因纖維間水分的遺失，致使纖維靠近而相黏結合，所以成革的手感硬、薄、無屈折性。油脂劑即是使油能滲入濕態的皮，覆蓋在纖維上，不僅使纖維間有潤滑的作用，而且可以預防皮乾燥後纖維會互黏在一起。成革的纖維也比較分離，不會黏在一起，手感也較飽滿而柔軟。所以添加油脂的目的是增加皮纖維與纖維間的潤滑性，藉以防止皮乾燥後變硬及龜裂，使成革柔軟，耐屈折，增加抗張強度（Tensile strength），延伸性（Stretch），線縫紉撕破強度（Stitch tearing strength），裁割值（Cutting value）及使用的舒適性等，但是如果潤滑程度超過，結果會使成革過軟，而於腹部及腹肷部形成類似抹布般的鬆軟，所以鞣製後添加適度的潤滑劑或油脂劑是必須的。成革的面積收縮率及透氣性因含油量的增加而降低，但是耐水性會提高。

油脂劑是指天然的或合成的油、脂和蠟及一些能溶於水的相關產品。

使用油脂可歸納成下列的原因和目的：

1.潤滑皮纖維間的結構

皮纖維的結構主要是膠朊蛋白纖維，而纖維間則交聯著各種不同因鞣製時所產生的物質，為了防止纖維間因摩擦而斷裂，所以必須添加潤滑劑或油脂劑，藉以降低產生摩擦，進而增加成革的屈折性及耐用性。

2.控制成革的特性

如果不添加潤滑劑或油脂劑，鞣製後的皮經乾燥後會變硬而易龜裂，這是因為纖維間的交聯間質太多之故，所以如能控制交聯間質之間的潤滑程度，則會增加皮的柔軟性及伸展性（和所添加使用的潤滑劑或油脂劑的量成正比）。

3.能保護成革及增加對化料的特性

因使皮纖維覆蓋著一層油膜能延緩各種化料的滲入，故添加潤滑劑或油脂劑後，成革具有抗水解，抗酶（酵）素作用及氧化和還原劑等功能。

4.對皮革有強化和填充的效果

無論是天然的，或因使用各種化學劑，或因酶的軟化作用，皮纖維結構內都會含有很多的空隙，這些空隙可以使用分子量高的油脂劑、蠟、或其它聚合性的輔助劑加以填充，藉以增加成革飽滿性及耐用性。

5.增加成革對化學的穩定性

使用不飽和的油脂劑和膠朊結合，能提高鞣製的效果及增加成革對化料的穩定性，但這類型的油脂易導致皮胚變黃，尤其是老化時，或暴露於日光及空氣中。

6.經機械加工後能改善成革的外觀

於成革的表面添加脂肪類的物質或蠟，經打光或拋光處理後，成革便具有較悅人的手感及光澤的外觀，這種對革面具有封閉的處理會降低成革對污染物的吸收量，故能增加成革的使用壽命。

認識油脂劑之前，必須了解下列幾項有關油脂劑的分析值：

1.酸值（Acid value）

油脂於存放期間會產生臭味或刺激性的氣味稱為油脂的酸敗（Rancidity），這是因為油脂內的脂肪酶會使油脂產生水解而增加了游離脂肪酸的含量稱「酸解（Acidolysis）」，又因空氣的氧化，導致油脂內形成了過氧化物、醛及酮（Ketone）之故。

酸值是中和一克油脂內所含游離酸時，所需要氫氧化鉀（苛性鉀Potassa）的毫克數。酸值越高，油脂劑的固成份越少，潤滑性越少，越會冒油霜（吐油Oil spew），酸值不要超過13。

2.碘值（Iodine value）

碘值是測驗油脂劑內脂肪酸的未飽和和程度，碘值越高，未飽和的程度越多，熔點和潤滑柔軟值越低，油感越乾燥，對白革或淺色革的變黃性越高。碘值是100克的油脂與碘起氧化反應所需要碘的克數。

3.氫化（Hydrogenation）

於200°C左右，1～3大氣壓下，以鎳為催化劑，使氫氧通過油脂，油脂內的不飽和鍵變成飽和鍵，不再因空氣的氧化而使油脂易酸敗。

4.熔點（Melting point）

由油脂的熔點，或霧點（混濁點Cloud point）便可明確暗示該油脂的品質及潤滑性。高熔點的油脂（20°C以上）比低熔點油脂的潤滑性差，成革傾向於結實。

5.皂化值（Saponification value）

油脂在酸、鹼或酶的作用下易生水解，形成甘油和脂肪酸鹽。鹼性水解形成的脂肪酸鹽稱為「皂（Soap）」，在鹼性條件下，油脂產生水解的現象稱為「皂化（Saponification）」。

混合油脂或天然油脂的三酸甘油酯（甘油三酸酯Triglyceride）可被皂化成皂及甘油（丙三醇Glycerin），而不能被皂化的部分即是摻雜物，不是油脂。

皂化值是皂化一克油脂所需要氫氧化鉀（Potassium hydroxide）的毫克數。皂化值小，油脂的分子量大，亦即單位重量的油脂所含的克分子數大，所以可由皂化值得知油脂的純度。

6.耐冷（Cold test）

耐冷並不是屬於分析的過程，而是一般工廠所使用的「術語」。具有約-6°C的耐冷油可能它的霧點（混濁點Cloud point）是-4°C，而傾注點（pouring point）或許可能是-9°C～-12°C。

【註】

霧點（混濁點Cloud point）測試時，是以每2°C漸冷式測試，所以最後的數字是「偶數」。

油脂的特性

常溫下呈液態者稱「油」，呈固態或半固態者稱「脂」，一般是指動物，魚類和植物的脂肪而言，不過對所有的油脂而言，其特性如下：

油脂一般比水輕，有液態、固態及半固態（漿稠狀態）之分，皆不溶於水，但易溶於有機溶劑，故可利用此種特性，使用乙醚（Ether）或四氯化碳（Carbontetrachloride）等溶劑將皮內的油脂濾出（如同脫脂的過程）。每種油脂皆具有某一程度的黏度（Viscosity）。

油脂的乳化理論

乳化作用（Emulsification）：將不溶解於水的溶質變成能分散於水，且不會產生沉澱的作用。

油和水是不能互溶的液體，雖然經過劇烈的攪拌後，二者似乎已結合一起，但靜置後，油仍會聚集一起而和水分離，使二者之間有著明顯的界線，這就是二者之間的界面（Interface）。

油分子會聚集在一起是因分子與分子間的內聚力（Cohesive）所造成的，水分子也一樣，因內聚力的原因使液體的外表形成了「表面張力Surface tension」，亦稱「界面張力Interfacial tension指兩個不相溶的液體間的交界面」。表面張力高，內聚力也高。油和水之間的界面張力高，所以形成分離，不能互溶。能夠減少界面張力的化料稱為「表面（界面）活性劑Surfactant」，於油相和水相添加表面活性劑後，會降低二者之間的界面張力，增加了二者混合在一起的傾向，或則二者混合後會增加所形成乳液的穩定性和水對油表面的濕潤能力。

表面活性劑的分子結構是一端傾向於水解而能溶解於水的親水基（Hydrophilic），而一端則是傾向溶於油的疏水基（hydrophobic）或稱親油基（Lipophilic）。

硫酸化脂肪醇因含有一個很強的、易離子化的、非常親水的硫酸群而一端含長鏈形碳氫鍵的疏水基，對水和油二者都具有吸引力，所以能減少二者之間的界面張力。

```
    氫   氫          氫      氧
    |    |           |       ||
氫 – 碳 – 碳 – – – – – 碳 – 氧 – 硫 – 氧⁻氫⁺
    |    |           |       ||
    氫   氫          氫      氧
（疏水基，或親油基）      （親水基）
```

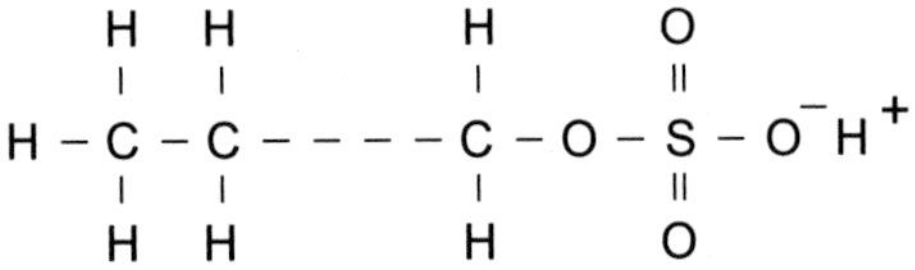

```
    H   H          H       O
    |   |          |       ||
H – C – C – – – – – C – O – S – O⁻H⁺
    |   |          |       ||
    H   H          H       O
 (Hydrophobic)      (Hydrophilic)
```

所有的表面活性劑都會有某些程度的回濕，或分散，或乳化，或對親油基物的「髒物」清潔能力及穩定油溶於水的乳液能力。

最普遍的界面活性劑是「皂」，然而，硬水、鈣、礦物鹽或酸，都會使皂的親水能力降低而失去了它的界面活性能力。大多數鞣製後的皮屬酸性，而硫酸化或亞硫酸化的醇或油都具有很好抗酸性，回濕性和乳液的形成性，所以比使用「皂」的條件更趨穩定。

表面活性劑的親水基離子化後帶有負電荷，形成陰離子性者稱「陰離子表面活性劑Anionic Surfactant」，如皂，硫酸化，磺酸化，或亞硫酸化的醇或油，如果離子化後帶有正電荷，形成陽離子性者稱「陽離子表面活性劑Cationic Surfactant」。

1.陰離子表面活性劑（Anionic Surfactant）

非常有效的回濕劑及乳化劑，使用於PH值高，或陰離子性的物質上，如植物（栲膠）鞣製的皮。但是對重金屬鹽及陽離子會失去其效能或產生沉澱。

2.陽離子表面活性劑（Cationic Surfactant）

非常有效的回濕劑及乳化劑，使用於PH值低，或陽離子性的物質上，如鉻鞣皮。但是會和陰離子產生沉澱，如植物（栲膠）鞣劑，酸性染料或陰離子表面活性劑。

3.非離子表面活性劑Nonionic Surfactant

不含親水基，而是由數個羥基（Hydroxyl group）組成。於陰離子，或陽離子狀況下，或PH改變時，它都一直保持著它的特性，不會改變。

一般的非離子表面活性劑是將氧化乙烯（環氧乙烯Etylene Oxide）縮合到脂肪族的分子上，如脂肪族十六醇（Fatty Cetyl Alcohol），脂肪胺（Fatty amine）。如果氧化乙烯所佔的比率大，例如每一莫耳（Mole）脂肪分子有20莫耳以上的氧化乙烯，則親水性強，即對油脂的乳化力強，也能當作脫脂劑使用。使用於加脂過程，能有效地提高混合油脂乳液的穩定性，但由於非離子和纖維的結合能力非常差，除非能形成共價結合或不屬於離子結合的反應，故使用時使用量要少。非常適合使用於潑水革或汽車座墊革的鞣製。但是如果氧化乙烯（環氧乙烯）所佔的比率小，則疏水性佔優勢，即比較傾向溶解於油。

非離子表面活性劑一般常被當作脫脂劑，回濕劑及油脂乳液的穩定劑使用，但是必須注意的是溶解於熱水的能力會低於溶解於冷水，而且某些情況下，尤其是植物（栲膠）鞣劑，可能會產生沉澱，故需於使用前先測試是否會產生沉澱？

如果將陰離子表面活性劑當作植物（栲膠）鞣製皮的油脂劑使用，則會幫助回濕及滲透，不過將不會有任何仍殘留在水相的油沉積或固定在纖維上，而是隨著水洗時被洗掉或伸展時被展出，結果成革將是手感乾燥、且有殼似的硬，另外如果仍然殘留著表面活性劑，則成革將會是非常容易回潮，亦即不會有「防水」的特性。如果將陽離子表面活性劑或非離子表面活性劑使用於鉻鞣皮，則會有類似的結果。但是這種效果使用於反絨革卻是有利於磨革，不過前題是反絨革經磨革後，必須回濕、染色及再次加脂或進行排除回潮能力的處理，如加防水劑。

表面活性劑很少將它當作油脂劑單獨使用，而是將它和其它油脂劑混合少許些使用，其目的是使油膜能沉積在纖維上改善皮的柔較度或屈折性。

親水基（Hydrophilic group）和親油基（Lipophilic group）的能力均衡（Balance）時的比值稱為HLB值，皮革廠一般常使用的比值介於0～20之間。

何謂「乳液」？乳液是一種液體能溶解並分散於另一種液體內後所形成的溶液。可分為二種類型的乳液：

1. 溶解並分散於水裡，呈水相稱為O/W型乳液。如加脂用的油脂劑，HLB值7以上。
2. 水溶解並分散於油裡，呈油相稱為W/O型乳液。如美乃滋（蛋黃醬Mayonnaise），HLB值介於0～6之間。

對鞣製而言，O/W型乳液是一種非常重要的乳液，因加脂過程中皮會吸收大量含有油脂的水，所以添加的油脂劑必須先用水稀釋成乳液後才能使用，否則油脂不易滲透，加脂不能均勻及可能會產生冒油霜等現象，導致成革柔軟度不夠，塗飾不易。

乳液的HLB值是根據已知的化學結構計算得來的一種比值，但是對油脂劑卻不可能計算的，因油脂劑精確的天然性是未知的，所以只能由已知的乳液估計其HLB值；HLB值較低時，乳液較乳白，HLB值較高時，乳液傾向呈清澈、膠狀的溶液。乳液的不透明性是表示乳液顆粒的大小，顆粒較大者分散性較小。

一般乳液的分類是以乳液內油脂的顆粒大小而定：

(1) 粗粒狀：顆粒的大小，大於1微米（10^{-6}米）。

(2) 膠質狀：顆粒的大小，介於1微米及1毫微米（10^{-9}米）之間。

(3) 分散液狀：顆粒的大小，小於1毫微米。

一般使用於皮革的加脂乳液屬於粗粒狀的種類，其顆粒的大小約1～5微米，但有些的乳液顆粒甚至大至25微米。顆粒越小，滲透性及混合相容性（互乳性）越好，越穩定，基於這個原因，所以儘量選擇乳液顆粒的大小越趨近於膠質狀程度使用最好。

皮於鞣製過程中所使用的乳化劑，是由一個非極性的疏水基和帶有電荷離子和具極性的親水基所組成。非極性的疏水基是由12～16個碳原子以直鏈狀或支鏈狀或環狀的結構組成，如碳的原子數低於12個，則屬於「回濕劑」或「分散劑」，而碳原子數大於16個以上者則屬於「油脂劑」。

油本身是不溶解於水，但是為了使它具有可乳化性，必須利用化學的處理，添加化料使它的組成結構裡的分子內附加上可溶於水的親水基（Hydrophilic Group），如硫酸，

磺酸及磷酸，亦可外加乳化劑使油能形成乳液，如皂，皂是最原始的乳化劑。如果油脂本身的水溶性非常好，那麼這種油脂，實際上就是清潔劑或乳化劑。

 天然油脂的乳化法有下列三種：

1.皂化法（Saponification）

將皂（脂肪酸的鈉鹽）加入油－水系統內，則組成皂的脂肪酸其分子的碳氫端會被油相吸收，而羧基群會被水相吸收，結果使油相和水相之間的界面張力變成皂和油及皂和水二個界面張力，但當皂被離子化後，羧基群便帶有負電荷，形成和脂肪酸二者之間的吸引力變成很少，導致大大地降低二者之間的界面張力，而且因為脂肪酸所帶的負電荷會排斥其它的靜電力，所以皂是油的一種非常有效的乳化劑。

油和水因皂而形成的乳液，如果PH值降低，則會抑制脂肪酸內羧基群的離子化，結果使乳液分解，所以因皂所形成的乳液對酸不穩定，即使是弱酸也一樣，但是PH於中性和鹼性的範圍內卻是很穩之。

鈣離子（Ca^{+2}）和皂所形成的鈣皂，水溶性的能力非常有限，因此如使用硬水溶解皂，所形成的皂乳液常會有冒出的懸浮油。

添加酸及含鈣離子鹽於皂化形成的乳液會使乳液分解，變成不溶解相，且可能會產生沉澱物成懸浮物，這種現象稱為乳液的「鹽析Salting out」。脫脂工藝也是利用「鹽析」的現象。

2.硫酸化法（Sulfation）

以濃硫酸處理天然油脂，將硫酸根群（SO_4H）或磺酸根群（SO_3H）引入油脂內使油脂能溶解於水的過程稱為油脂的硫酸化，或磺酸化。成品稱為硫酸化油脂（Sulfated oil），簡稱為硫化油，或磺酸化油（Sulfonated Oil），簡稱磺化油。磺酸化油的分散能力大於硫酸化油，而且它的乳液穩定於PH3↓。

硫酸化油脂的硫酸根和油脂內碳原子的結合是經過氧原子相連的，簡述化學反應：

油脂－氧－磺酸根（$R\text{-}O\text{-}SO_3H$ R：油脂）

硫酸化法大約有下列三種方式：

(1) 低溶點及較低的耐寒油。使用硫酸（10～20%油的重量）處理魚油，動物油或植物油，因為硫酸的反應是放熱反應，為了避免油脂被燒焦，所以處理的容器必須有冷卻的裝置，而且添加硫酸時要慢，並且一直攪拌，藉以處理均勻及散熱。處理完成後，使用強鹼（氫氧化鈉〔鉀〕）液移除多餘的硫酸，強鹼溶液的濃度不能太低，否則水和油會乳化形成乳液，然後再添加蘇打灰（無水碳酸鈉Soda ash）使硫酸化油含有鈉鹽及中和殘餘的酸，即可獲得硫酸化油。

處理時硫酸化程度越高的油（但不能太高，因硫酸用量多，油脂含量則少，潤滑性低，成革較硬），對酸越穩定，對皮的滲透性越好。但是皮越酸性，滲透性越小，這也是為什麼鉻鞣皮必須「中和」才能使油脂滲透。

硫酸處理時如果發生「過熱（Overheating）時，則可能因氧化或聚合（Oxidation or Polymerisation））作用使硫化油的顏色加深。水洗過程時，甘油可能發生水解，產生游離的脂肪酸，導致皮乾燥後可能會有「冒油」的現象。假如它們和鉻鹽或其它的礦物鹽形成礦物皂，皮就會形成排斥水，不易回濕，染色不均勻或塗飾的接著性差。

(2) 添加經由發煙硫酸（Oleum）〔含三氧化硫（Sulfuric trioxide）的硫酸〕反應後所得的三氧化硫，進行磺酸化（屬純正的磺酸化True Sulfonate）。簡述化學反應：

油脂＋三氧化硫 → 磺酸化油

$$R-CH_2-COOH+SO_3 \rightarrow R-\underset{\displaystyle SO_3H}{\underset{|}{CH}}-COOH$$

R：油脂

(3) 比較複雜的硫酸化法，例如處理羊毛脂油（Lanolin），石蠟油（Paraffin），蜂蠟（黃蠟Beeswax），地蠟（Ceresin）及高脂肪醇，必須使用具有強硫酸化作用的化料，例如氯磺酸（Chlorsulphone acid），亦稱氯磺化油Chlorsulfonated oil日光牢度強，可當白革加脂劑，或硫酸酐（Sulphuric acid anhydride）的處理法。

典型的硫酸化油：

(1) 硫酸化篦麻油（Sulfated Castor Oil）：亦稱土耳其紅油（Turkey Red Oil）。滲透性佳，乳液的顆粒細緻，缺乏潤滑力。使用於反絨革的量少（約1%），即可幫助少量的油脂深入皮內潤滑，用量多，反而使纖維絨太油膩。

塗飾時混合於顏料漿使用，可均勻地濕潤顏料顆粒的表面，及使塗飾層柔軟或較易曲折。

(2) 硫酸化鱈魚油（Sufated Cod Oil）：屬硫酸化程度較低的硫酸化油，滲透性及潤滑能力較中等，一般常混合其它價格較便宜的油脂劑使用。

(3) 硫酸化鯨魚油（Sulfated Sperm Oil）：已經被國際組織禁止使用，因禁殺鯨魚，所以得不到來料製造，但我們必須了解它的特性。

鯨魚油含長鏈型脂肪醇的脂肪酸比例很大，如十六烷醇（鯨魚醇Cetyl Alcohol），故有優越的潤滑性，特別適用於軟革，無任何氣味，尤其是魚腥味，日光堅牢度佳。

(4) 硫酸化牛蹄油（Sulfated Neats Foot Oil）：屬硫酸化程度較低的硫酸化油，滲透性差，但潤滑性非常好，常使用於鞋面革。

尚有許多類型的油脂能被硫酸化，市場上已經有各種不同種類的硫酸化油供製革廠選用，這些不同種類的硫酸化油，無外乎是硫酸化時取料（油脂）不同，或只是調整PH，或混合生油，或不同程度的硫酸化，或改變油的外觀（顏色），或加強日光牢度，故使用前須測試慎選，尤其是混合生油的硫酸化油，雖然生油能增加成革的柔軟度及飽滿度，但是因為生油不易牢固於纖維上，可能因熱而昇華（移轉Migration），影響塗飾的接著力或乾洗時（Dry Cleaning）被乾洗的溶劑洗掉。

硫酸化的程度（Degree of Sulfation）：

硫酸化的程度越高，天然油脂的含量越少，亦即對皮的潤滑效果越少，但是油乳液的滲透越好，越深入，不過粒面及肉面的滑膩性越減少。

選擇油脂當作加脂劑時必須考慮到油脂的硫酸化或亞硫酸化的程度。硫酸化或亞硫酸化的程度是使用磺酸根（SO_3）和油脂結合的百分比或天然油所含的百分比表示，有關下列表示這二種數值之間大約的關係是根據油的種類和油僅有一組磺酸（SO_3）群的關係。如果原來的生油裡所含的游離脂肪酸的量多，則會改變這種關係，如魚油的酸敗（Rancidity）生惡臭。

%SO_3	%天然油	一般的使用
1-2	75-90	全鉻鞣（長筒）靴面重革及植物（栲膠）鞣的表面油脂劑，或混合熱融法油脂劑使用於熱融加脂工藝（Stuffing）。
3-4	50-70	使用於經鉻再鞣的軟鞋面革、服裝及手套革。
5-6	30-50	非常柔軟的鉻鞣革。
6-7	18-30	乳液的穩定性高，對鉻鞣皮和植物（栲膠）鞣皮的滲透性高，但手感乾燥，潤滑性低，適合使用於反絨革或摻些於其它的油脂劑裡，藉以幫助乳液穩定及滲透。

以上的數值僅是大約值，油脂經過硫酸化或亞硫酸化後必須加以修正。

油脂劑的滲透尚依據機械動作和相關等電點的PH值，尤其是特殊鞣製的皮。如果硫酸化油和亞硫酸化油含有等量的磺酸根（SO_3）時，最好選用亞硫酸化油。如果天然油脂混合含磺酸根（SO_3）量多的油，比單獨使用硫酸化油或同等級的油的滲透性差，而且較油膩。

3.亞硫酸化法（Sulfitation）

在一定的溫度下使天然油脂經過空氣氧化或先通過某種催化劑後，再經空氣氧化，再和亞硫酸氫鈉（Sodium bisufite）溶液的作用，使油脂能溶解於水的油稱為亞硫酸化油（Sulfited oil）簡稱亞硫化油。它的親水基屬磺酸根-SO_3H，能直接和油脂內的碳原子結合，R-SO_3H（R-油脂），穩定性較硫酸根高，對酸、鹼、鹽及鞣製液等都有很好的穩定性，更因不受PH值的影響，所以滲透容易，最適宜絨毛有較油感的反絨革和有良好潤滑性的各種柔軟革。

天然油脂經皂化，硫酸化，磺酸化或亞硫酸化乳化處理後的乳液皆屬陰離子性，因組成的分子都帶有負電荷。

一般常用的油脂劑

一般制革廠所使用的油脂類，大概可分為三類：(1)三酸甘油酯（甘油三酸酯Triglyceride），(2)脂肪酯和，(3)礦物油，但是最重要的是魚類，植物類及動物油內所含脂肪酸的三酸甘油酯，它們有相似的甘油酯類，不同的在於由不同的脂肪酸組成，而其來源很廣，但可分類如下：

1.天然油脂及蠟：主要的天然油脂是指下列三種成分

(1) 脂肪酸脂（Fatty acid）：能被硫酸化，分二類：

① 飽和脂肪酸－如軟脂酸（十元酸Palmitic acid）硬脂酸（十八碳酸Steric acid），這類型的酸，一般的油脂都是稠度高或形成固態脂，屬對酸不反應，故老化時，即存放期間，不受氧化。

② 不飽和脂肪酸－如油酸（Oleic acid）亞油酸（Linoleic acid）亞麻酸（Linolenic acid），這類型的酸，一般的油脂比較液態，老化時會氧化變成黃棕色，也可能形成黏或硬的聚合物，如亞麻子油（Linseed oil）。

(2) 脂肪醇油（Fatty alcohol）：能被亞硫酸化，如三酸甘油酯（Triglyceride）及膽固醇（Cholesterol）。

(3) 甘油酯（Glyceride）及少數含蠟的脂肪酸。

天然油脂的來源有二種：①動物油，②植物油：

(1) 動物油：

① 陸地類：含大量的飽和性的脂肪酸脂，碘值約50～85，填充性及潤滑性佳，如牛腳油，羊毛脂油。

② 海洋類：含高度不飽和的脂肪酸脂，易被氧化，酸值較高，易冒「油霜」，且有特別的氣味，但潤滑性、填充性、柔軟性及成革的耐屈折性都非常好，如鱈魚油。

③ 蛋黃油：含卵磷脂及磷，碘值約52，具有潤滑、柔軟及乳化力，能有效的降低革的鬆面現象，成革的手感較乾燥。

④ 羊毛脂：提取自羊毛，易和水乳化，填充性佳。

(2) 植物油：一般常用的植物油及特性如下：

① 篦麻油（Castor oil）：成革柔軟而乾燥，潤滑性不好。

② 椰子油（Coconut oil）：日光堅牢度佳，有適度的潤滑及填充性。

③ 橄欖油（Olive oil）：性質穩定，潤滑性及填充性佳。

④ 亞麻子油（Linseed oil）：屬乾性油，無潤滑作用，可當作表面鞣液使用，因會形成具有彈性且堅韌的膜，如塗油工藝。

天然蠟：這類型的物質都是脂肪酸脂和高脂肪醇，如蜂（黃）蠟（Bees wax），植物性的巴西棕櫚蠟（Carnauba wax）及水燭樹蠟（Candelilla wax）。將天然蠟使用於粒面，則有很好的強化性，藉以保護粒面，增加耐磨性及某種程度的撥水性。

2.礦物油及蠟

礦物油的化性穩定，不易被氧化和分解，可和動物油混合使用，屬石油於300～390°C以上分餾（Rectification）所得的產品。化性以碳氫為主（合碳原子16個以上），不屬於脂類，所以不會發生「冒油霜」的現象。

不可以將礦物油當作主油脂劑使用，因成革會太柔軟而形成鬆面，但可當作輔助型的油脂劑，混合其它的油脂劑使用。礦物油除了能幫助增加提高混合油脂劑彼此之間的互乳性及乳化後乳液的穩定性，並能促進乳液的滲透性，進而增加成革的柔軟度。

石蠟（Paraffin wax）：使用於抗水性的皮革。

褐煤蠟（Montan wax）：主要是使用於塗飾的拋光工藝。

3.合成油脂

含碳原子為16以上的烷烴（Alkane），沸點在300°C左右的石油分餾物經氯化（Chloridization）或磺酰氯化（Sulfony Chloridization）後即可製成。優點：耐光、不變質、不生油斑、能防霉、滲透性佳、一般對酸，鹼、鹽和硬水的穩定性都不錯，大約可分為下列三種類型：

(1) 水不溶性類型：如合成牛腳油，以飽和烷烴為主，化性穩定，不受氧化及日光的影響，染色後色相穩定，非常適合於淺色革。

(2) 水溶性類型：特性是當和皮纖維結合後，使用有機溶劑亦無法將它從纖維分離抽提出來。成革的親水性取決於所使用油脂劑內分子鏈的長短和磺化的程度，如分子鏈短，支鏈多且磺化程度又高，則成革的親水性強，反之則親水性弱。

(3) 多性能油脂劑：除了有加脂效果外，尚有其它的性能，如防水、鞣製性等。

選擇使用合成油脂代替，或部分代替天然油脂劑的原因，大約有下列幾點：

(1) 價格／成本

(2) 潤滑性能：和礦物油很類似，意味著有相似的長鏈式碳氫化合物、黏度（viscosity）和非揮發性（Non-Volatility）。

(3) 極性（Polarity）：亦即皮於濕狀態時，油脂劑所含的化學群和任何化合物，如蛋白，鞣製劑，染料，水等形成偶極（Dipole），氫鍵（H-bond），離子或共價結合（Ionic or Covalent Linkage）的能力。這是和非極性礦物油最大的不同點。極性能賦予油脂固定到濕纖維上的能力，排除結合礦物油使用後於乾燥時，或對熱的昇華（Migration），亦即揮發。用溶劑將油榨出也少，特別是乾洗（Dry cleaning），或則使用溶劑型塗飾法。如果和天然油脂配合使用比天然油脂混合礦物油使用更具飽滿性。

(4) 和水的乳化力（Emulsifying ability in Water）：指親水基進入油分子的能力，例如陰離子性的磺酸或石硫酸，陽離子性的胺或酰胺，非離子性的環氧乙烷。天然油脂的分子間對添加親水基的反應基是不規則的分布，所以要準確的、均勻的硫酸化或亞硫酸化或……等等是不容易實現，然而使用非天然油就有可能實現親水基能比較均勻的分布在分子上，並且能非常細緻地分散於水，滲透性也較佳，而且在「破乳Emulsion splitting」條件下的穩定性也比較好。

 典型的合成油脂：

(1) 氯化羥（Chlorinated Hydrocarbon）：

鏈長含有碳16～30個，手感乾燥，對氧化及日光的穩定性佳。可經由氯磺化（Sulfo-Chlorination）的處理而具有乳化性，例如氯磺化石蠟油（Chlorinated Paraffin Sulfonate），磺化石蠟油（Paraffin Sulfonate），黏度低，且有抑制「冒油」的作用，它們常被混合於其它的油脂使用。

(2) 醋酸磺胺的衍生物（Sulfamide Acetic acid Derivative）：

經由磺酰氯（Sulfonyl Chloride）和氨（Ammonia）及氯醋酸（氯乙酸Chloroacetic acid）反應而成。可增加對纖維的固定性。

(3) 合成酯（Synthetic Ester）：

分子的結構是從一元醇或多元醇和脂肪酸組成。特性很接近於天然油脂，特別是鯨魚油。

(4) 適當鏈長的阿爾發烯（α-Olefin）：

由石蠟油分裂而得到的，含有一個或數個雙鍵的不飽和脂肪酸。能被硫酸化、磺酸化、氯化或酯化等衍生物。

(5) 兩性的衍生物（Amphoteric Derivative）：

對蛋白的固定性佳，抗溶劑，尤其是抗乾洗溶劑對油的抽出性非常好，手感非常良好。

天然油脂自然本質的化學性

我們對天然油脂最感興趣的是因它所含有三酸甘油酯，然而它們的天然性是由所含的脂肪酸決定。所有的脂肪酸都含有偶數的碳原子，如椰子油（Coconut oil），棕櫚油（Palm oil），乳脂（Milk oil）及其它軟油（Soft oils）含有碳原子數為6個，8個及10個（C-6，C-8，C-10）等較短鏈的飽和性脂肪酸，鯨魚油含有12個碳原子數（月桂酸C-12 Lauric acid），含16及18個碳原子數的飽和性脂肪酸類有動物脂肪及許多的植物油，而含有24及25個碳原子數的脂肪酸類，例如天然的硬蠟，如巴西蠟（Carnauba）和蜂蠟（黃蠟Beeswax）。含18個碳原子數，但有不飽和性的脂肪酸類，也經常可於動物脂肪及植物油發現。

脂肪酸內含有一個以上雙鍵的油脂被歸類於乾性油（Drying oil），如亞麻子油（Linseed oil）和棉子油（Cottonseed oil）。有些脂肪酸可能附加有羥基群（Hydroxyl group），如飽和性羊毛羥十六酸（Lanopalmic C-16 hydroxy saturated））的羊毛脂（Wool fat 或Wool grease 或Lanolin）及不飽和性蓖麻羥十八酸（Ricinoleic C-18 hydroxy unsaturated）的蓖麻油（Castor oil）。羊毛脂或蓖麻油一般都是經過硫酸化後，再使用於鞣製的油脂劑。

油脂劑的電荷性，離子性及種類

當油脂被乳化形成乳液後會帶有負電荷，或正電荷，或無電荷的性質，如果油脂使用鹼皂化，或硫酸化，或亞硫酸化後所形成的乳液則是帶負電電，即為陰離子。非離子性的油脂劑是不受正電荷，或負電荷，或電解質影響。

陰離子油脂劑

假如脂肪酸類的物質被當作油脂劑使用的話，則脂肪部分所帶的電荷即可決定此油脂劑的電荷性及離子性。例如「皂」的形成是使用鹼，例如「氫氧化鈉（鉀）」，中和脂肪酸的物質而形成「鈉（鉀）皂」，再將「鈉（鉀）皂」溶解於水，離子化後，脂肪部分即帶負電荷，所以皂或皂的油脂劑屬於陰離子性（負電荷）。簡式化學反應如下：

脂肪酸物質＋氫氧化鈉（鉀）→ 鈉（鉀）皂＋水
鈉（鉀）皂 →（離子化）→ 油脂劑$^{-}$＋鈉（鉀）$^{+}$

陽離子油脂劑

使用強有機鹼，如聚醯胺（Polyamide），和脂肪酸反應，爾後再用酸藉以穩定反應後的產品，或於脂肪分子內植入有機氮的化合物，如季胺「Quarternary Amines」如此脂肪的部分便帶有正電荷，亦即陽離子性。

油和水乳液內的胺，它的作用類似於脂肪酸，能減少油和水之間的界面張力，但因胺帶有正電荷，故乳液呈陽離子性，對酸很穩定。化學式的簡式如下：

$$\left[\begin{array}{ccccc} & & \text{短鏈式胺} & & \\ & & | & & \\ \text{脂肪} & - & \text{氮} & - & \text{短鏈式胺} \\ & & | & & \\ & & \text{短鏈式胺} & & \end{array}\right]^{+} \qquad \left[\begin{array}{ccccc} & & R' & & \\ & & | & & \\ R & - & N & - & R_1 \\ & & | & & \\ & & R'' & & \end{array}\right]^{+}$$

R：油脂

R_1、R'、R''：短鏈式胺

非離子油脂乳液

非離子物質屬於醚（Ether）或酯（Ester），溶解於水後不會發生任何離子化的現象。

非離子油脂乳液的應用功能大不同於磺化、陰離子的油脂乳液及類似季胺型的陽離子油脂乳液，因它附著於纖維上的油顆粒較大，故潤滑性較佳，而且它們僅能穩定於蛋白等電點的PH範圍內，亦即羧基群和氨基群具有等量電荷離子時的PH。

常用的非離子乳化液（不是非離子油脂乳液）大多數屬多元醇（Polyhydric alcohols），例如聚乙二醇（Polyethylene glycol）或甲基纖維素（Methyl cellulose）。非離子乳化液雖說是非常普遍地使用於幫助油脂劑的穩定，但是一般都儘量避免當作油脂劑使用於加脂工藝，因為並不被纖維吸收，並且可能使成革繼續持有回濕的能力，影響塗飾的接著性。

多電荷油脂劑（Multi-charge Fatliquors）

由二個或二個以上的油脂劑混合而成，所形成的乳液其穩定時間的長，短，由混合比例較多量的油脂劑的穩定性決定，但是一但產生沉澱，則由次多量油脂劑的穩定性接管。

加脂的觀念

使用油脂劑時需具備有下列的加脂基本觀念：

1. 增加硫酸化油的使用量則會增加成革的延展性及強度，但是如果增加礦物油的使用量則會降低成革的延展性及強度。
2. 陽離子油脂劑使用於鉻鞣後再鞣用植物（栲膠）單寧的皮和陰離子性的油脂劑使用於鉻鞣皮非常相似，因鉻鞣後再鞣用植物（栲膠）單寧的皮，其粒面上主要的是含有陰離子性的植物（栲膠）單寧劑，故加脂後陽離子油脂劑大部分會分布於粒面層。
3. 各種油脂劑如混合礦物油，會增加混合乳液的乳化性能，滲入纖維層的滲透性，穩定性及成革的張力強度。
4. 添加於鉻鞣皮的油脂劑，使用海洋類的油脂劑優於使用植物類的油脂劑。
5. 粒面層需要有適量的油脂成分，防止粒面因乾燥而龜裂及避免採用貼板乾燥法（Pasting Drying）時，粒面會黏在貼板不易剝下，造成粒面受損。

6. 亞硫酸化油脂的乳液是非常穩定，不受電解質溶液的影響，如鹼式硫酸鉻、鋁和氯化鈉（鹽）或經由礦物酸形成的鹽類，所以可使用於鉻鞣過程中。
7. 成革由於含油脂量的水平不同，所以品質也會有所不同，諸如粒面的龜裂性、柔軟及耐壓的程度等。
8. 加脂最主要的目的是預防已鞣製的皮於乾燥後，皮內的纖維互相黏在一起。

有效的潤滑是使用少量的潤滑劑，亦即油脂劑，將纖維的表面上「塗」上一層潤滑膜，增加纖維間的潤滑性，而不會發生皮乾燥後纖維互相黏在一起的現象。

加脂工藝

加脂的工藝是使油脂能滲入皮內，而均勻地覆蓋在每根纖維上，為了讓使用量少的油脂能均勻地覆蓋在面積很廣大的所有皮纖維上，故添加前需先稀釋。

油脂用水稀釋乳化是使油脂分散成非常微小的油滴，形成乳白狀的乳液滲入皮內，爾後油滴（油-水）分解，油就沉澱在纖維上。如果因為油滴的顆粒大，不能滲透，或則加水稀釋後油和水仍然成分離狀態不能乳化，那麼所添加的油脂僅能置放在皮的表面層（粒面層及肉面層）。鉻鞣皮的表面層很可能需要較多的油脂，而中間部分的層次則油脂量較少，如此成革柔軟，有彈力，粒面摺紋緊密，不鬆面，相反的，假如油脂量均勻滲入較多，成革柔軟具延伸性，但是很可能形成鬆面，故需於加脂時謹慎地控制油脂量（不同類型的皮類及成革的使用不同而不同）及分布。

油脂劑的準備

油脂乳液的準備動作必須一致，如將油脂劑加入50°C的水中攪拌，或油脂劑是固態狀或非常稠黏狀則需用間接加熱法使它熱融後，再加入50°C的水中攪拌。陽離子性的油脂劑可於事先添加少許的熱水於油脂內攪拌，使油漿狀的陽離子油脂劑變較稀薄再使用。

加脂工藝時需要有二個概念

1. 使用表面活性劑強迫改善乳液的性能，即油溶於水的乳液穩定增加及能自由、不受阻礙地滲入濕態的皮纖維組織結構裡。
2. 增加界面張力，或抵消表面活性劑的能力，使乳液分解，或破乳，或使油滴聯合形成覆蓋在纖維表面的膜，這方面的觀念常被忽視。

假如仍有多餘的表面活性劑殘留在皮內，則會變成清潔劑（Detergent）的功能，即表面活性劑就會移除覆蓋在纖維表面的油膜，有如水洗洗去被乳化的油。

油脂劑的配製有如油溶解於水所形成的乳液，需有足夠的乳液穩定力才能滲入皮纖維的組織結構內，使油脂能覆蓋在纖維的周圍上。加脂工藝的操作不僅需要達到加脂的目的，尚需平衡油脂乳液和特殊鞣製的反應及對PH，水浴，機械動作和處理特殊皮時的穩定能力。

如何選擇適當的油脂劑

約可分成二大類和數個因素考慮：

1.油脂劑本身

(1) 氣味：許多油脂劑含有揮發性的低分子量成分，如果使用此類型的油脂劑處理皮，則味道不佳，而且可能會因老化而變硬。

(2) 色澤：色澤濃的油脂劑，或老化會變深、變暗的油脂劑會影響皮革本身及染色後的色澤。

(3) 稠度：稠度高的油脂劑不易滲入皮內，除非使用前有經過預先的特別處理，如溫度和PH值的控制及乳化的程度。

(4) 未飽和的程度：油脂劑未飽和的程度和碘值成正比，即未飽和程度高則碘值高，故不能使用於淺色革及白色革。另外可能會在皮內形成具有黏著性或脆弱性的聚合物。

(5) 化學組成：由油脂劑的化學成分，可以知道油脂劑對化學劑的穩定性及分解後所產生的分解物。

(6) 表面張力：油脂劑的表面張力低，成革柔軟，否則成革將會是乾燥而無油感。

2.應用及操作

(1) 所需要的軟度是經何種機械處理？剷軟機（Staking）？震軟（Vibrating）？摔軟（Milling）？柔軟度是依據要求？或百分比的油脂劑使用量？

(2) 成革是否有要求日光堅牢度？如果有要求，最好選擇合成油脂劑及耐日光，不變黃的天然油脂劑混合使用。

(3) 如不希望成革有魚油味，則不可使用魚油，而植物油、動物油或合成油將是最佳的選擇。

(4) 除了吊乾及烘乾室使皮乾燥外，尚有下列的乾燥法：

① 貼板乾燥法（Pasting dry）：這種方法接觸溫度的時間較長，易使油脂劑揮發而遺失，除非皮內有充分的油脂量。最好使用天然油脂劑，因天然油脂劑可利用皮於乾燥期間，均衡地滲入皮內，而合成油脂劑則因固定太快，不能給予成革有潤滑的粒面層及圓而飽滿的手感，如此可能傷害粒面，故不能採用。

② 真空乾燥法（Vacuum dry）：選用天然油脂劑或含有少量溶劑的合成油脂劑，因固定快且能幫助油乳液的分散，所以表面才會有些油膩感。

③ 濕繃乾燥法（Wet toggle）：選用的油脂劑除了需具有柔軟性外，尚須滲透性佳及能使纖維有彈性感，如此才能因濕繃而增加皮面積，故最好是能使用高濃度的硫酸化天然油混合磺化的合成油脂刷。

(5) 皮是否需要塗飾？如需要塗飾，則不能使用牛腳油（牛蹄油 Neat's foot oil）及氧化魚油，否則一段時間後，油脂會轉移至粒面，影響塗飾膜的黏著性。

加脂工藝的方法

陰離子油脂劑對陰離子性皮的滲透非常容易，我們只要提高皮的PH，使用醛鞣，或陰離子性的植物（栲膠）、或合成鞣劑鞣製及陰離子性的再鞣劑，或染料即可提高皮身陰離子的負電荷量，而有利於陰離子油脂劑的滲透。

陽離子油脂劑對陽離子性皮的滲透非常容易，例如大多數的礦物鞣劑及一些樹脂鞣劑和陽離子染料。

一般加脂工藝是在轉鼓內於鞣製或染色後執行。最重要的是執行前必須檢查皮的PH值，或纖維所帶的電荷是否適合？通常最令人滿意的加脂結果是加脂前必須「中和」或洗滌皮身，藉以除去游離酸、殘餘的單寧劑、染料、鹽類等。

加脂使用的水量約削勻後濕皮重的100～200%溫水－植物（栲膠）鞣皮約45°C，而鉻鞣皮約60～65°C，轉鼓轉動後，將事先已用溫水稀釋的油脂乳液從轉鼓的轉軸加入，加完後轉動，轉動約40～60分，直至水浴沒有任何乳狀似的油乳液。

通常溫度（鼓溫）越高，油乳液的耗盡越快，雖然這樣會對滲透有所限制，但是溫度越高，油乳液的流動性越好，因而抵消了這種限制。

短浴法，或冷水加脂法（即短浴或無水的加脂法）可能使油脂沉澱在纖維上較不均勻，但是轉鼓轉動後溫度會提高，所以會減少這種缺點。

油脂劑的使用量因成革加工後皮製品的要求不同而異，如反絨革、手套革及服裝革要求油脂需要有良好的滲透性，鞋面革則是要求粒面層柔軟，有屈折性，而網狀層需結實、有彈性，但不需要柔軟或鬆弛。有些加脂的工藝於加脂時先使用陰離子油脂劑，爾後再使用陽離子油脂劑，使它沉澱在皮的表面，形成有表面加脂的效果，這種工藝最適合於「貼板乾燥法Paste Dried」。

油脂是否完全被吸收（耗盡），經驗上並不是經常以油乳狀的溶液變成清澈的水液為準，因為油乳液內即使非常細緻的小油滴也會給予水液一點不透明性，另外也可能有殘餘表面活性劑留在溶液裡，例如殘留些稍微過多的硫酸化物，所以即使油已耗盡，但殘液也許不可能呈現清徹狀。假如溶液內有「回濕」劑及一些天然油的存在，如此皮將不僅含油量不夠，而且如果轉動的時間又長，則可能會使已沉澱在纖維上的油滴再次被乳化於水，並於爾後的擠水（Samming），伸展（Setting Out）及乾燥的操作時會使這些再次被乳化於水的油，形成很不均勻地分散於皮纖維上。

技術上如果想使油脂劑於加脂工藝達到100%的耗盡，最好是加脂工藝後添加少量的酸，或鉻鹽，或具有陽離子性的化料使水液的PH值介於3和4之間，如此可能改變成革的手感，降低似有殼的硬度及減少回潮性，也能改善乾燥期間的變化，如貼板乾燥，真空乾燥及回潮，劇軟或磨皮的性能。耗盡法也可以使用「中和」，「再鞣」或「染色」的工藝控制。

油脂劑的潤滑能力及其它的功能，大多數是以油脂組成結構的部分為依據，例如：硫酸化脂肪醇，滲透性佳，能因離子力而被固定在皮纖維上（離子結合），但是會於皮的表面上形成仍然具有親水性的雙分子層，而於乾燥時會使水分遺失，迫使分子層和接觸面黏結在一起，成革的手感做有殼的硬，缺少飽滿感及撕裂強度差。

相較之下，如果選用特性及硫酸化程度和硫酸化脂肪醇相似的硫酸化天然油，則因離子的力量使尚未滲入的油乳液內的油滴沉澱在皮表面形成疏水（親油）層，而已滲入的油乳液，其油滴則沉澱在纖維上，使纖維覆蓋著一層疏水（親油）層和纖維間的水分之間形成了界限。乾燥時，水分雖消失，但是覆蓋著纖維上的親油層有阻止纖維黏合的作用，表面也因疏水（親油）層的保護，所以成革柔軟，豐滿感，撕裂強度佳。

油脂劑來自不同的天然油，而有不同的特性，如果硫酸化的方法也不同，則特性更是不同。大多數比較好的油脂劑都是混合幾種化學成分，藉以達到不同皮類，不同鞣製法及不同乾燥條件的要求。

熱融加脂法（Stuffing）

一般使用的加脂工藝是屬乳液加脂法，亦即油脂劑需先用熱水稀釋，乳化再加入轉鼓內。熱融加脂法則是利用熱融的方式，使混合的油脂劑滲入皮內而達到潤滑的目的。

熱融加脂法是先將皮放進已經加熱的轉鼓轉動，再將已混合，攪拌均勻的油，蠟和油脂，加入熱轉鼓內，直至油脂均勻分布在皮表面後，停鼓，出皮。如果粒面的溫度因空氣的流通而下降，可以使粒面回潮（Mulling），進行刨軟、震軟或摔軟的機械處理。

熱融加脂法的理論是天然油脂於熱融加脂時游離狀的脂肪酸，陰離子成分及部分已被水解的油脂等因它們本身的極性（Pola）所以能被吸引至纖維，而其它非極性（Nonpolar）的部分，則因物理吸附（Physical absorption）作用而沉澱在皮的纖維上，一旦添加的混合潤滑劑（油脂及蠟）被熱融後就會滲入皮內，直至最後潤滑了全部的皮，但是有時有些特殊的例子是無法達到粒面至肉面的油脂分布能夠完全而均勻。

現在的熱融加脂法，於攪拌混合潤滑劑（油脂及蠟）時會添加些硫酸化動物油，生油和石油衍生物及非常少量的水。

浸酸工藝添加油脂劑的目的

最初於浸酸時添加油脂劑的目的是使成革不需要經過其他機械操作，如刨軟、震軟或摔軟，即能獲得所要的柔軟度，但是經過多年來使用的經驗，發現不僅能得到較佳的柔軟度，而且還可以獲得其它不影響成革品質的益處，例如因滑動力的增加，不會損及粒面，故成革的粒面較平滑，而較薄的皮也不會發生打結、糾纏的現象。

使用於浸酸工藝的油脂劑，對酸和PH值較低時的穩定性要很好。

1. 陰離子性的油脂劑：油脂劑被固定快，不易滲入皮內，故大部分的油脂會被耗盡在皮的表面（粒面及肉面）。
2. 陽離子性的油脂劑：油脂劑的滲透性和穩定性都很佳。
3. 非離子性的油脂劑：作用類似陽離子性油脂劑，但PH值較低時，穩定性不佳。
4. 乳化劑的系類：添加乳化劑雖能幫助油脂劑的穩定性，但卻不能獲得預定的柔軟度。

浸酸液如能添加適量的油脂劑，除了有柔軟、防打結及粒面平滑的益處外，尚能幫助天然油脂的分布及降低粒面油斑的發生。另外一般藍濕皮的皮邊緣容易乾燥變硬，不易回軟，故修邊（Trimming）時需修剪掉，但是如果能於浸酸時添加油脂劑即能防止並減少這種修邊的損失，此外削勻的操作也較容易，且能使爾後再鞣劑及染料的吸收均勻，這是浸酸時添加油脂劑最有效的經濟價值。

浸酸時添加油脂劑除了有延緩藍濕皮的乾燥速度及促進藍濕皮回軟的作用，另外因為油脂劑會使纖維分離，所以也能幫助擠水（Samming）及伸展（Setting out）等機械的操作，而且因為天然油脂量的降低，故能延長擠水機輸送毯（Conveyer Felt）的使用壽命，不過如果添加的油脂劑過量或不適合，則所有的優點就變成缺點。

第19章

染色的概念

過去二十年來，由於皮革工業的快速發展及流行的趨勢使得成品革大多已遠離顏料漿的塗飾，轉變成較複雜的苯胺塗飾（Aniline finishing）和混合顏料漿為輔的半苯胺塗飾（Semi-aniline finishing），由於這種原因，所以對皮革的染色要求也越來越提高標準，除了必須達到各種有關染色的堅牢度外，例如耐光性、耐水性、耐乾濕磨擦等堅牢度，以及勻染性和色澤的鮮艷度，尚要求染色後的色調能符合或儘量和客戶的「樣版」一致或接近，如此才能簡化塗飾的工藝及節省塗飾的成本，換言之，染色的目的是使成革能呈現出各種鮮艷的顏色，改善外觀，提高使用性，且能適應各種皮製品及滿足消費者的要求，所以有關染色的種種問題已經不再輕易地被忽視。當然這些要求對染料的選擇具有直接性的影響，不過染色前及染色後的處理也有很大的關係。

為了能獲得最佳的染色效果，每一製革廠的染色工程師，除了需要具備染色工藝最基本的認知外，尚需了解鞣皮經過各種機械（片皮，削勻，磨皮等）操作後對染色的影響，染料，染料的特性，染色容器（轉鼓或划槽）及各種鞣劑、再鞣劑和油脂劑對染色的影響，染色後所執行的工序（固色，乾燥等）和環保方面等等的術語，學識及技術。

染料（Dyes）

能使溶液著色的色素，並能將色素轉移至溶液內被處理的纖維或物質，例如紡織品，紙，皮革等，使纖維或物質著色且固定在纖維或物質上稱為染料。染料需要以水為媒體，或類似水溶性的液體，例如酒精，溶劑等，方能使纖維或物質著色的色素。一般被染物（皮）對染料的要求是染色後的色澤要鮮而艷，顏色要均勻，且耐久，不受日光，洗滌（乾、濕洗），汗等因素的影響而變色或脫落。

色素分有機色素及無機色素二種：

1. 無機色素：塗料（顏料漿）對纖維無染著性，但是如果於染色時使用適當的樹脂單寧，即能使它黏著於纖維上，藉以達到對纖維著色的目的。
2. 有機色素：染料對纖維有著色性，可分為水溶性及油溶性（水不溶性）二種。

有機化合物的染料，其分子內如含有硝基（Nitro），亞硝基（Nitrosop），偶氮基（Azo），羰基（Carbonyl）等不飽和基，這些不飽和基因電子的不穩定具有吸收可見光譜內電磁波某一波長域內光的能力，而反射出被拒吸收光的顏色，稱這些不飽和基為染料的發色團（Chromophors）。含有發色團的分子，例如芳香族化合物的分子，或異氰基團（Iso-cyano group），或氧偶氮基團

（Azoxy group），或硫碳基團（Thiocarbonyl group）即為色素的母體稱為發色體或色原體（Chromogens）。

一般發色體屬淺色的程度，對纖維無著染性。不過如果加上鹼性的氨基（Amino）或酸性的羥基（Hydroxyl）則能使顏色變深，且具有著色性，更能增加溶解性及對被染物的親合性，這些基群稱為助色團（Auxochromes）。

一般的發色團有：乙烯鍵（Ethylenic link），羰基，異氰基，偶氮基，氧偶氮基，硝基，亞硝基，偶氮基，硫碳基。

助色團有：羥基，羧基，氨基及磺酸基。不過磺酸基及羧基對發色體的深色效果較弱，但是能增加染料的溶解性，且隨其含量的增多而增加。

簡單而言，染料是由發色體（芳香族環的化合物）結合數個發色團及助色團組成的。

染料的色調（shade）受發色團的種類，數目，位置及結合狀態等影響很大。

染料索引（Color Index C.I.）

該書籍是將染料的類型，色相別給予系統的名稱（例如直接藍6 Direct Black 6，酸性紫5BN Acid Violet 5BN）及表示其化學結構的號碼（例如：直接藍6是C.I.22610，而酸紫5BN是C.I.698），並詳記其染色性、各種堅牢度、用途、組成染料諸化合物的性質，化學構造，及合成有關文獻等加以解說，是一本最新且最具權威性而有關於染料的書籍。

染料的冠稱(The denomination of Dyestuff)

每家染料製造廠商都有他們獨特的商品名，藉以區分染料的類型，例如BASF的酸性染料是以Luganil及Lurazol表示，鹼性染料則以Basazol表示，Sandoz則以Derma表示酸性，而以Sandocryl表示鹼性。一般商業產品的染料命名及涵義如下：

染料的來源分（一）天然染料，（二）合成染料。

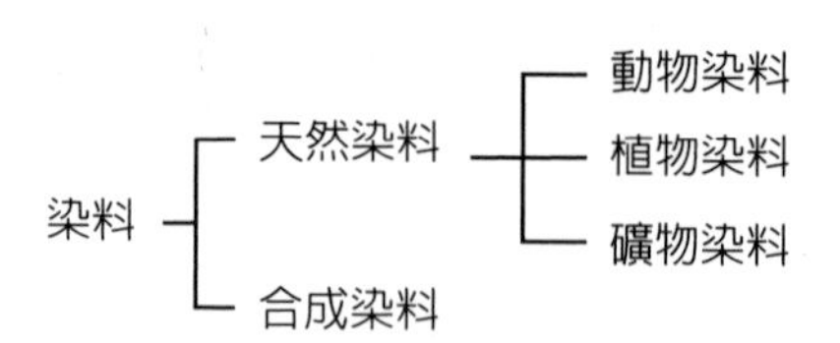

天然染料（Nature Dyes）

一、動物染料（Animal Dyes）

得自動物界的染料，為數極少，有來自胭脂蟲（Kermes）乾燥粉末的紅色染料，及氧化骨螺（Murex）所分泌黃色液的紫色染料。

二、植物染料（Vegetable Dyes）

早期使用植物（栲膠）鞣製皮後，成革具來自植物（栲膠）天然的棕色，而棕色的色調則因使用植物（栲膠）鞣劑的不同而異，再因油脂劑使用量的不同而有深淺色的分別，使用量多，色調較深，反之則較淺。不過如要染其它的色調，以當時的科技是非常困難而且價格昂貴屬奢華製品，故都以植物（栲膠）的天然棕色為主，而以淺棕色為輔，因而影響至今。革製品的植鞣色（Tan Colour），即棕色和淺棕色，至今仍是最受歡迎的顏色。

染皮所使用的色料，最初所使用的是來自加勒比海地區（Caribbean）的染木（Dyewood），色澤鮮艷，後來大量使用蘇木和其它組成的部分，最後才導致研發合成染料使用至今。

如今因有木染料（植物染料Wood Dye），苯胺染料（Aniline dyes），即合成染料（Synthetic dyes），及其它類型的染料可選擇使用，所以無論是鉻鞣皮，或植物（栲膠）鞣製皮，或其它鞣劑鞣製的皮都能染成所需要的任何色調。

皮的染色具有獨特的問題，因皮蛋白纖維的結構，呈三度空間的組成，所以滲透及勻染是執行工藝上最困擾及最重要的問題。有些皮只需表染即可，但需要染色非常均勻，如傢俱革，而有些革卻需要透染，如反絨革、服裝革，染料的滲透程度對這些產品是很重要的，必須小心地控制。有些革需要塗飾，染色只是染底色，避免塗飾後有「漏底」或「漏白」的現象發生。

由於皮屬蛋白的物質，纖維的化性因鞣製時使用不同的鞣製劑而相異，染料的固定也因鞣製而改變，另外所使用的油脂劑也會影響色調及固色後的耐久性，所以皮的染色及固定可說是牽連著科學，技術和藝術的結合。

染木和皮蛋白的反應也很類似植物（栲膠）單寧鞣劑（即是它們也有鞣製的功能），尤其在固定及生產方面。主要的染木取自植物的根－茜草（Madder），鬱金（Tulip），紫草（Puccoon），或樹幹－蘇木（Logwood），兒茶（Catechu），或樹皮－槲樹（Quercetin），或樹枝－黃顏木（Fustic），或樹葉－木藍，其它如桑橙樹（Osage orange），及紅木（Hypernic），甚至花瓣－紅花（Safflower）。對皮纖維而言，樹幹類的染料木最多，尤其是蘇木。蘇木是黑色素的染料，蘇木（Logwood）是取自樹心部分，即蘇木的蘇木素（Hematoxylin Campechianum），淬取法和植物（栲膠）單寧一樣。蘇木的顏色取決於PH值，再添加鹼，藉以強化色彩，以及所選用染木的種類和它的媒染劑（Striker）。

染木具有兩個特殊的性能：

(1) 它們鞣製的能力能給予成革有豐滿或更似皮般強勒的手感。
(2) 使用染木染色後，能和許多金屬鹽（包括鋁鹽）複合形成一系列的色相複合物，稱「顯色（Colour developed）」。

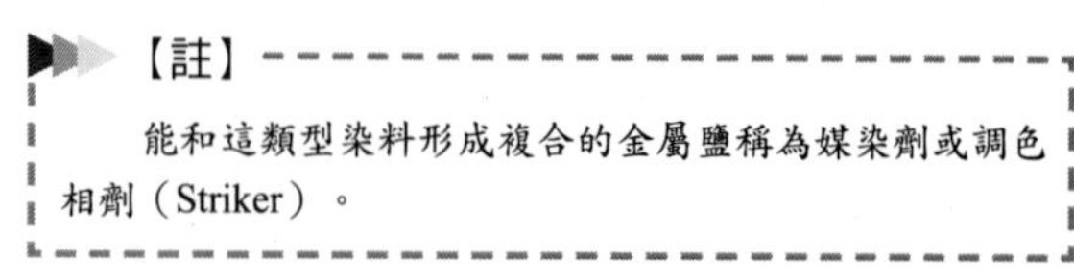
【註】
能和這類型染料形成複合的金屬鹽稱為媒染劑或調色相劑（Striker）。

如以鋁鹽為媒染劑或染鋁鞣製的皮，它們會傾向於使成革的水洗牢度尚佳，且具有鮮明的黃棕色，另因和鋁鹽複合而固定在纖維上，使成革添加了某些性能。

使用不同的媒染劑對蘇木染色後的顯色（Development of color with Logwood）

媒染劑	顯色後的顏色
醋酸鉛（Lead acetate）	深紫棕
硫酸鐵（Ferric sulfate）	黑
硫酸銅（Copper sulfate）	深紫紅
錫（Tin）	紫紅
小蘇打（Sodium bicarbonate）	黑
草酸鈦鉀（Potassium titanium oxalate）	棕

以現代皮革的染色技術而言，大多採用染木染植物（栲膠）鞣皮及半鉻鞣皮（Semi-chromed）的底色，再以苯胺染料染表面，尤其是需塗飾處理的面革，另外染木的色相系列並不廣泛。

三、礦物染料（Mineral Dyes）

多數的無機顏料取自礦物，故可廣義稱無機顏料為礦物染料。

【註】

需要媒染劑，才能顯出最後的顏色稱「顯色」，而不需要媒染劑即能顯出最後的色彩稱「發色」，但英文的稱呼一樣「Development of colour」。

合成染料（Synthetic Dyes）

一般所謂的合成染料，最早來自苯胺（Aniline）的合成，故常被人稱為「苯胺染料Aniline Dyes」但現在的合成染料大多以媒焦油（Coal tar）為主，故亦稱（Coal-tar dyes），如苯（Benzene），甲苯（Toluene），萘（Naphthalene），蒽（Anthracene）等芳香族化合物為主要原料，經磺化（Sulphonating）、硝化（Nitrify）及其它化學反應（單元反應Module reaction），形成各種中間體（Intermedium），再進而依適當的組合及反應製成染料。它們的化學分子的結構一定含有「苯環Benzene ring」這表示環（Orbit）上的電子對光有敏感性，電子的轉移即能吸收光能。

根據化學結構染料被分類成各種不同的組群，其中以偶氮染料（Azo dyes）最普遍。偶氮染料及其它合成染料的分子結構裡含有多數的共軛雙鍵（Conjugated double bond），即是每一染料分子的碳原子是由單鍵及雙鍵成交替著排列，例如－C＝C－C＝C－N＝N－C＝C－（C：碳，N：氮）。共軛雙鍵的結構是使一端的分子所負載的電荷和另一端分子所負載的電荷相結合。這些都是染料的固定及發色（Development of Colour）的要素。

將染料溶解於水，形成有色的溶液，稱「染浴Dye bath」，用染浴處理皮，使染浴內的染料轉移且固定在皮纖維上，最後溶液變回無色，色澤全都轉移至皮纖維上的過程稱為「染色」。染色後的皮再經「固色Fixation」，爾後水洗，如果沒有任何染料被洗掉，這就是所謂百分之百的最佳「水洗堅牢度Washing Fastness」，也是最理想的染色條件。

每一個別染料分子的結構，差異很大，而且對光，水洗，洗濯（皂洗），磨擦（乾，濕）或乾洗等堅牢度的程度也不相同。各種堅牢度都分5級，堅牢度最差勁為0級，而最好的是5級。偶氮染料分類成酸性染料及直接性染料。直接性染料之所以被稱為直接性是因為它們能夠直接使纖維素（Cellulose）及棉製品著色，而不需要添加任何媒染劑（Mordant）。酸性染料則屬陰離子性，因分子裡含有磺酸群，所以酸性較顯著。鹼性染料屬陽離子性，因分子裡含有自由狀態的氨基群。

染料種類

一、水溶性染料

1. 陰離子性染料：直接性染料，酸性染料，金屬絡合染料，反應性染料等。
2. 陽離子性染料：鹼性染料。

皮革工業常使用的，有下列各種：

1.陰離子性染料（Anionic Dyes）

染料溶解於水，經離子化後帶有負電荷，稱為陰離子染料。在酸的條件下，皮纖維會呈現陽離子，故陰離子染料會因離子力而固定在皮的纖維上。而且溫度越高，固定越快。如果想染滲透，則需控制皮身及染浴的PH值。

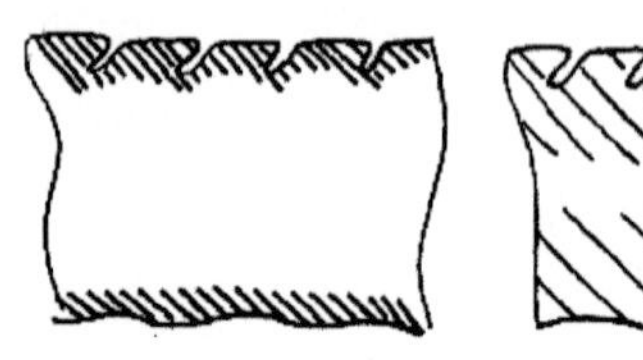

PH值低於3，固定快
表面色調強（濃）
滲透少
染料電荷－
纖維電荷3^+

PH值高於6，固定慢
表面色調淺
滲透佳
染料電荷－
纖維電荷0

圖19-1

(1) 直接性染（Direct Dyes或Substantive Dyes）

不須經過任何媒染（Mordanting）處理就能使纖維著色，故稱為直接染料。直接性染料為色素酸的鈉鹽，其染料的分子的顆粒較大，分子中含有共軛雙鍵（Conjugated double bond）的長鏈，助色團為羥基（Hydroxyl－OH）或氨基（Amino－NH_2），具有磺酸基（Sulphonicacid－SO_3H），所以能溶解於水。PH值越高，耗盡率越高。不過分子的從屬價位很多，因而磺化的程度及離子的親合性很低。直接染料對纖維素的固定，是以從屬價鍵固定，如氫鍵或偶極。所謂酸式直接染料（Acid–Substantive Dyes）即是從屬價力及離子力的結合力大致平衡的直接染料。

直接性染料既為色素磺酸的鈉鹽，當亦可視同酸性染料，使用的方法完全和酸性染料一樣。對鉻鞣皮的染色，滲透很少，皮面的色調很強，由於從屬價力強，當PH值為4～5時不需要使用酸固定。

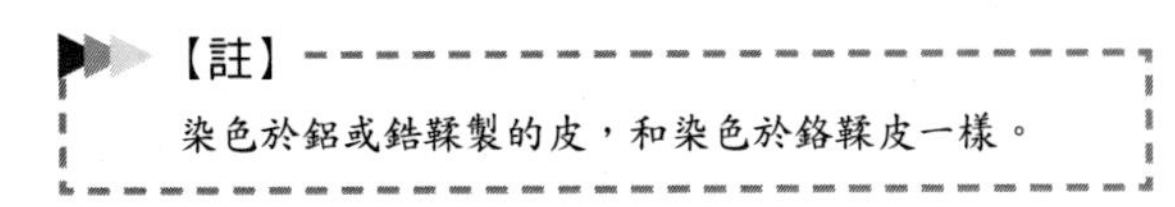
【註】
染色於鋁或鋯鞣製的皮，和染色於鉻鞣皮一樣。

因為直接染料對酸很敏感，易產生沉澱（這也是分辨酸性染料和直接染料的方法），所以比較不適合於染植物（栲膠）鞣製的皮。

直接性染料因由於具有如下的特別構造，故具有直染性：

① 化學構造上的特徵是以偶氮（Azo）基（－N＝N－）為主體們直線狀，且為同一平面的結構。

② 組成其化學構造的苯（benzene）和萘（Naphthalene）等芳香族環的長鏈結構中的共軛雙鍵，像－C＝C－C＝C－C＝C中雙鍵和單鍵交互的結合，對纖維的直染性有很深的關係。

③ 具有可以產生數個氫鍵的基。

直接性染料主要的組成結構是芳香族化合物的磺酸鈉鹽，大部分屬偶氮型，但是以雙偶氮和三偶氮結構的型態為最多。

如用鹼性的水溶解，可促進溶解，酸性則產生沉澱，但因其分子較大，於溶液中染料分子容易聚集成膠體溶液（Colloidal solution），染料分子的聚集是屬於「放熱反應」，故加熱可減少分子的聚集，而且有助於染料的分散和溶解，故使用直接性染料染色且染浴的溫度較高時，染色的效果較好。

直接性染料會和硬水中的鈣，鎂，鐵等活潑的金屬離子產生色素酸的沉澱。

直接性染料對酸也很敏感，會形成色素酸的沉澱，故染浴中不能加酸。沉澱的色素酸在鹼的作用下會再形成鈉鹽而溶解。添加無機酸也是測試染料是否屬於直接性染料的方法之一。

直接性染料的偶氮結構易被還原劑破壞而消色，故儲存置放及使用後應密蓋容器，並且要避免與還原劑，或具有還原性的物質接觸。

直接性染料的分子，一般都比酸性染料的分子大，故滲透性較差，屬於表面染色的染料，常與酸性染料配合使用，但對粒面有傷殘的部分，則特別容易產生沉澱於該處，形成傷殘部分的顏色較深而混濁，如果有酸或中性鹽存在，或水的硬度較高時，則傷殘部分的顏色越加深。但遮蓋力佳，色澤飽滿。

直接性染料價廉，色譜全，色濃，遮蓋性佳，但色相不鮮艷，堅牢度屬中等。水洗牢度差，故需加強固色的後處理。日光堅牢度不好，但現在最新的直接性染料有日光堅牢度相當高的產品。

(2) 酸性染料（Acid dyes）

陰離性的染料通常稱為「酸性染料Acid Dye」。所謂酸性染料，係色素酸的鹼性鹽，化學構造上的特徵有羥基，羧基（Carboxyl－COOH），磺酸基等酸性基，因使用酸有利於染料對纖維的著色及固定，故稱為「酸性染料」。酸性染料極易染著蛋白纖維（皮）。乃因染料的色素酸與蛋白纖維的鹼性基，形成化學結合。其結構大多為芳香族磺酸鈉鹽，而且主要的是偶氮型。

一般簡單低分子的單偶氮型的酸性染料，結構簡單，勻染性佳，色調齊全，色澤鮮艷，堅牢度因染料而異，高低都有，如果偶氮數目增加，則顏色加深，堅牢度也提高。蒽醌系（Anthraquinone）的酸性染料，耐日光及耐水洗佳。通常酸性染料的堅牢度都還算不錯。

酸性染料的分子小，親水基屬磺酸基，所以對水的溶解度佳。於水中離子化後，染料的主體形成陰離子色素，分散性高，不會呈現聚集，滲透性及勻染性較佳，但是如果在染浴中添加中性鹽，例如鹽，硫酸鈉，或芒硝，則能控制染料的離子化，減少色素酸的形成，而達到緩染的效果。

酸性染料在酸的條件下，會形成色素酸，有聚集的傾向，有利於著染。酸性染料與重金屬離子作用，如鋁（Al），鉻（Cr），會形成色澱，但是對鹼土金屬，如鈣（Ca），鎂（Mg）離子則不敏感，所以如果水的硬度不大，對酸性染料的染色影響也不大。

大多數的酸性染料經過還原劑處理後，顏色會消失，但再經氧化後，便能恢復原色，不過偶氮結構的酸性染料經過還原後，再經氧化處理也不能恢復原色。

染色時由於被染物（皮）在酸性的染浴中（帶陽電荷）及染浴的PH值低於皮的等電點（PH=5.7），致使陰離子的染料與皮纖維中帶陽電荷的氨基（－NH3＋），以離子鍵互相結合，因而產生了染色的作用，故加酸對酸性染料有促染的作用。

鉻鞣皮因本身帶陽電荷，而且具有酸性，所以和陰離子染料的親和力很高，因而如果使用陰離子性的酸性染料染色時，染料的使用量少，不必加酸固定。但當中性鹽的濃度增加時，染色的速度則會趨於緩慢，使染料能達到一定的勻染效果。為了使酸性染料能滲透，常於染浴中添加氨水或碳酸氫氨（Ammomium bicarbonate）使染液的PH值超過鉻鞣皮的等電點（已蒙囿的鉻鞣皮PH6.0，未蒙囿的鉻鞣皮PH6.7），藉以減少皮表面的陽電荷，使陰離子酸性染料易於滲透，染色完成後，添加酸，增強皮表面的陽電荷，進而促使染料能和皮纖維的結合牢固，即稱「固色Fixation」。

經過複合的酸性染料分子較大，因雙極矩【註】導致具有高從屬（副）價力（Secondary valence force）或和氫鍵結合力，所以可被離子力（Ionic force）吸引至鄰近的纖維上，這說明了酸性染料能被酸固定，一但固定後，即使再用鹼（例如；氨水）中和酸，染料也不可能完全脫離纖維，即完全被「拔（剝）色Stripping」。有從屬（副）價力的染料常會使分子聯結聚集形成很大的分子，因而使溶液變成較稠，甚至冷卻後會類似果凍或膠凍。

【註】

化學分子的結構中，由於正電荷和負電荷分佈不均，則會形成「極性 Polar」，但是如果正，負電荷分佈均勻的分子，則是「非極性分子」。雙極（Dipole）則是由原子或次原子粒子（如質子、電子）集合而成的分子，在一定的距離間具有相同數量的正，負電荷，稱「雙極分子」。改變電場或磁場的方向時，具有極些的分子便會隨著轉動。「雙極矩Dipole moment（μ）」等於正，負電荷的距離×靜電單位的數目。

植物（栲膠）鞣製的皮，或鉻鞣皮以植物（栲膠）鞣劑或合成單寧鞣劑再鞣的皮，因電荷呈陰離子狀，所以和酸性染料的親和力小，不易上染，故需添加酸，蟻酸或醋酸，改變皮表面的電荷，幫助上染的速度，但染色後必須有充分的水洗工藝，藉以去除殘餘的游離酸，避免影響爾後成革的各種強度。

(3) 媒染染料（Mordant Dye）

染料分子中雖會有酸性的羥基及帶有酸性的性質，但酸性頗為微弱，故較難溶於水。

所以需經過水溶性化處理，或使其分子內含有水可溶性的基群，才能成為水可溶解的媒染染料。對纖維無染著性，需先以金屬鹽媒染劑（Mordant）處理後再添加染料，因羥基會和金屬形成色澱，即可染色。金屬鹽的媒染劑有鉻，鋁，鐵等可溶性鹽。

媒染染料擁有多色性，因可藉添加不同的媒染劑，而改變色調，一般而言，色彩不鮮艷。對日光，水洗，洗濯（含清潔劑）的堅牢度均高。

染色過程的方式表示如右：媒染劑處理後＋媒染染料→金屬色澱。

自從有了金屬絡合性染料（Metal complex Dye）後，現在已幾乎不用這類的染料。

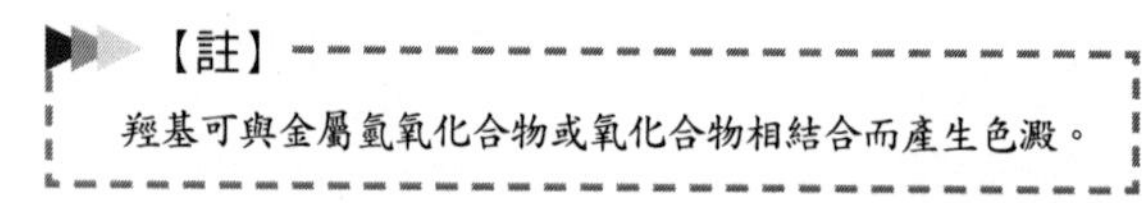
【註】
羥基可與金屬氫氧化合物或氧化合物相結合而產生色澱。

(4) 媒染料（Acid Mordant Dyes）又稱「鉻染料Chrome Dye」

也有人稱鉻媒染染料（Chrome Mordant Dye），酸性染料中具有能和鉻鹽反應的染料。分子內含有磺酸基，羧基等酸基，而且在適當的位置上又有羥基或氨基，可和鉻鹽生成鉻色澱（分子內的鉻鹽）的能力，所以兼有酸性染料及媒染染料的雙重性質。可在酸性或中性浴染色，若再以金屬媒染劑（重鉻酸鈉或重鉻酸鉀）施行染色的後處理，則會使纖維上的染料形成不溶的色澱，而固定在纖維上，色澱的顏色與原來染料的顏色不同。亦即染色加酸固定後，需添加0.5～1.0%的重鉻酸鉀（鈉），轉約30分，排水，水洗，出鼓。但是也可先用重鉻酸鉀（鈉）先處理纖維，再使染料於酸性浴中染色，亦能生成同樣的鉻色澱。染色後色調會較深。色調一般較不鮮艷，色譜可謂齊全，日光，水洗，洗濯（含清潔劑）的堅牢度均高。

(5) 金屬絡合性染料（Metal Complex Dyes）或預金屬化染料（Premetallised Dyes）

鉻媒染染料需於染料經酸固定後，再添加重鉻酸鉀，藉以改善水洗堅牢度，但是因為色調會變化，不易配色，很不方便，所以才研發出「金屬絡合性染料」。

金屬絡合性染料亦可稱為兩性染料（Amphoteric Dyes），因為染料分子屬陰離子，而金屬分子屬陽離子。金屬絡合性染料很類似皮蛋白纖維，皮蛋白纖維於等電點（PH視所使用的鞣製劑）時，電荷為0，低於等電點的PH將為陽離子，高於等電點的PH則為陰離子。

- 將直接性，酸性，媒染，或酸性媒染等染料和金屬原子（鉻、銅等）絡合而成，因絡合後的染料分中除了含有陰離子的色素外，又含有陽離子的金屬，即同時具有二種電荷的性能。
- 一個金屬原子與一個染料分子所形成的絡合染料稱為「1：1金屬絡合染料，或1：1含金染料」，屬強酸性染料，需要在強酸的條件（PH值約4左右）才能染色，又稱「勻染性染料」，其被吸著於纖維上，除了分子中染料陰離子本身的親和力外（磺酸基愈少，親和力愈強，所以一般不易溶解，需使用表面活性劑幫助提高水溶性），又受酸被吸附在纖維上所產生的靜電位所支配，及電位所產生的引力與染料陰離子的負電荷（亦即磺酸基的數目）成比例，若於染浴中添加芒硝（Glauber Salt硫酸鈉$Na_2SO_4 \cdot 10H_2O$），即可抑壓靜電位而改變親和力，故磺酸化程度較高的1：1金屬絡合染料，在酸性浴中雖可完全被給纖維吸著，但若添加芒消，則會降低對纖維的吸著能力。使用於染色時勻染性，滲透性及各種牢度都很好，但色澤淡，故適用於染淺色，不過常被使用於「噴染」和「塗飾」等工藝。色澤飽滿，鮮艷而和諧，且各種堅牢度都很良好。

- 一個金屬原子與二個染料分子所形成的絡合染料稱為「1：2金屬絡合染料，或1：2含金染料」，可在中性或酸性的條件下染色，故又稱為「中性染料」，由於較具陰離子性，故對PH的變化較敏感。如於中性浴進行染色，其分子中染料陰離子的親和力大，如添加芒硝（Glauber Salt硫酸鈉$Na_2SO_4 \cdot 10H_2O$），則會增加染料的吸收量，1：2金屬絡合染料的吸收能力對染料使用量的多寡及溫度的變化極小，而且能被鉻鞣皮和植物（栲膠）鞣皮所吸收。染色時，表面染色極為均勻，且遮蓋性良好，色澤飽滿，因結構穩定，耐濕磨擦，耐汗及耐光等堅牢度也極佳，水洗牢度比1：1金屬絡合染料差點，但乾洗牢度佳。由於在分子中被引入非離子的親水基群，例如磺酰甲基（Sulfonyl Methyl $-SO_2CH_3$），或磺酰胺甲基（SulfonylAminomethyl $-SO_2NHCH_3$），故水溶性高。
- 金屬絡合性染料如果是由金屬鉻和偶氮染料所形成的絡合染料，不僅具有染色的能力，而且還有輕微的鞣製作用。另外如果增大絡合物，則會降低水溶性，故2：1或2：3的金屬絡合染料屬水不溶性染料。

(6) 磺化的鹼性染料（Sulphonated Basic Dyes）

使用的方法和酸性染料一樣，色澤鮮艷，但是日光堅牢度差。它們屬依PH值為主的兩性染料，PH：3.0是它們的等電點，不具有任何電荷，即中性，滲透性及勻染性佳。低於等電點的PH屬陽離子，能給予植物（栲膠）鞣皮的表面有良好的強固定性，高於等電點的PH則屬於陰離子。

(7) 反應性染料（Reactive Dyes）亦稱「活性染料」

亦稱活性染料。價格貴，但水洗堅牢度極佳，分子結構裡含有一個或一個以上的反應基團，於染色時，這些反應基團會和纖維起化學反應，形成共價結合（Co-valent linked），非常穩定，所以水洗，磨擦和日光的堅牢度很高。可歸類於陰離子性的染料系列，但不同於陰離子染料，因不使用酸耗盡染浴及固定。

分子結構內主要是由二部分組成；一為含有磺酸基的色素染料分子，所以水溶性佳，水解後呈陰離子型，對硬水的穩定性高，但對皮纖維的親和力小，否則會影響染料的堅牢度，因為親合性愈高，未反應的殘餘染料不易被洗淨，另一部分則是和染料連接的反應基團，如酰胺基（Amido）。

反應性染料的染色溫度，以結合於染料母體發色團中含有氯（Cl）的反應團數量為基準，分為：(1)高溫

80°C，(2)中溫60°C，及(3)低溫40°C等三種的規格。由於染色過程中會和皮纖維反應而產生酸，不利於反應的進行，所以反應性染料需於中性染浴（PH約6左右）染色，而且必須添加鹽，使皮纖維吸收及調整適於染色的PH，染色後，再以鹼性處理完成染色的工藝。

日光堅牢度及洗濯堅牢度非常優良，染於毛裘，色澤鮮明，但其它革類則不見得艷麗。使用反應性染料染鉻鞣皮時，其染色的方法大致和酸性染料的染法一樣，染浴的PH值在4.5（深色）～6.0，或6.5（淺色），不同的是染浴需添加鹼質，藉以促進反應及結合。比較不適合於染植物（栲膠）鞣製的皮，因植物（栲膠）鞣製的皮，不耐鹼，不過卻也非常適合於染耐水洗的醛鞣皮，但色相有限，不全，色調淺，日光堅牢度尚可。

(8) 氧化染料（Oxydation Dye）

是一種適用於毛裘廠染毛皮及毛髮的特殊染料。需經氧化劑氧化處理後，才能形成不溶性氧化縮合體而發色，但若氧化不充分，則易受酸類的作用而變色。基本上對日光，酸，鹼，洗濯等堅牢度佳。此類型染料的使用範圍不廣，所以生產的廠商不多，色譜較不齊全。染法最好參考供應染料的廠商所提供的意見。

(9) 硫化染料（Sulfur Dyes）

分子極大不溶於水，僅溶解於PH：9～12的硫化鈉（Sodium sulphide）溶液，鹼性太高，除了醛鞣外，對其它各種鞣劑鞣製的蛋白纖維易造成嚴重的毀壞。不過現在有先將硫化染料預還原的硫化料，可溶解於水，硫化染料分子結構中的—SH，—S—及—S—S—等結合被還原後，即可成為水溶性的硫化染料，而且使用的條件完全和酸性染料一樣。目前已有染料製造廠將硫化染料預還原成為水溶性，稱「預還原的硫化染料Pre-reduced Sulfur Dye」，供應皮革廠使用。

一般硫化染料分子結構複雜，其發色體主要是以雙硫橋（－硫－硫－，－S－S－）或二亞碸橋（－亞碸－亞碸－，－SO－SO－）和芳香族環連接而成，染色時附著在纖維上的染料，經過氧化處理（掛在空氣中，或用紅礬鈉（鉀）處理），便形成不溶性的染料而固著。硫化染料的滲透性佳，抗水性，耐洗性及耐磨擦性都很好。遺憾的是色譜不全，色澤不鮮艷，濃度較低，染著力較小，故使用量較多，而且染色達不到深色（表面）的要求，但如能用鹼性染料套染，則可增加色調的鮮明度。

2.陽離子性染料（Cationic Dyes）

鹼性染料（Basic Dyes）亦稱「鹽基性染料」色素離子在水溶液中為陽離子，即正電荷。化學構造上不含酸性基，但含鹼性的胺基（Amine NH_2）群能強烈地和酸形成離子化鹽，故屬水溶性。鹼性染料的水溶液有鹼性介質時將被分解成不溶性的色素沉澱，有些鹼性染料，甚至在弱鹼的介質中，例如氨水，也會被分解。

鹼性染料因帶有易水解的鹼性陽離子「胺基」，所以能夠增加對水的溶解性，但是溶解度不及酸性及直接性染料的溶解度，而且硬水或水液呈鹼性的情況下，可能導致鹼性染料的沉澱，所以溶解鹼性染料時，須先以少量的醋酸助溶，使鹼性染料先溶解成糊狀，再添加熱水攪拌稀釋，熱水不宜超過60°C，因有些鹼性染料於60°C時就會被分解而變質。鹼性染料由於在水溶中帶陽電荷，所以對同樣帶有陽電荷的鉻鞣皮不具有親和力，適用於帶有陰電荷的植物（栲膠）鞣製的皮，著色能力強，用量少即可染深色，著色快，易染花，不勻，如果用量過多，則會產生古銅色（Bronzing）的效應，所以最好在染色前添加少量的醋酸或阻染劑（Retarding agent）以減緩它的著色能力。對水中碳酸鹽的硬度較敏感，故染浴的PH值最好控制在3.6～4.7之間或中性值，不過色澤會較淺。

鹼性染料能給予表面色調強，但滲透差。根據電荷的特性，鹼性染料不能和帶有負電荷的酸性染料或直接性染料同染浴一起使用，如需要同浴染色，可使用「三明治染法 Sandwich Dyeing」，藉以加深染色的色度，即先使用酸性染料或直接性染料染滲透或底色，加酸固定後使用鹼性染料「套染」，再使用酸性染料或直接性染料進行表面染色，如此不只可加染色的色度，同時也能提高鹼性染料的堅牢度。

另外是先使用酸性染料或直接性染料染底色，加酸固定後使用鹼性染料染表面，如此可增加遮蓋力及色澤的艷麗，但是如果不經過「塗飾」工藝處理的話，必須注意各種堅牢度，如乾，濕磨擦及日光牢度等。

使用鹼性染料染色時，無論染浴的溫度高或低，固定都很快。相對而言於PH：3～9之間是相當地獨立，不受PH的影響。中和時使用醋酸鈉或蟻酸鈉，或經植物（栲膠）再鞣，或經合成單寧媒染劑處理過（如分散性合成單寧，或勻染性的合成單寧），以及使用硫酸化油或亞硫酸化油加脂處理過，或已經過陰離子染料染色後，這些陰離子的化料或染料處理後會提高鹼性染料對鉻鞣皮的親合性。

鹼性染料的用途有限，所以品種不多，有黃，橘，紅，藍，紫及棕色等系列的色相，色彩鮮艷，遮蓋力強，尤其是各色相混合而成的黑色，色相非常飽滿（即黑度非常深而濃）。可惜的是日光堅牢度及磨擦堅牢度非常差，易褪色，不過可於染色後再使用磷鉬鎢酸（Phosphomolybdo-tungstic）處理，藉以再提高改善日光堅牢度。

鹼性染料亦能溶解於某些溶劑，故不耐乾洗（Dry-cleaning）及不適合使用「易保養塗飾（Easy-care finishing）」或溶劑型的光油塗飾（Solvent Lacquer finishing）。溶解於油，脂，蠟，使油脂，蠟著色後，具有「接觸掉色（Marking off）」的特性，即接觸後，顏色即能轉移至對方的表面，例如鞋油（Boot polishes），碳紙（複寫紙Carbon paper），打字帶（Typewriter ribbon）等等。

【註】

（一）現在已合成出一種新型的正電荷染料（大多為金屬）稱為「陽離子染料Caionic Dyes」，可使用「蟻酸」助溶，各種堅牢度都比鹼性染料好。

（二）酸性染料，直接性染料及鹼性染料的區別法：

將染料用水溶解至1%濃度的溶液，滴入0.5～1.0%濃度的植物（栲膠）單寧鞣劑，鹼性染料產生沉澱，如滴入10～20%蟻酸溶液，則直接性染料會沉澱，酸性染料不會。

以上所述及的各種染料都是皮經鞣製後染色時，常被使用的水溶性染料。水溶性染料一般都隨著染料本身親水基的數量，對水的離子化性及染浴溫度的升高等因素而增加了它的水溶性，但隨著本身分子量的增加，分子的聚集，中性鹽，水的硬度及重金屬鹽的存在而下降。

二、水不溶性染料

溶於醇，不溶或微溶於水的染料稱為醇溶性染料（Alcohol soluble Dyes）。溶於有機溶劑，完全不溶於水的染料稱為油溶性染料（Oil Dyes或Solvent Dyes）。化學結構大多為偶氮型，無親水基團。

染料分子中的金屬絡合偶氮型染料與皮纖維結合的能力強，耐光性佳，透明性，即遮蓋力差，色澤鮮艷，常被使用於噴染或苯胺革的塗飾，藉以達到特殊的效果，例如雙色效應，仿古色等等。

染料的特性

染料是一種複雜的有機化物，如果僅是依它的組成和結構，我們並不能觀察出它的應用價值，但是可由它的特性給予評價它的質量是否好？

單體及非單體染料（Homogeneous & Non-Homogeneous Dyes）染料具有同一的，或完全相同的染料分子稱為「單體性染料」。但是在商業上方面，這是很少有的染料，至少需添加2%的其它染料，藉以調整染料的色相或色光而適合於流行的色調，更有些染料是二種以上的染料混合攪拌組成，這些染料稱為「非單體染料」。

非單體染料如果混合適宜，且能考慮到染料彼此間的相容性，對染物（皮）的親合性，染色後各種堅牢度的要求等等，當然是一種非常良好的染料，否則可能形成有些染料滲透，而有些染料不滲透，造成滲透不勻，導致最後的色調不是所想要的色調，而各種堅牢度也不能達到客戶的要求，所以染色或配色及調色光時需慎選非單體染料及要求染料供應商提供所選非單體染料的各種數據資料（如親合性，各種堅牢度）及特性。

簡單測試染料是屬單體或非單體染料的方法，即用吹的方法使少量的染料粉吹向濕的濾紙上，由濾紙上就可明白的看出組成染料色調因素的各色斑跡，但不適於液狀的染料。

一、耗盡率（Rate of exhaustion）

每一個染料都有自已對被染物（皮）的耗盡率（rate of exhaustion），亦即吸收（uptake）。

耗盡率是受中和，再鞣等工藝及溫度和PH值的影響甚大，耗盡快的大都染在表面，反之，耗盡慢者則較滲透。所以選擇染料混合前，最好有個別染料的吸收曲線（Build-up curve）作參考。

二、相容性（Compatibility）

所謂相容性即二個以上的染料混合使用於染色時，染料與染料之間需具有相同或類似的耗盡率，才能獲得混合染色後的色調均勻。

三、溶解性（Solubility）

染料於1公升的蒸餾水，溫度分別為60˚C及20˚C時能被溶解的最大公克數。染料最重要的性能是溶解性及對硬水的穩定性。溶解性及對硬水的穩定性高的染料將會是滲透佳，但水洗和汗濕牢度低。換句話說，假如溶解性及對硬水的穩定性差的染料，滲透性差，表染性強，雖說水洗和汗濕牢度也差，但乾洗牢度可能會較好。

四、聚集性（Aggregation properties）

混合多種染料染色時（Combination dyeing），除了需要求個別染料的耗盡率相似外，尚需考慮到染料混合後的溶解性，如果溶解性沒問題，但染料仍有聚集的傾向，則可能是染料對硬水的敏感性（Sensitivity），染料有傾向於聚集是一種明顯地表示拒絕被皮吸收的現象，所以聚集將改變染料對皮的親合性，大多沉積在皮的表面。故水的硬度，亦即電解質（Elctrolyte），對染色的影響甚大。

五、染料的稀釋液（Diluent of Dyes）

稀釋染料的水溶液及染浴如含有電解質（Eletrolyte），則染料的耗盡慢，另外因電解質的存在，使得未能被溶解的染料將會沉積在皮面上，形成「銅化Bronzing」的現象。

六、染料色調的強度（Shade strength of Dyes）

指染料的著色強度，亦即表示染料的染色能力，也就是染料的濃度或成分，濃度愈高，或成分愈多，也就是強度愈大的染料於染色時需要量愈少。

每一種染料商標所註明的百分比（%），即為該染料的色調強度，也表示染料的濃度，例如：ABC黃200%是表示強度2倍於ABC黃的標準色調強度（Standard shade strength）；XYZ黃200%是表示強度2倍於XYZ黃的標準色調強度，但因二者的製造廠不同，故標準色調強度可能不同，所以ABC黃200%的強度可能高於，或低於，或等於XYZ黃200%的強度，這必須經過「分光光度計Spectrophotometer」測試，或以工藝及百分比一致染於處理相同，部位相同的皮才能比較。

七、色光（Shade）

染色後，染料在被染物上，除了顯示它的主色外，尚呈現出副色，我們稱這樣的副色為染料的「色光」。

八、堅牢度（Fastness）

染色的堅牢度是指染色後的成革，經加工成品後及使用的過程中，經常接受摩擦，日曬，水，汗等侵蝕以及大氣壓作用的因素影響下，是否容易褪色，或變色；不容易者即堅牢度高，反之則低。

染料的堅牢度，項目很多，有耐日曬，耐水洗，耐酸、鹼，耐乾洗，耐水，耐水滴，耐汗，耐乾、濕磨擦及對塑料成品的移色性，例如聚氯乙烯（PVC），對皮革而言耐日曬，耐水，及耐乾、濕磨擦等堅牢度比較重要，另外不經塗飾的苯染革，如服裝革，手套革，正絨及反絨面革和剖層革（二層榔皮）等耐日曬的堅牢度尤其重要。

下面列舉染色堅牢度的主要種類，並說明其概要：

1.日光堅牢度（Light fastness）

因日光而導致褪色的抵抗性，分5級（紡織品分8級）。一般以弧光燈（Arc）或氙光燈（Xenon Lamp）等人工光源代替陽光測試。

染色後，被染物在光的照射下，所染的色澤吸收了光能，使染料分子處於不穩的激發狀態，而形成激化能，如此會部分轉化成熱能而消失，同時部分受激化的染料分子，因發生化學變化而產生褪色的現象。偶氮型的染料，在纖維上（紡織布）因日曬而褪色屬氧化作用，但是在蛋白纖維上（皮纖維）的褪色，屬於還原作用。

影響日光堅牢度的化性：

染色後成革表面色調強度大（濃度深）的日光牢度比強度小（濃度淺）的高。如果使用的化料會使色調敗色（變淺），則會降低日光堅牢度。同一色調強度（深淺一致）的日光堅牢度，染色時，有使用耐日光牢度的合成單寧比沒使用的胚革好，但是染料的使用量較多。

具有高日光堅牢度的染色，色調的強度（深淺度）並不是主要的因素，而是需要有良好的固色工藝，和考慮下列應注意的事項，另外如果僅僅使用陽離子助劑固色，則固色程度尚不夠，因為染料將和陽離子助劑於皮面形成染料－複合物，很容易因磨擦而掉色，或水洗，或乾洗時被洗掉，甚至可能色移至接觸物。

(1) 經常使用日光堅牢度良好的染料。

(2) 染淺色時，需考慮使用日光堅度佳的合成單寧，如此可以提高胚革的日光堅牢度。

(3) 需要有極佳的固色工藝。

(4) 如果日光堅牢度的要求很嚴格的話，除了(1)，(2)，(3)項外，尚需考慮使用「紫外線吸收劑UV absorbers」或「紫外線穩定劑UV stabilisers」。

為了使染色革能具有各種堅牢度皆佳的要求，除了上述慎選染料及固色工藝外，另外染色時染料的添加，最好採取分次添加法（滲透除外），以及必須有良好的水洗工序，藉以去除未被固定的染料，甚至於染色固定後，排水，水洗，再出鼓，如此才能達到各種堅牢度的水平。

2. ①洗濯堅牢度（Soaping fastness）

②水洗堅牢度（Washing fastness，或Wet fastness）

①和②的測試是一樣，只是洗濯有加清潔劑，測試的速度分三種，結果的級數分5級。

分二種測試：（一）洗後褪色的程度，（二）和白棉布一起洗後，白棉布的污染程度。

3.汗濕堅牢度（perspiration或Sweat fastness）

因流汗導致的變色。以人造汗液試驗，分5級。人造汗液有氯化鈉（食鹽Sodium Chloride）、磷酸二鈉（Disodium Phosphate）、氫氧化鈉（Sodium Hydroxide）等鹼性試液。

4.摩擦堅牢度（Rubbing fastness）

用白棉布摩擦後，檢視污染及變色的情況，分5級。有乾磨擦牢度（Dry rubbing fastness）及濕磨擦牢度（Wet rubbing fastness）二種測驗法。

如果染料以不溶狀態，機械似固著在纖維上，則摩擦堅牢度較差，一般濕摩擦的褪色比乾摩擦的堅牢度差。

需經過磨皮工藝的革，例如正絨面革（牛（豬）巴哥Nubuck），反絨革等，需注意磨皮堅牢度（Buffing fastness），及磨擦脫色堅牢度（Crock fastness）。控制胚革的濕度有利於磨皮（Buffing），但磨皮後需完全地除去塵埃。使用潤滑劑或採用撥水劑處理皮面，即能增加磨擦堅牢度（Rubbing fastness）。

5.水滴堅牢度（Water fastness）亦可稱耐水堅牢度

將水滴在染色革上，測驗水滴處顏色的變化，分5級。親水基團較多的染料，則耐水性較差，如染料和纖維發生共價鍵結合則耐水性較佳，如反應性染料（活性染料）。

6.乾洗堅牢度（Dry cleaning fastness）

檢驗經乾洗後顏色的變化程度，最主要的是測試抗乾洗劑（溶劑）濾出染料的程度。堅牢度不僅與染料本身有關，而且與被染物的性質有關，例如使用直接染料或酸性染料染鉻鞣皮，堅牢度較好，但如染植物（栲膠）鞣皮則不理想。

各種堅牢度的要求，除了慎選染料外，尚需考慮影響染料各種性質（例如色調，色調強度，勻染性，滲透性，耗盡率等）及待染皮胚的堅牢度和染色工藝。

7.滲透性（Penetration）

染料的滲透性不僅與染料本身的性質有關，而且與被染物的性質也有直接的關係。

8.吸收率（Absorption）

當染色達到平衡時，著色到纖維的染料與染液中原來染料二者之間的比例。吸收率和操作方法有關。

9.親和力（Affinity）

不使用媒染劑或促染劑時，染料被纖維吸附的能力。

10.親合性（Affinity）

染料的親合性是由不同的因素組成的，最重要的是染料親水的性能，染料分子的結構和大小，耗盡率及聚集性（Aggregation properties）。小分子的染料滲透快，但是僅能部分耗盡及固定，而大分子的染料傾向於被固定在表面。

染料的親合性（Affinity）及親合數（Affinity Number）

大多數的染色技術工程人員，選擇染料使用時都是根據個人多年累積的經驗，加以判斷而選擇，然而現代的鞣革技藝已被加速地更新和變化，如鞣製的方式，和染色關係密切的再鞣，中和及加脂等過程也是如此，而且原皮，或浸酸皮，或藍濕皮供應地或供應國也常會因某種狀況的發生而有所變化，導致鞣製時其原皮性有所改變，尚有其他很多因素會影響到任何一種染料和被染物（皮）之間的染色行為，故染料的選擇不只是依據經驗判斷而已，尚必須考慮到染料的著色能力及親合性，藉以期望能達到染色有重染性的效果，亦即重複染同一色彩，都能得到相同的色彩和色調。

染料和被染物二者之間的親合行為，對二者之間的相容性（結合性）是否適合？是一個很重要的決定方式，但由於二者之間的親合行為受到各種因素的影響而有所變化，例如所使用單寧劑的種類和使用量及固定的情況等，變化很廣，所以選擇染料時需選擇親合性及著色能力相似的染料，如此才會於染色時所表現的染色行為也會相似。

染料和被染物二者之間的相容性，結合性是指染色時染料被被染物的纖維吸收及結合，必須非常均勻，特別是指二個以上不同色相混合使用時，反之，則稱「相異性」。

親合性是指染料將被染物著色後，其分布的情況及均勻和滲透的程度，從技術觀點而言，可利用染料的耗盡率或滲透的程度對染料的親合性加以評估。

色相十分相異的數種染料混合使用時，最好選擇混合的每一種染料對被染物的著色能力和被吸收的情況相似，否則染色的結果，將是染色不均勻，或不滿意，或色調和樣品完全不一樣，當然形成這種不良的結果亦包括混合的染料成分間，可能有不相容的染料成分存在的因素。

染料的耗盡率是根據PH值，例如使用標準規格的高親合性和低親合性二種被染物，於不同的PH值進行漸進式的染色時，則能引導出親合性的數值，稱為「親合數」。

親合數的測量法和過程如下：

首先將藍濕皮割成片狀，剁碎，打成皮漿，去除不純的物質，藉以形成測試的基本物料，再以下面的方法制成二個標準的皮漿：

1. 純鉻鞣皮漿（高親合性）：將基本物料添加具有緩衝性的中和劑，調整PH值至7。
2. 半鉻鞣皮漿（低親合性）：將純鉻鞣皮漿施以15%的陰離子再鞣劑處理後，調整PH值至7。

染色時先將測試的皮漿處理至60˚C，固定時用蟻酸調整至所需的PH值，爾後經真空過濾及光乾燥機乾燥。

測試時所使用的百分比是以染料對水的使用量。

第一次測試：於PH：7時進行染色，以比色計測量計其濾液。

第二次測試：將第一次的濾液及新的皮漿調整PH值至5.5，爾後染色，固定再用比色計測量計其濾液。

※視和數的計算方式：親合數＝A＋B/2

【註】

A：PH＝7時，所吸收的染料。

B：PH＝5.5時，所吸收的染料。

由測出的親合數，我們可以將染料加以分類：

1. 高親合性染料：純鉻鞣皮的親合數在85↑者，半鉻鞣皮的親合數在55↑者。
2. 中親合性染料：純鉻鞣皮的親合數在75～85之間，半鉻鞣皮的親合數在35～55之間。
3. 低親合性染料：純鉻鞣皮的親合數低於75者，半鉻鞣皮的親合數低於35者。

親合數越高者（染料），越染表面，而越低者，越往皮內滲透。

如果染料能依據染料的親合數選擇的話，則有下列的實際效果：

1. 選用親合數相似的染料染色，亦即染料的相混性，或相容性很好，所以染色及滲透都很均勻，但是如果親合性不一致，或親合數相差太遠（純鉻鞣皮相差15↑，而半鉻鞣皮相差10↑），結果是親合數較低的染料，滲透較深，不只形成染色及滲透不均勻外，尚會導致磨皮性及擦傷性等牢度不佳。

2. 如果染料屬「滲透性染料」，可和高、中、低親合性染料互相混合使用，但只能將它視為滲透元素使用，不能當作色相的主要元素。

我們不能僅將「親合數」區分在染色的某種關係而已，而是應該視它為所有有關染色問題的背景，諸如染料的溶解性，濕移色力等等都是直接地影響染色效果的因素，故不可忽視它。

皮的親合性是可以加以控制的，但在控制時會依序影響到染料的耗盡率，例如具陽離子性的鉻鞣皮（藍濕皮），可被陰離子性的物質，如再鞣劑、油脂劑等等，加以改變，也可以使用乾燥後胚革（Crust）的回濕染色法，藉以降低被染物（胚革）對陰離子染料的著色速率，提高了染料的勻染性及滲透性，另外如果使用低親合性的皮，染色時，可添加適量的陽離子助劑處理，藉以提高染色時的「著色率」。

色調（色相）的標準深淺度 （Shades Standard Depths SD）

鑑定染色的飽和度需要某些參考指數，色調標準深淺度就是用來提供這種參考指數。

色調標準深淺度的意義是將每一單位的染料染成SD1/25、1/12、1/6、1/3、1/1及2/1不同深淺度的色調。SD1/25的色調是最淺色，而SD2/1的色調則是最深色，不過1/25的色調對皮的染色而言，因皮平身的顏色都比它深，故無法染成如此淺的色調。至於黑色及深藍色，我們也無法給予數值式的稱呼，一般均以「深」和「淺」加以區分，而其它色調（相）的強度，則可利用標準深淺度加以比較。

有關染料各種堅牢度的比較，必須是在相同的標準深淺度。因不同色相的染料，如以相同的百分比（%）染色，結果可能是色調強度十分地不同，使比較或鑑定染色的堅牢度會顯得比較困難，但是如果利用「色調標準深淺度」染相同的深度，則能達到「比較」目的。

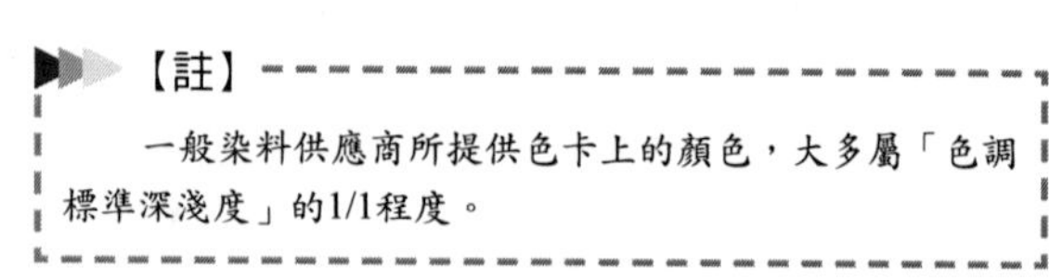
【註】

一般染料供應商所提供色卡上的顏色，大多屬「色調標準深淺度」的1/1程度。

染色後色相強度較深的日光堅牢度比色相強度較淺的好，但濕堅牢度，乾洗牢度及對PVC的移色性等牢度較差。

評定染料的價格，通常也都以染料的標準深淺度為依據。

一公斤的標準深淺度染料其售價為1,000元，強度低10%的A染料售945元，另強度高10%的B染料售1,100元，二者和實際標準深淺度的售價比較後，A染料每公斤的價格實為945÷90%＝1,050元，貴了50元（1,000－1,050＝50）。

B染料則為1,100×90%＝990，便宜10元（1,000－990＝10），二者差60元。

故當然B染料對染色成本而言，比A染料便宜多了，所以評定染料對染色的成本，不是依據色版及售價等主觀的視力和判斷而定。

染料的著色能力和飽和極限（Build-up power & Saturation Limit）

根據染料和被染物（皮）之間的關係，不同的被染物，染料的著色能力也不同。染料的著色能力可藉染色的曲線概以述論。

飽和的意義是指一已知的被染物（皮）被染色時，其色相所能達到的最高深度。飽和極限則是指染色時被染物已達到飽和點時，即使再添加染料也不會加深色相，或增加其色相的飽和度，稱這色相的飽和點為「飽和極限」。染浴中殘餘的染料，無論是殘留在染浴或被染物上，爾後總會被洗掉，或會簡單地增加染料的滲透和吸收，但不會影響色相的飽和。

飽和極限是依據所使用的染料和被染物二者的類型不同而有所不同，也就是說每一種染料都有它自已的飽和極限，但會因使用於不同類型的被染物，而產生不同的變化。所以選擇染料時必須加以考慮「染料的著色能力」。

鑑定染料的著色能力和飽和極限

染料的著色能力和飽和極限，可利用高親合性及低親合性的皮漿以漸進的染色法鑑定，

除了纖維質經光譜分析（分光光度分析Spectrophotometric）測定外，染浴內殘留的染料則需經比色法（Colorimetry）測定。

任何一種染料的系列裡，都含有能給予純鉻皮具有SD1/1，甚至高於SD2/1的飽和成分。

我們可利用染料的標準深淺度描述染料的特性。利用色的飽和度（明暗度Intensity）當作染色時的基本色素使用，或是當作對已知飽和色較高的被染物配色時調色用。

著色的能力和飽和極限的意義

評估染浴染料的耗盡曲線（Exhaustion Curve）時會導致下列具有意義的結論：

1. 在飽和極限外的染色是不合經濟效應，也不可能增加色相的深度，即使是少許的深度。
2. 染料混合，溶解後再進行染色，為了避免發生染色不均勻的現象，調色光用的染料耗盡曲線，不能比任何一種混合組成染色時為主體色素的染料耗盡曲線「陡」。

液態介質中皮革染料的色移能力(Migration)

染色時染料的色移能力是最容易使人了解染色的動作，也是一種是否能獲得品質優良的染色革的重要因素。皮革染料的色移能力受被染物皮革本身的PH值，溫度，染色助劑，及電解質的影響很大。

測定皮革染料的色移能力時，亦能顯現出各種染料（例如直接或酸性染料）和色移行為二者之間的關係，因而可歸結出相關染色的滲透性，勻染能力，乾燥過程對染色後的影響，染料和染料彼此間的相容性（Combinability）和染色的各種堅牢度。

對染色的操作知識越深，則越懂得如何以正確的方法選擇適當的染料而增加染色的效果。

每次染色時須考慮到二方面：

1.熱力學（Thermodynamic）

其定義是指能量（Energy），也就是說在平衡狀態時，染料和纖維間形成化合物所需要的能量，但事實上都是評估從染浴中，吸取染料至纖維的動作。

2.染色動力學（Dyeing Kinetics）

其定義是指速度，也就是說當達到平衡狀態時的速度，利用此速度，我們可部分描述染料吸收率的特徵。

我們必須強調皮的染色過程是將染料溶解於水，形成有色的溶液，稱「染浴Dye bath」染浴內的染料轉移至皮纖維上，直至染浴耗盡，再從固定，水洗，搭馬，吊乾，直至皮全部乾燥才完成染色工序。

當我們討論「皮革染料的色移能力」，也就是意謂著染色達到平衡後染料的動向。

測量染料的著色能力（Colouring power），可分直接與間接二種方法：

1. 直接法：將皮切割，直接在皮的截面積由目視評估染色的程度。
2. 間接法：在此我們僅討論「毛細現象Capillary」的分析，將一片細長且含有凝膠（明膠Gelatine）的紙條浸於染料溶液，爾後視凝膠染色後，色的水平位，就能測知染料的著色性能。

染料的色移能力

染料的色移能力是指染料從某一位置移至另一位置的能力，簡稱「色移力」，這種染料的可移動性，包括數種互相跟隨的相，如下圖：

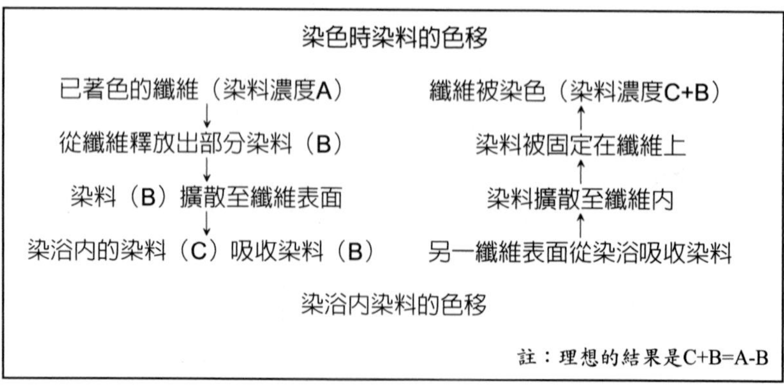

圖19-2

一般而言，染料會從濃度較強高的位置移動至染料濃度較低的區域，同時在物理-化學作用的條件下，高濃度纖維上的染料也能色移到濃度低的纖維上，如此才能得到均勻的染色效果。

染色後如果使用急速乾燥法的工藝，例如不經過搭馬過夜，直接乾燥或真空乾燥，則皮革表面的水分由於蒸發太快，導致未被固定的染料被機械似地沿著皮粒面驅往至皮較鬆弛的部份，或邊緣處，而造成染色不均勻的結果。

影響色移能力的因素

假設皮是一個能和染料分子反應而被佔有的全部反應基群，當染料和這反應基群內的數個反應基接觸時，就產生了所謂的「染色」動作，染色時由於染料本身的移動性，或受到其它染料分子的壓力，導致染料分子會從一個反應基移至另一個反應基，形成「色移」。如果「中和」只是中和皮的表面，則會因皮內的酸比表面的酸強，導致延緩染色的速度，這種現象如以「物理–化學」方面解釋，則是會因而影響染料的「色移能力」。

影響染色的因素

1. PH值：酸的增加會降低染料的溶解性，但會增加染料的吸收性。

2. 溫度：增加溫度，則會加速染料的色移，稱「布朗運動（Brownian movement）」。
3. 染色期間：會增加染料分子和反應基群之間接觸的數量。
4. 物理動作：透過機械作用（鼓的轉動），會增加染料和纖維的接觸頻率。
5. 浴比：浴比較大時，因染料不會發生凝聚，故有利於染料的固定。
6. 助劑：視所選的助劑，不是影響被染物（皮），就是影響染料，但也有二者都會被影響的助劑。
7. 電解質：會使染料分子凝聚，不利於勻染，不過有利於第一次染底色的色相強度。

影響染料「色移能力」的因素

1.PH值

如果PH值降低，染料的色移能力也會降低，而且會降低至某一範圍。

2.染料的親合性，亦即吸收性

一般而言，染料的吸收性（親合性）和它的滲透性成反比。吸收能力強的染料，色移能力弱；反之，吸收能力弱，則色移能力強。吸收能力相似的染料，色移能力可能不盡相同；同樣的，色移能力相似的染料，吸收能力不見得相似。

吸收能力和色移能力是屬於染料的二種特性，亦是決定染料著色的能力及特性。親合性高的染料，著色比較表面。形成色移能力不同的原因，在於染粉分子的大小，所負載的電荷，溶解度及是否傾向於形成凝聚的狀況等。

3.溫度和時間

溫度對皮於染色及乾燥期間的過程中都扮演著非常重要的角色，染色時增加溫度，色移的速度也增加，但經過一段時間後色移的現象便停止，而不是持續地產生色移。轉鼓的機械動作則是促進低親合性染料的吸收速率（即是遷移率Moblility），故在不同的溫度（例如20°C和60°C）染色時，如果色移能力一樣的話，則非常弱的低親合性染料，也能得到非常好的染色效果。

4.染料的濃度

染色是否能完全而且很均勻是依據染色時所使用染料的濃度，濃度增加則有利於著色性（Colouring），但濃度不論增加與否！對染色的勻染性不是加強，就是損害，因染色後如果酸化固定差，可能使色移現象持續進行，導致形成色斑。

5.被染物－皮

親合性低的被染物（皮），色移能力強，反之，親合性高的被染物（皮），色移能力減弱。

染料的混合性（相容性Combination）

染料的色移能力是關係著染料和皮纖維之間的結合能力，所以染色時如果使用二種以上的染料混合，則染料彼此間的覆蓋和色移能力必須相同或相類似，而且吸收率及分散的能力也必須相同或相類似，如此的混合才可能得到很好的勻染效果。

經由實際操作對色移能力的結論

染色性： 染料的染色性和色移能力之間有一種間接關係，如果想得到很好的染色效果，使用色移能力強的染料是必須的條件，因染色是依據纖維對染料的吸收量及纖維和染料反應基群的反應狀態密度。

勻染性： 所謂勻染性是指染料能均勻地分散於皮的能力。染色是否均勻，是根據染料的色移能力和覆蓋能力的結合作用，例如親合性高的皮希望能有勻染的效果，那麼所選的染料必須具備有下列的條件之一；中等的覆蓋力及較弱的色移能力。覆蓋能力強但色移能力屬中等。

換句話說，勻染性佳的染料必須具有能使覆蓋力和色移能力達到某一平衡的能力。

總之，染料於皮內的色移能力具有基本的獨特性能，它會影響任何一種方法的染色系統，也是評估染色效果的方式之一。

染色的觀念和理論

皮的染色過程大的可分為三個階段：

1. 皮表面從染浴中迅速吸收染料，達到飽和後染料開始往皮內滲入，染料一開始滲入，飽和就消失，表面又吸收染料至飽和狀，再滲入，飽和又消失，再吸收……直至吸收達到染色平衡（The equilibrium of colouring or Dyeing）。所謂染色平衡是指染色達到飽和狀態，超此以上的染料不會再被纖維吸著，亦即染著於纖維的染料與染浴中的染料相互間的濃度成為平衡狀態，如以染色曲線圖表示，即曲線轉彎點。平衡染著量一般因溫度的上昇而減少，但在低溫下要達到染色平衡需時較長，這也是為什麼低溫染色有利於染料滲透的原因之一。
2. 滲入皮內的染料，開始產生擴散（Diffusion），使染料分散於皮內各處。
3. 爾後持續進行布朗運動（Brownian movement），染料因而產生色移運動，直至染料固著於纖維上。固著的過程來自於染料分子間引力（內聚力Cohesion）的物理作用以及和氫鍵、離子鍵、共價鍵、或配位鍵結合的化學作用。

總體說染色的過程是由吸收，滲入，擴散，滲透，色移和固著等相互影響及相互交替的工藝所組成的工序，而染料分子對皮纖維的滲透與結合則是物理和化學作用的總效應。

皮革是蛋白纖維和鞣劑所構成的複合體，所以染料不僅要和游離態的氨基（鉻鞣皮），或羧基（植物鞣皮，油鞣皮）結合，而且還要與皮內的鞣劑作用，所以皮的染色比其它纖維的染色較複雜，也較困難，因而皮的染色除了要了解各種染料的結構、特性和皮膠朊作用外，還必須了解皮的性質以及染料對不同鞣製皮的作用原理及運用的方向。

染料的吸收，擴散和對皮的親和力

水溶性的染料在染浴中，染料分子或離子之間會發生不同程度的聚集，聚集較大的會進一步分散為離子，直至染色結束為止，由此可見染料在染浴中的聚集情況會直接影響到染色的進行速度。分子小的染料在常溫及一般濃度的條件下，聚集度很小，反之，分子大的染料，聚集度大，即染色的速度慢，有利於滲透，如果增加染料的濃度及中性鹽，或添加勻染劑，染料的聚集度就增大，有利於緩慢上染，但是如果提高染浴的溫度、或加大染浴的浴比，染料的聚集度就會減小。

所謂親和力，色括分子間的引力，氫鍵，纖維上的反應基群和染料離子的靜電引力等，親和力的大小與染料分子的化學結構，大小形態，及皮纖維的種類，性質有關。染色時染料，纖維和水之間存在著大小不同的親和力，假如染料分子與纖維之間的引力大於和水分子的引力，染料則會失去水分而逐漸被吸收到纖維的表面上，再滲入，擴散，滲透，直至染料分子有重新回到纖維表面（滲出）的傾向為止，這種吸收，滲入與滲出是可逆性的，但是受到彼此間親和力大小的支配。

染料分子和纖維空隙間的大小是決定染料在纖維中的擴散速度，因而皮在染色前，必須針對纖維的性質選擇適當的染料，染色時要適切地控制染浴的PH值，溫度，染料的使用濃度，各種化學助劑的添加及機械作用等，使染色的過程能傾向於染色的方向。

1.染色的速度（The Velocity of colouring）

取決於染料分子向纖維內部擴散的速度，速度快則滲透性及勻染性不好，但色彩濃，速度慢則滲透性及勻染性佳，但色彩淺（淡）。

2.染料與纖維的結合力

染料分子內的親水基和纖維內的親水基（氨基）因水解而結合，有下列三種結合；

- 離子結合：主要是纖維內的氨基與酸性染料的陰離子色素結合。
- 配位結合：使用金屬媒染劑和著色於纖維上的染料結合，例如媒染染料，即屬配位結合，亦可當作共價結合的變形，但是共價結合的共有電子對是由雙方的原子所提供的，而配位結合則是由一方的原子提供電子對。
- 共價結合：反應性（活性）染料即屬此種結合。

光的吸收與色

電磁波中我們所能看到的波長域是400～750mμ（奈米），稱為「可視光線Visible light」，所顯現的色彩稱光譜色（Spectrum colour）。太陽光是此波長內各色混合後給人有白色感覺的光。物質（或染料）從陽光吸收「可視光線」某一部份的波長，即能顯出顏色（反射光）；其所顯出的顏色，即是所吸收光譜色的補色（或稱餘色Complementary colour）。

吸收	波長（mμ）	～400	400～425	425～450	450～490	490～510	510～530	530～550	550～590	590～640	640～730	730～800	800～
光線	相當之顏色	無色	紫	靛	藍	藍綠	綠	黃綠	黃	橙	紅	紅紫	無色
補色		無色紫外	綠黃淺色	黃	橙	紅	紅紫	紫	靛	藍	藍綠	綠深色	無色紅外

反對光的折射

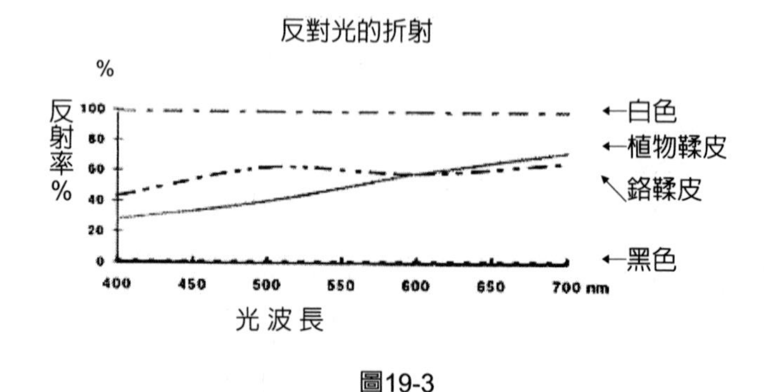

圖19-3

如物質吸收所有的光，呈黑色，反射所有的光則呈白色。吸收藍光，呈橙色。吸收光線自短波長向長波長方向移動時，顏色亦自淺色移向深色。

同一色相的染料，亦有濃淡之別。此乃與光線的吸收量有關，吸收光線愈多者，顯出的顏色愈濃。

光譜色混合後成白色，而顏料色混合後成黑色。

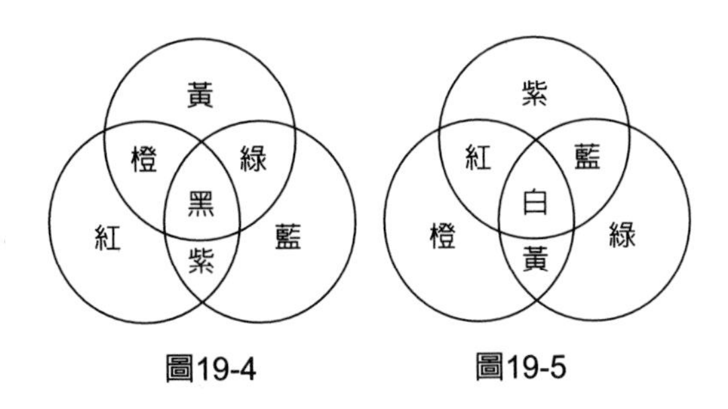

圖19-4　　圖19-5

一般對色的感覺有所謂色的三屬性，即明度（Brilliance），色相（Hue）及彩度（Chroma）。

- 明度—指的是顏色的明暗度，例如白色的明度高於灰色。
- 色相—即是所謂的色調（Shade），例如紅色，綠色。
- 彩度—亦即色彩的濃度，例如鮮紅及暗紅。

色相＋彩度＝色度（Chromaticity）

有助於配色的研討和理論

國際「埃克拉理雷基」委員會（C.I.E. Commsion International de l'Eclarirage）體系是以紅，藍，綠三光譜色的光波長解說「色」。以X，Y，Z軸為座標，但是已被國際「埃克拉理雷基」委員會LAB體系（C.I.E.L.A.B.）改稱為L.A.B.座標軸，如果X.Y.Z.數值相同，則無色，即它們的總值最高時，照明光的發射光最亮，或形成明亮的白光，假如總值為0，則無光源，或呈黑暗，中間值則為自然灰，假如某一部份的值高於其它二部份，例如X＝紅，則色調將是紅和白的混合色，亦即是粉紅色。

這種體系的配色理論雖不曾被製革界採用於染色，因皮表面的本性是不平坦且也會吸收染料，但卻可以使用於塗飾時，顏料漿的配色，因只有表面著色，故這體系的配色最適宜使用於「電腦配色Computor Colour Matching」。C.I.E.L.A.B.圖表如下：

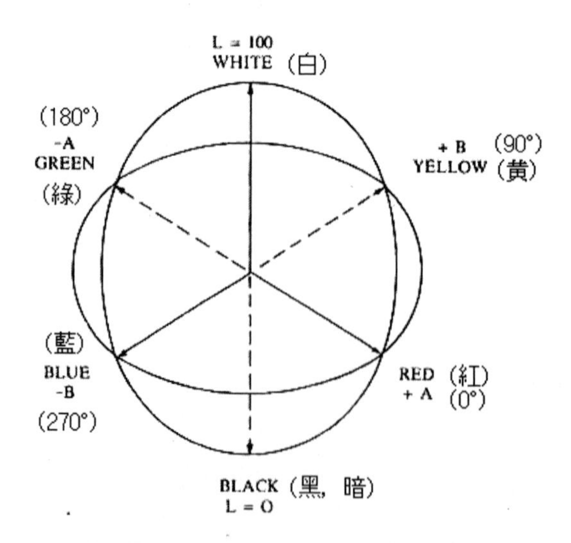

A-B DEFINES CHROMATICITY（A- B 色度的特性）　L = LIGHTNESS L=光亮度

L.A.B. co-ordinates for Colour Definition
釋義色彩的 L.A.B.座標

圖19-6

【註】

L：100→0亮度：亮→黑，暗；+A→−A：色度深→淺，色度純→鈍−B→+B或+A：色度深→淺，色度鈍→純，所有的色相都被包含在空洞的球體內。

陽光的光譜色，即「彩虹」的彩色（紅、橙、黃、綠、藍、紫六個顏色），混合後成為「白色」，但是染料的紅、橙、黃、綠、藍、靛、紫等七個顏色混合後則成為「深色或黑色」。紅，黃，藍三色為顏色的三原色。黃色最淺，紅色次之，藍色最深。耐熱牢度－紅色最差，黃色次之，藍色最佳。對PVC的色移牢度－黃色最差，紅色次之，藍色最好。可見光的光波最長是紅色，最短的是紫色。

通過黑色點的任何一條直線和三角形二邊相交的顏色互為補色（Complementary colour），它們如果按一定的比例混合也能配成深的顏色或黑色。

染色時配色（Colour matching）將受到染料本身的特性和皮纖維的性質等因素的影響。故選擇染料時要注意染料對皮的親合性及染料和染料彼此之間的相容性，另外每一個別的染料都有自己的助色團，即副色或色光，配色時儘量不要使用太多不同色彩的染料混合，否則因太多複雜的副色而導致麻煩，例如色澤灰暗等。所選的色彩也不要太靠近三角形的中心點「深色或黑色」，否則配成的色彩將會是深而混濁，不鮮艷且不飽滿。染深色發覺色光不對時，可試用其補色進行套染及遮蓋，否則可能會越套色，越不對，越淺。至於淺色為了不加深其色調（Shade），要減少其補色的添加量。如果是因為太多染料的副色所帶來的麻煩，最好是重新配色，及儘量減少使用多種染料的混合。

配色時，除了依據顏色的要求而選擇染料外，尚須考慮所選染料的特性，諸如濃度，溶解度，滲透性，所帶的電荷及各種堅牢度等。染色時，不能忽視染色前、中和後，或胚革本身所具有的色調，色調越深，能染的色調越有限。染淺色的色調時，必須使用接近白色的皮或胚革，或事先將皮或胚革漂白。

每一個別的染料對皮的親合性都不一致，親合性高的色澤濃，反之則淡。

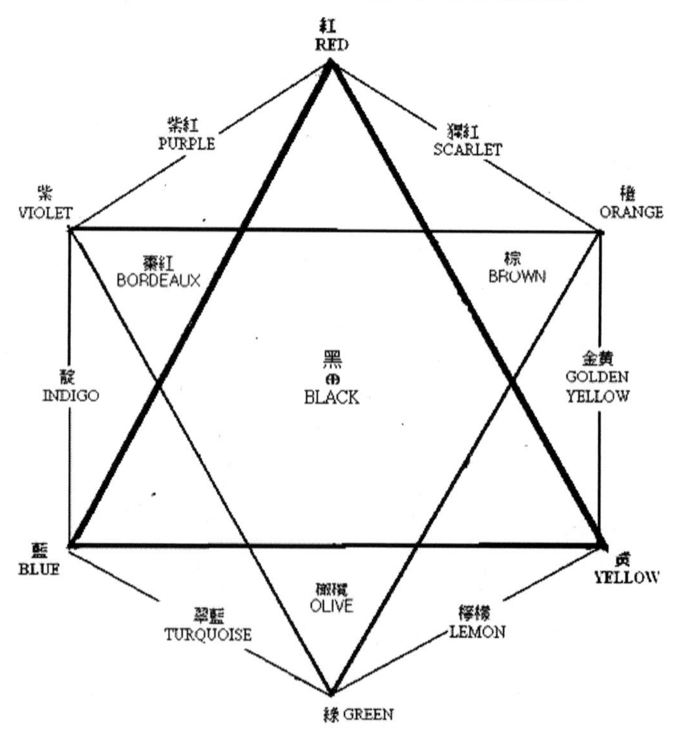

圖19-7　染色的配色

色環（The Colour Circle）

色環是使用於引導配色原則的方法之一，圖形如下：

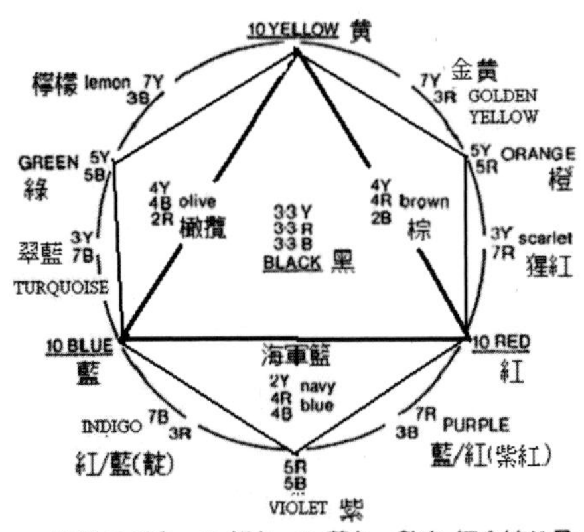

圖19-8

色環裡的紅，黃，藍是三個主色（亦稱三原色），它們在色環的同邊上，距離相等，形成「正三角形（亦稱等邊三角形Equilateral Triangle）」。

由二原色以等量混合的色調和二原色等距，形成「等腰三角形（二等邊三角形Isosceles Triangle）」，例如：橙色＝5份的黃色＋5份的紅色；紫色＝5份的紅色＋5份的藍色；綠色＝5分的藍色＋5份的黃色，但也可能形成「正三角形」，視混合量而定。另外由二原色以不同的份量混合後，亦能在色環的周邊上形成各種不同的色調，例如淡黃色，棗紅色等等。

由三原色混合的色調，它們的位置都在色環內。如果以等量混合即成黑色。由圖得知，棕色是位於橙色和黑色之間，所以可能的混合是：①2份黃色＋2份紅色＋2份藍色＝黑色，②2份黃色＋2份紅色＝橙色，爾後①和②混合＝棕色，亦即棕色是由4份黃色，4份紅色和2份藍色混合而故，當然也能直接將黑色和橙色混合形成棕色，且位置不變。如果由4.5份黃色＋4.5份紅色＋1份藍色混合，則所得的棕色，強度較弱，亦即較淺。

總之，靠近黃色區域的棕色，一般都屬於黃棕色。靠近紅色區域的棕色，一般都屬於紅－棕色。靠近藍色區域的棕色，一般都屬於藍－棕色。同樣的，我們也能了解色環內，經由三原色混合的其它色相及組成，例如：橄欖色及海軍藍。

但是越多單色混合的色調，最後的色相，則越鈍，越不明亮，且色調的強度會減弱。故最好儘量用三原色配色，否則也儘量不要使用超過三種單色配色。

配色時須牢記色相的位置，但需加以調整，因為商業性的染料或顏料，很少供應純的三原色，即黃色帶黃光，紅色帶紅光，藍色帶藍光，而是各帶有不同的光澤，例如帶紅光的黃色混合等量帶紅光的紅色，結果不是橙色而是偏向於猩紅色。混合等量帶藍光的藍，結果不是綠色，而是綠偏向紅的橄欖色。這三原色所混合而成的黑色，則是帶有紅光。

要染鞣劑鞣製過的皮，需考慮到皮身所帶的色相，是植物（栲膠）鞣製的棕色？或鉻鞣製的藍／綠色？就色環的推論，如果是染鉻鞣製的皮，因皮身具有藍／綠色，那麼藍／綠色是構成色環的要素，如此純黃色（10Y）將向檸檬黃（7Y3B）的方向移動，而純紅色（10R）將變成鈍而不亮，或向黑的方向移動。經由三原色所配成的色相將是橙色成份少而鈍的棕色。

配色（Colour Matching）

如環境許可的話，即能接受染料的價格，選主色儘量選單體染料，配色調用的染料，也儘量選和主色的染色特性相似的染料，例如：固定和滲透。不然的話，則需選擇「親合性」比較相似，或「親合數」比較接近的染料進行染色及套色。否則構成染色組的染料，萬一有一個染料的滲透能力較其它的染料強，染色後的結果，表面的色相將不是所期望的色調，因有一個染料跑掉了（滲透）。

例如：4份黃色＋4份紅色＋2份藍色混合而成的棕色，如果所選擇的染料，不管是染色性或親合性都很相似，最後的色調將會是理想中的色相，如圖19-9，反之，要是所選擇的染料，染色性或親合性都不能相似，例如：黃色的滲透性較紅色及藍色強，如果黃色全部滲入，最後的色調將會如圖19-10所示，表面可能呈現出紫紅色。如果黃色大部份滲透，表面則將呈深紅棕色，而截面可能呈現較黃的黃棕色，如圖19-11。

假如需要染成「中棕色」，而結果是明亮的「橘棕色」，那麼矯正色調時，添加較深的棕色比使用藍色或黑色合理些。但是如果由於染料使用量的計算或染色的條件稍微有點錯誤，而改變了染料的滲透，如此則不能斷言說添加較深的棕色比較正確，然而可能會使人有點吃驚的是，一旦橘棕色滲入皮內，則所添加藍色或黑色的部份就只停留在皮的表面上。

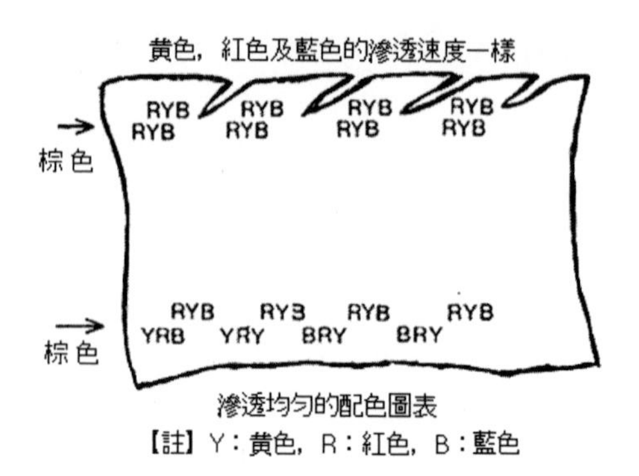

圖19-9

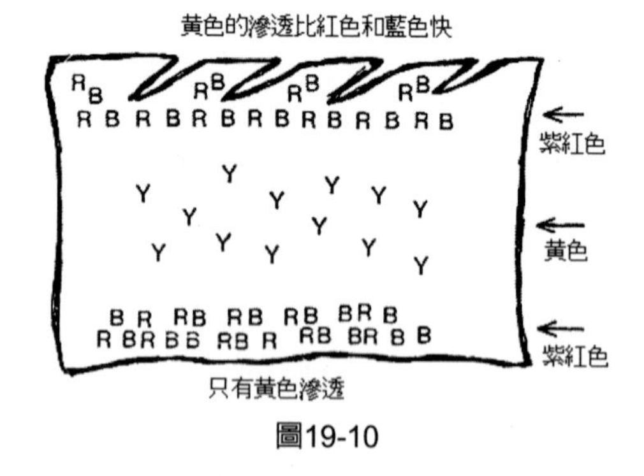

圖19-10

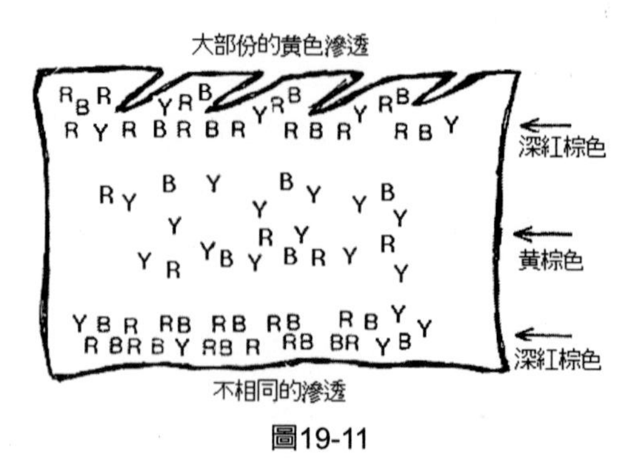

圖19-11

染色後出鼓前的驗色是一項重要的手續。添加酸會增加染浴內染料的耗盡率。所以驗色或調整色調，色光的工段都是在添加增加染浴內染料耗儘率的酸之前，但是如果添加酸以後，染浴仍然含有多量的染料未被固定，則需加長轉動的時間，或再添加部份的酸。

如果全數的酸添加完後，驗色，再添染料矯正色調或色光，則所添加的染料會迅速地被固定在皮的表面上，即不會滲透，且可能造成染色不勻。

假如希望所有的染料（包括調色，調色光用的染料）能夠在加酸之前一次加內，則調色，調色光用的染料量，需增加比當初使用量的10%～20%。出鼓，吊乾，最好是自然乾燥，如果是急速乾燥，色調較深。加脂劑也會影響色調的深淺，劘軟後色相會變弱，打光及熱壓則會增加色相的強度，而磨皮則是去除皮表層的色澤。

驗色調或調色光

兩個物體在某種光源照射下，可能呈現相同的色調（色彩），不過在另外不同的光源下，則可能呈現不同的色調，但是如果配色佳，則呈現的色調會差不多，差異並不大，例如藍和黃配色染於皮後，白光（日光）下觀看，呈現的色調是葉綠色，但是在黃色的電子燈下觀看，樹葉會呈現出鈍而昏暗的綠，相對地，皮則呈現黃綠色。這就是所謂「條件等色相配Metameric matches」。

人類的眼睛並不是一種色調檢測絕對正確的工具：

1. 人類的眼睛時常因長時間的驗色，造成「色疲勞Colour fatigue」的傷害，所以每次驗色前，需讓眼睛休息一陣子。
2. 大多數具有「色盲Colour blindness」人通常都是「紅色」或「綠色」，故紅色或綠色時常對具有色盲的人產生困惑，造成對紅色或綠色系統的配色困難，例如卡其（Khaki）色調和橄欖色調。
3. 環境周圍表面所呈現的反射光，亦會影響驗色，例如陽光照射在周圍的紅磚，常會使檢測物的色調具有不正確的紅光。

為了避免來自不同光源所反射的光對配色或驗色所造成的困難，最適宜的方法是驗色，或配色，或挑選染料都能在一個內壁漆天然的鈍灰色及裝有標準白光照明設備的驗色櫃，例如白光較溫暖的螢光燈管，當然亦可使用黃色光源的鎢絲燈，及藍色光源水銀燈等，一般檢驗色調所使用的驗色光有日光（Daylight），鎢絲燈（Tunsten tube），紫外線光（UV light），及特殊的螢光管（Fluorescent tube），但這一切都必須先和客戶研討，驗色需以那種光源為依據？驗色或配色技術者必須証明他們對色彩的反應，沒有任何問題，如有色盲，則不適用。

皮的表面不是很平坦，光的照射常會使反射形成色譜光的反射（染色皮的顏色）及散射（Dispersed transmitted），亦即亂射，二種反射光，這二種反射光構成的顏色，即是染色皮的色調。驗色時則是依據皮表面對光源射入光束的角度所呈現的色調為主。例如一片亮麗的黑色面革，如果光源沒有直接將亮麗的一面反映至眼睛，即光來源的角度不對，則黑色將被誤為是深灰色。同樣的，如果用姆指壓反絨革使表面成平面，使光源的反射有不同的角度，便會形成「雙色效應Two-way effect」，或用手撫反絨的纖維，或用手指在纖維上寫字，亦會形成雙色效應，稱為「書寫效應Writing effect」，或「絲光效SilkSheen effect」，總之，染色後的色調，是否會形成二種或二種以上的色相，都是以觀看者的眼睛和光源對檢驗物（染色革）反射的角度為主。

色調不對，需要調色，所選用的染料用量不能太少，否則遮蓋最初色調的能力不夠，且染料與染料之間的相容性必須良好，不能於PH低時添加染料，否則勻染性差，且會影響水洗牢度及色花的結果。另外添加染料時，最好是採用分次加入法，藉以獲得遮蓋均勻。如有所需，可添加些適用的染色助劑，例如勻染劑。

調整色光時，原則上和調色的動作是一樣，所不同的是使用量少，最好能添加些幫助染料分散及勻染的助劑，不能在PH值高的時候添加，否則因滲透，失去調色光的功能。

染料和鞣劑的作用

1.染料與鉻鞣皮的作用

藍濕皮的纖維含有帶陽電荷的氨基（NH_3^+），染色時使用陰離子染料和氨基反應，形成離子鍵的結合。簡式化學反應如下：

氨基$^{+}$－蛋白纖維－羧基-（鉻離子）$^{+2}$＋（染料）－鈉磺酸$^{-}$ →
（染料）氨基$^{+}$磺酸$^{-}$－蛋白纖維－羧基-（鉻離子）$^{+2}$＋鈉$^{+}$

$$NH_3^{+}-P-COO-\ Cr^{+2}+Na^{+}SO_3^{-}-D \rightarrow$$
$$NH_3^{+}SO_3^{-}D-P-COO-\ Cr^{+2}+Na^{+}$$

【註】

P：代表蛋白纖維；D：代表染料分子

經由化學反應得知，藍濕皮的含鉻量越多，陽電荷越強，能結合更多的陰離子染料，因而為了增加藍濕皮的染色飽滿度，大多採用鉻或鋁鞣劑再鞣，但實際上增加藍濕皮的染色能力以鋁鞣劑再鞣的效果較好，因鋁鞣劑比鉻鞣劑較難蒙囿，且比等量的鉻吸收更多的陰離子染料，故用鋁再鞣後的皮能加強與陰離子染料的結合力及著色強度。

假如使用蒙囿作用較強的鹽作為藍濕皮的中和劑，則因鉻鹽會和陰離子牢固的複合，從而降低藍濕皮和陰離子染料的親和力。

藍濕皮於靜置時一旦失去水分或乾燥，鉻複合物的正電荷會減少，因而對陰離子染料的親和力也會減少，染料的吸收量會降低，但是反而增加對陽離子染料的吸收量。

藍濕皮如果使用芳香族鞣劑再鞣的話，也會降低對陰離子染料的親和力，但可將芳香族鞣劑當作藍濕皮染色時的勻染劑使用。使用合成鞣劑處理過的皮，其負電荷明顯的增多，染色時最好先使用鹼性染料和陽離子助劑一起染色，藉以先得到勻染的效果後，再使用陰離子染料進行表面的染色。

2.染料與植物（栲膠）鞣皮的作用

植物（栲膠）鞣劑和合成鞣劑都屬於芳香族化合物，其分子化學結構很多方面和染料分子很相似，例如它們都含有磺酸基。這類型的鞣劑皆屬弱酸性，在鹼性的介質中會被電離（離子化Ionization）而釋出氫離子，形成帶負電荷，於一般染色的PH值，幾乎不會被電離，且和染料一樣，都具有非離子的配位價。另外染料分子具有許多基因，例如偶氮基的氫原子、酮基的氧原子，而會產生電子聚集的作用，故植物（栲膠）鞣製的皮於染色過程中，染料和植物（栲膠）鞣劑之間可能發生聚集，而聚集的程度，取決於離子基所帶的電荷，如果二者的離子基所帶的電荷相同，則聚集體中所含的分子較少，易溶解，更由於聚集的分子比沒聚集的分子運動緩慢，所以游離的染料分子，能較均勻地被纖維吸收，反之，如果二者的離子基所帶的電荷相異，則電性互相中和，失去了水合作用（Hydration），形成大而且難溶解的聚集體，最後變成沉澱而被釋出，聚集體如果尚未溶解就被纖維吸吸，結果所染的皮將是色澤混濁，色調不均勻，且不耐摩擦。

使用鹼性染料（陽離子型）染植物（栲膠）鞣的皮時，著色迅速，容易形成染色不均勻，須於染色前添加少量的酸，藉以克服此一缺點。另外由於聚集在皮表面的鞣劑分子，帶有負電荷，很容易和陽離子型的染料結合，也會影響勻染的效果，所以使用鹼性染料（陽離子型）染植物（栲膠）鞣的皮前，必須先將皮表面未結合的植物（栲膠）鞣劑及它們的聚集體去除。

如果使用陰離子型的染料染色時，因提供與染料結合的非離子基及氨基不多，形成植物（栲膠）鞣的皮和陰離子染料的親和力低，常造成染色的困擾，故不宜選用陰離子型的染料染植物（栲膠）鞣的皮，但是如果植物（栲膠）鞣的皮使用鹼式氯化鋁再鞣，或使用陽離子型的樹脂鞣劑處理後，再用陰離子染料染色，則革的色調將會是濃厚而鮮艷。

鞣製對色的飽和度（Colour intensity shade）及染色的明暗度（Purity of dying）的影響

皮經再鞣後就能決定最後成革的品質及性能，但在鞣製時所用的鞣劑則會影響染色的品質，特別是(1)染色後顏色的飽和程度（Dyeing intensity），(2)色光（Shade）及(3)染色的明暗度（Purity of dyeing）影響甚鉅，原因是鞣製工藝都是執行於染色的工藝前。

不同的鞣製對染色所影響的程度也不同，主要是取決於皮經鞣製後，皮纖維因填充作用而改變結構以及鞣劑本身所具有的顏色，例如經鉻鞣劑鞣製及染色後，顏色較深，但色澤較混濁（Turbid）而鈍（Dull），這是因為鉻鞣劑本身的顏色是藍色，但含有灰色的色光。不過如果使用樹脂單寧鞣劑鞣製染色後，色澤較鮮而亮。使用植物（栲膠）鞣劑鞣製染色後，明顯地會降低色調的明暗度，即色調沒光澤性，但是黑兒茶栲膠（Gambier extract）屬例外，因為它對色調鮮艷度的影響較少。染色時必須考慮到植物（栲膠）鞣劑本身所具有的顏色及顏色本身所具有的明暗度，因為這些都會影響到染色後的色相，鮮艷性、以及色的飽和度。

染色的品質會影響成革的販賣價格，尤其是苯胺革（Aniline Leather），因而最重要的事是必須了解所選用染料的性質和所採用的鞣劑二者之間彼此的關係，也就是說，將選用的染料加以評估一旦和鞣劑接觸後的變化。

各種鞣劑對各種染料的染色影響

大家都知道，主要使用於皮革的染料是直接性染料，酸性染料和金屬絡合性染料三種類型最多，為了說明各類型染料和鞣劑結合後所產生的不同特徵，我們使用了三種不同系統的顏色（紅色，黃棕色，中至深棕色）和一般常用而重要的鞣劑作測驗及比較：

試驗時是將已經中和後的皮，使用5%的再鞣劑進行再鞣，排水，換新浴以1%的染料染色，為了評估染色的結果，所有的染色都經分光光度計（Spectrophotometer）測量過，再將此測量的數值和藍濕皮未經再鞣劑再鞣的染色革作比較，另外評估的工作也將下列各項列入評估的要點：

(1) 色的飽和度（Intensity）：以藍濕皮未經再鞣劑再鞣的染色革為100%，再將經再鞣劑再鞣的染色革作顏色的偏差性比較，以百分比（%）表示。

(2) 色光的偏差（Deviation）：使用字句（如較藍，較紅等）及數字加以評估有關系列的色光。

(3) 染色的明暗度（Purity of Dying）：使用字句（如亮，鈍等）及數字加以評估。

表19-1　鞣製對各類型染料的色飽和度，色光及色明暗度的影響／光譜分析值（色相：紅色）

染料的類型	直接性染料			酸性染料			金屬絡合染料		
染　　料	C.I.No 直接紅239			C.I.No 酸性紅151			C.I.No 酸性紅399		
鞣劑	飽和度	色光	明暗度	飽和度	色光	明暗度	飽和度	色光	明暗度
無再鞣	100	—	—	100	—	—	100	—	—
硫酸鉻	100	0.2較黃	-1.1較鈍	123	0.6較藍	-3.7較鈍	100	0.6較藍	-1.6較鈍
樹脂單寧	74	0.8較黃	-1.1較鈍	72	1.3較藍	1.9較亮	83	0.4較藍	2.3較亮
合成單寧	25	4.9較藍	2.3較亮	39	5.2較藍	-0.2較鈍	38	3.0較藍	-1.3較鈍
荊樹皮栲膠	30	5.7較藍	-10.6較鈍	49	6.2較藍	-11.8較鈍	43	2.7較藍	-7.2較鈍
栗木栲膠	55	4.8較藍	-10.0較鈍	76	2.0較藍	-23.3較鈍	47	2.1較藍	-8.5較鈍
堅木栲膠	37	3.9較藍	-13.6較鈍	75	2.8較藍	-12.9較鈍	54	5.4較藍	-8.6較鈍

表19-2　鞣製對各類型染料的色飽和度，色光及色明暗度的影響／光譜分析值（色相：黃棕色 ）

染料的類型	直接性染料			酸性染料			金屬絡合染料		
染　　料	C.I.No 直接橙107			C.I.No 酸性棕397			C.I.No 酸性橙80		
鞣劑	飽和度	色光	明暗度	飽和度	色光	明暗度	飽和度	色光	明暗度
無再鞣	100	—	—	100	—	—	100	—	—
硫酸鉻	136	3.2較紅	-2.4較鈍	147	0.1較黃	-2.4較鈍	125	1.4較黃	-1.2較鈍
樹脂單寧	135	3.3較紅	1.2較亮	101	1.7較紅	0.6較亮	95	0.3較黃	2.6較亮
合成單寧	28	0.5較黃	1.0較亮	16	2.0較紅	-0.8較鈍	64	0.6較黃	1.2較亮
荊樹皮栲膠	39	3.4較黃	-12.4較鈍	39	0	-16.4較鈍	52	0.5較黃	-9.4較鈍
栗木栲膠	63	2.0較黃	-8.5較鈍	45	1.7較黃	-13.8較鈍	64	1.4較黃	-10.7較鈍
堅木栲膠	527	3.5較黃	-13.2較鈍	43	1.8較黃	-17.1較鈍	57	0.2較黃	-12.1較鈍

表19-3 鞣製對各類型染料的色飽和度，色光及色明暗度的影響／光譜分析值（色相：棕色）

染料的類型	直接性染料			酸性染料			金屬絡合染料		
染　　料	C.I.No 直接紅239			C.I.No 酸性紅151			C.I.No 酸性紅399		
鞣劑	飽和度	色光	明暗度	飽和度	色光	明暗度	飽和度	色光	明暗度
無再鞣	100	—	—	100	—	—	100	—	—
硫酸鉻	152	0.5較藍	-0.5較鈍	137	0.8較紅	-3.0較鈍	88	0.3較黃	1.5較亮
樹脂單寧	103	0.5較黃	0.1較亮	115	0.2較紅	-1.5較鈍	74	0.3較黃	1.5較亮
合成單寧	23	0.1較黃	-0.3較鈍	24	0.7較黃	3.0較亮	59	0.2較紅	1.1較亮
荊樹皮栲膠	35	0.4較黃	-0.7較鈍	34	0.3較紅	-0.2較鈍	52	0.1較紅	0.8較亮
栗木栲膠	47	2.6較黃	1.3較亮	53	0.5較黃	1.6較亮	48	0.3較黃	1.1較亮
堅木栲膠	25	1.9較黃	1.1較亮	48	0.6較紅	2.6較亮	43	0	1.9較亮

由表19-1至表19-3的測試數值，我們能了解到每一個別染料，有其個別所具有的典型特性，尤其是能表現出染色後色的飽和度及明暗度。金屬絡合性染料的黃棕色及中深棕色系列染經非離子鞣劑〔植物（栲膠）鞣劑〕再鞣的皮，色飽和度的損失最小。紅色系列則是酸性染料的表現最好，但是直接性染料在任何情況下，其偏差性都是最大的。

【註】
C.I.No染料索引號碼（ColourIndexNumber）

各類型的染料其色光的偏差性，依所使用鞣劑的種類而異，表19-5所列的三種染料，可看出金屬絡合型染料的表現最佳，而偏差最大的則是直接性染料。

由表19-6的紅，黃棕色的系列數字顯示金屬絡合性染料對明暗度的偏差表現最低，直接性染料次之，驚異的是酸性染料，差異最大，但在中～深棕色的系列，直接性染料的表現最佳，其次是金屬絡合染料。

由圖表19-1～19-6的的測試數值，我們得到的結論是藍濕皮如果經過陰離子鞣劑再鞣後再染色的話，金屬絡合性染料對色的飽和度、色光及明暗度的偏差表現最低，而直接性染料的表現，則差異非常大。

個別染料的性質：

如經仔細地測試每一個別染料後，則會發現每一個別染料經常會偏離所屬染料類型所述及的特性，所以原則上每一個別染料

表19-4　鞣製對各類型染料的色飽和度的影響／光譜分析值

色相系列	紅色			黃棕色			中～深棕色		
染料類型	直接性	酸性	金屬絡活	直接性	酸性	金屬絡活	直接性	酸性	金屬絡活
鞣劑＼染料	紅239	紅151	酸紅399	橙107	棕397	酸橙80	棕103	棕127	酸棕298
無再鞣	100	100	100	100	100	100	100	100	100
硫酸鉻	100	123	100	136	147	125	153	137	88
樹脂單寧	74	22	83	135	101	95	103	115	74
合成單寧	25	39	38	28	16	64	23	24	59
荊樹皮栲膠	30	49	43	40	39	52	35	34	52
栗木栲膠	55	76	47	63	45	64	47	53	48
堅木栲膠	37	75	54	53	43	52	35	48	43

【註】

表19-4有關色光及明暗度的差異，列為被調查的次要範圍，故沒列出。

表19-5　鞣製對各類型染料的色相（色調）的色光的影響／光譜分析值

色相系列	紅色			黃棕色			中～深棕色		
染料類型	直接性	酸性	金屬絡活	直接性	酸性	金屬絡活	直接性	酸性	金屬絡活
鞣劑＼染料	紅239	紅151	酸紅399	橙107	棕397	酸橙80	棕103	棕127	酸棕298
無再鞣	0	0	0	0	0	0	0	0	0
硫酸鉻	0.2較黃	0.6較藍	0.6較藍	3.2較紅	0.1較黃	1.4較黃	0.5較藍	0.8較紅	0.3較黃
樹脂單寧	0.8較黃	1.3較藍	0.4較藍	3.3較紅	1.7較紅	0.3較黃	0.5較黃	0.2較紅	0.3較黃
合成單寧	4.9較藍	5.2較藍	3.0較藍	0.5較黃	2.0較紅	0.6較黃	0.1較黃	0.7較黃	0.2較紅
荊樹皮栲膠	5.7較藍	6.2較藍	2.7較藍	3.4較黃	0	0.5較黃	0.4較黃	0.2較紅	0.1較紅
栗木栲膠	4.8較藍	2.0較藍	2.1較藍	2.0較黃	1.7較黃	1.4較黃	2.6較黃	0.5較黃	0.3較黃
堅木栲膠	3.9較藍	2.8較藍	1.5較藍	3.5較黃	1.8較黃	0.2較黃	1.9較黃	0.6較紅	0

表19-6　鞣製對各類型染料的色相（色調）明暗度的影響／光譜分析值

色相系列	紅色			黃棕色			中～深棕色		
染料類型	直接性	酸性	金屬絡活	直接性	酸性	金屬絡活	直接性	酸性	金屬絡活
鞣劑╲染料	紅239	紅151	酸紅399	橙107	棕397	酸橙80	棕103	棕127	酸棕298
無再鞣	0	0	0	0	0	0	0	0	0
硫酸鉻	-1.1較鈍	-3.7較鈍	-1.6較鈍	-2.4較鈍	-2.4較鈍	-1.2較鈍	-0.5較鈍	-3.0較鈍	1.5較亮
樹脂單寧	4.7較亮	1.9較亮	2.3較亮	1.2較亮	0.6較亮	2.5較亮	0.1較亮	-1.5較鈍	1.5較亮
合成單寧	2.3較亮	-0.2較鈍	-1.3較鈍	1.0較亮	0.8較亮	1.2較亮	-0.3較鈍	3.0較亮	1.1較亮
荊樹皮栲膠	-10.6較鈍	-11.8較鈍	-7.2較鈍	-12.4較鈍	-16.4較鈍	-9.3較鈍	-0.7較鈍	-0.2較鈍	0.8較亮
栗木栲膠	-10.0較鈍	-12.2較鈍	-8.5較鈍	-8.5較鈍	-13.8較鈍	-10.7較鈍	1.3較亮	1.6較亮	1.1較亮
堅木栲膠	-1.39較鈍	-12.9較鈍	-8.6較鈍	-13.2較鈍	-17.1較鈍	-12.1較鈍	1.1較亮	2.6較亮	1.9較亮

當視為每一個別體，如此每一個別體的染料則會顯示出其個別特殊的染色性。僅從染料分類所述及的染色性，尚不足以充分地保証，能提供對選擇染料的要求。

現在大多數主要的染料製造廠，對他們生產的染料都會詳細而細心地逐一測試每一個別染的特性，爾後再詳細地描述每一個別染料於染色時其所具有的特殊染色性，因而有助於染料的選擇。當然，由於有各種不同的因素會影響染色，所以每一個別染料的描述，並不能當作絕對的考慮因素，但至少已經提供我們某些的指示，足以幫助我們避免錯誤的選擇及染色。

鞣劑對下列二點的影響是非常重要的因素：

1.親合性

親合性大多是以數值表示，稱「親合數」，染料的親合性是指染料和被染物（皮）之間的關係。原則上我們必須知道染料和被染物（皮）之間的「高親合數」及「低親合數」。除此之外，親合數對染料和染料，或色光之間相混合性（相容性）的選擇是非常的重要因素。一般而言，中至高親合性的染料對低親合性的被染物（皮），染色的覆蓋能力較強，色飽和度的損失較少，因而鞣劑本身的顏色所產生對色光及明暗度的影響較少。

2.每一個別染料的合成力

其意義是表示在特殊的色光係內，能獲得最高色飽和度的能力。

表19-7　鞣製對各類型染料的親合性對光澤度的影響／光譜分析值

染料的類型親合性（染料）	直接性染料中親合性（酸棕397）			酸性染料高親合性（酸橙80）			金屬絡合染料低親合性（酸棕303）		
親合數	80（全鉻鞣）／31（半鉻鞣）			98（全鉻鞣）／77（半鉻鞣）			63（全鉻鞣）／30（半鉻鞣）		
鞣劑	飽和度	色光	明暗度	飽和度	色光	明暗度	飽和度	色光	明暗度
無再鞣	100	—	—	100	—	—	100	—	—
硫酸鉻	147	0.1較黃	-2.4較鈍	125	1.4較黃	-3.7較鈍	108	1.2較黃	-1.3較鈍
樹脂單寧	101	1.7較紅	0.6較亮	95	0.3較黃	1.9較亮	98	1.3較紅	-2.0較鈍
合成單寧	16	2.0較紅	0.8較亮	64	0.6較黃	-0.2較鈍	22	0.2較黃	-6.8較鈍
荊樹皮栲膠	39	0	-16.4較鈍	52	0.5較黃	-11.8較鈍	49	1.0較黃	-11.0較鈍
栗木栲膠	45	1.7較黃	-13.8較鈍	64	1.4較黃	-23.3較鈍	53	2.6較黃	-13.3較鈍
堅木栲膠	43	1.8較黃	-17.1較鈍	57	0.2較黃	-12.9較鈍	44	0.4較黃	-16.6較鈍

從表19-7，我們可以知道染料的分類以它的親合性之間的關係是特別的重要，例如低親合性的金屬絡合染料，對色飽和度以色光和明暗度的損失等染色性，都比親合性高的酸性染料好，而且也知道三大類型的染料中，親合性高的金屬絡合染料在染色時比較適合於我們所期望的要求。

鞣劑對色相（色調Shade）系列的影響：

色相鮮艷的系列中，尤其是淺色相，寧可使皮的親合性降低，而不強化色的合成力，所以染料的使用量少，然而鞣劑對色光及色飽和度的影響非常大‧故想獲得滿意的淺色染色效果，必須透過相關方面的配合，例如再鞣時不可使用鉻鹽或植物（栲膠）單寧，需使用具有漂白能力的白單寧，或樹脂單寧，而染料則選用低至中親合性的染料，避免使用高親合性的染料，如此才會有較好的染色條件，但染中至深棕色系列的情況則大不相同，因從中棕色開始，色飽和度的損失也開始多，故需考慮親合性及合成力，如此才能達到預期的染色目標，然而在色光及明暗度的影響下不能達到最飽和的程度，尤其是黃棕色和「哈瓦那棕Havana Brown」的色相，其色光的混濁度和變換性，都比一般的棕色色相系列較明顯。

深棕色的系列裡，不同種類的再鞣劑，對它的色飽和度的影響很大，例如使用非離子鞣劑〔植物（栲膠）鞣劑〕再鞣，如不採取適當的處理，則僅是非常少數的非離子鞣劑即能達到染深色的目標，另由於色光及明暗度被影響的程度不大，所以染料的合成力扮演著決定性的能力。

 染料的有效能力和染色的能力：

我們已於前段述說過，色相鮮艷時如果使用的染料量太少，則色光和色的明暗度會明顯地受到鞣劑本身天然色相的影響，但是在飽和而色相深的情況下於某一範圍內透過增加染料的有效能力，則有可能補救色光及明暗度的影響。

低親合性的染色皮，如果想在染色後能獲得色相非常飽和且色調非常深的效果，則可使用二階段的染色法，亦即一般稱為「三明治染色法Sanwich Dyeing」，也就是說將染料分二次添加，但第一次染料加入染色後，必須先行酸化，固定，再添加陽離子性或兩性的助劑，藉以執行中間處理，最後再添加第二次的染料，進行第二次染色，酸化，固定，即可。如想達到染色的色飽和度，則需考慮下列的因素：

- 染料使用量的分散情況。
- 中間處理時所使用的助劑類型及其功能。
- 所使用的染料及其親合性。

如果採用這種二次染色法，最後所得到的色飽和度，一般都比使用親合性高的染料高。

由表19-8，我們知道如使用「二次加入法」，亦即三明治染色法，其結果的差異太多。

「二次加入法」僅是想得到色調深且飽和度高的色相，但相對的是染料的使用量也較多，而且顯然的對色光和明暗度的影響都不太去重視。

表19-8　陰離子再鞣劑再鞣後的染色
染料的親合性對染色的影響／光譜分析值

親合性	中親合性		高親合性	
染料	酸性棕127		酸性棕311	
再鞣劑╲添加法	染料 一次加入	染料分 二次加入	染料 一次加入	染料分 二次加入
無再鞣	100	100	100	100
5%合成單寧	24	41	39	52
5%荊樹皮栲膠	34	61	47	65
5%栗木栲膠	53	64	54	89
5%堅木栲膠	47	63	52	66

總論： 鞣劑（再鞣劑）對染色的色飽和度，色光和明暗度之間的影響，部分尚可依據所使用鞣劑（再鞣劑）的種類和染料的性質而加以修正，但是否能修正成功，則是根據所欲達到的色相和個別染料的染色特性。如果所要染的色調非常鮮豔，需添加些能配合所使用鞣劑的助劑，則大多數都可能得到滿意的結果。如色調深且色飽度高的話，則於染色期間需添加助劑處理，才能達到目標。

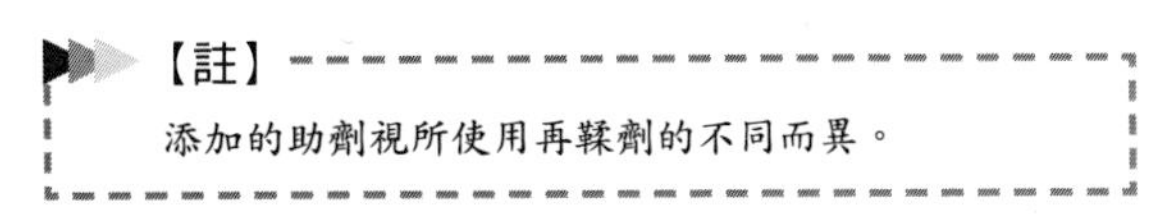
【註】
添加的助劑視所使用再鞣劑的不同而異。

染色前應注意的事項及染色

一、染料的溶解

一般在染滲透，而且色相很深時，會直接將染料粉由鼓門加入，這種添加法對染色的質量，影響不大，但染淺色相，或染色要求較高的絨面革、或反絨革，則不能採用這種添加法，否則極易染花，所以染色前需先將染料溶解，形成液狀的染料，再加入轉鼓內。

染色時所使用的水及溶解或稀釋染料的水，其要求如下：

1. 水需清澈，無懸浮物。
2. 不含重金屬。
3. 不呈鹼性反應，不含游離酸。

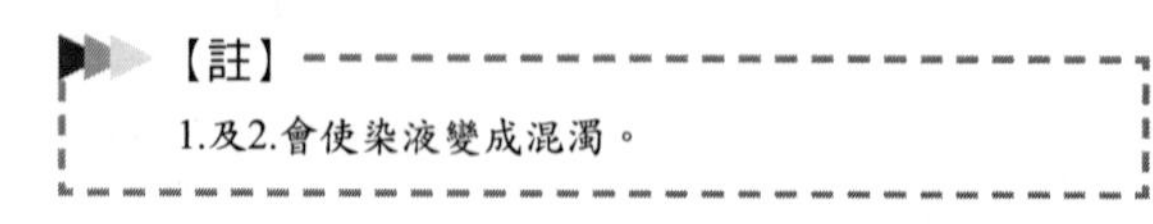

【註】

1.及2.會使染液變成混濁。

如果水中含鈣，鎂鹽太多，則染色不夠濃厚，遮蓋力小。

鹼性的溶液內，陰離子的染料滲入鉻鞣皮較深，但色相不濃厚，陽離子染料則因不同電荷的抑制，變成難溶或不溶。

溶解染料若不得法，極易引起染色的缺陷。如水量太少，染料溶解不良，染色時易染成色花。溶解染料不可以使用金屬容器，因金屬可能會和染料，或染浴中其他的助劑起反應，導致形成染色的缺陷。

染料的溶解法，建議如下：

- 陰離子染料：先以少量的水或溫水將染料撓拌成均勻的糊狀，爾後一邊攪拌，一邊慢慢地加入30～50倍染料重的熱水（80°C）直至均勻地稀釋。

  多種色相的染料混合的話，稀繹後再用蒸氣沸化，才能完全溶解。

- 鹼性染料：先用30%（染料重）醋酸，將染料撓拌成糊狀，爾後邊攪拌，邊添加50～80倍染料重的熱水（60°C↓）直至完全溶化。使用前需過濾，因鹼性染料溶解度小，著色力強，如有不溶的微粒即成色斑。

二、藍濕皮（鉻鞣皮）染色前的準備工序及染色

藍濕皮經過選皮分類（分等級），片皮，削勻，水洗，藉以移除削勻後的皮屑及一些可溶性的鹽類，或鉻鞣所產生的游離酸，及尚未結合的鉻鹽，因為這些過剩的化料可能會使染料沉澱，導致染色不勻，水洗需洗至水清澈，PH低於7。

◆ 中和

皮身的PH值對染色的深淺度及勻染性有很大的影響，因鉻屬陽離子性及藍皮屬酸性，所以一般的藍濕皮將是非常陽離子性，帶正電荷，除非是經過蒙囿，中和，再鞣等工藝，否則藍濕皮會很快地和酸性及直接染料反應，而被固定在皮的粒面上，形成滲

透差，皮粒面的色調強，但不均勻。故須經中和過程，藉以除去藍濕皮表面的正電荷，再進行後續的工序，或染色的工藝。

中和的目的是中和藍濕皮內游離酸及減少陽離子電荷。一般使用200%左右的水和1～2%的弱鹼，使皮截面的PH達到某一適當值。

假如皮纖維的PH在4.8～5.0，染料的滲透及固定正常，但不能滲入較酸性的層次內如果皮革僅需要表面的染色及加脂，例如：粒紋小牛革（Box Calf），亮面小山羊革（Glace kid），鉻鞣半張革（Chrome side leather），中和時，大約使用1%的小蘇打，即能使表面的PH達到5.0，或以上，而皮內層組織的PH將是4.5以下。

假如要求染料及油脂劑完全滲透，例如：反絨革，服裝革，那麼中和需均勻地貫穿皮截面，使PH達到5.6～6.0（豬皮則需6.0以上），故需使用大量的弱鹼，但可能會有「過中和」及對粒面產生提鹼的效應，導致「鬆面」，或粒面粗糙，或碎石花紋效應（Pebbling effect），更嚴重的是粒面將會形成硬，脆，易龜裂。因而中和時最好能使用些較適宜的緩衝鹽（Buffer salt），例如：碳酸氫銨（碳銨Ammonium bicarbonate），蟻酸鈉（鈣），蒙囿劑或與PH無關而能減少陽離子電荷的合成單寧，例如：磺基苯二酸鈉（磺基酞酸鈉Sodium Sulphophthalate）和中和合成單寧。

中和時，使用溫水浴（36°C±2°C），使皮身預熱，即可增加皮身內鉻複鹽中酸的分離。有利於準備染色的皮身，相對的，假如使用冷水中和，則鹼約需多20%的使用量，藉以提高溫度促使酸和鉻鹽分離，進而增加纖維上的陽離子電荷以利中和。植鉻鞣（Semi-Chrome）的皮，執行鉻鞣時酸的條件不如全鉻鞣，意謂著所帶的陽離子電荷沒有藍濕皮（全鉻鞣皮）多，故有時只需要用溫水水洗即可，而忽略了中和工序。藍濕皮經鉻再鞣後，大多數的工藝會於中和後再使用植物（栲膠）單寧或合成單寧再鞣，因為這些陰離子鞣劑會降低皮的等電點（I.E.P. Iso-Electric Point），所以需要較低的PH才能減少陽離子電荷，因而使得爾後的染色及加脂工序易於均勻的分散及滲透。

中和的程度取決於成革最後的製品及使用染料的種類，例如：

- 鞋面革：只染皮表面者，中和程小，有助於成革的豐滿性及彈性。皮粒面的PH值約4.4±0.2，而皮內的PH值約4.0±0.2。
- 絨面革／服裝革：一般需染透及柔軟，其切割截面積的PH值約5.4～5.8（視皮類）。
- 黑色或深色革：中和程度可輕些以使色澤濃厚。
- 酸性染料：分子較小，中和程度可輕些。
- 直接染料：分子較大，對酸敏感，中和程度可重些。

中和後需立即進行後續的工序或染色的工藝，否則如果置放，或停頓太久，皮內的鉻複合物會因水解而又產生新的游離酸，失去先前的中和作用，導致達不到預期的染色效果。中和前可使用陽離子加脂劑，利用它先將鉻鞣皮處理再進行中和，這種方法具有一定的滲透性，柔軟性及改善染色的效果，能獲得濃而飽和的色相。

◆ 染色

可使用高溫（60°C）染色，所以染料的吸收佳，染色的速度快，鉻鞣皮粒面的色調強，但是滲透性差。如果僅是要加強表面的色調，那麼直接性染料最適合，而且用量少，大約1%即可，而且不需要加酸，藉以耗盡染浴中的染料，因直接性染料對酸很繁感，可能導致染料沉澱於表面上，形成染色不均勻的結果，所以儘可能避免使用酸。

藍濕皮的再鞣，如採用陽離子性的金屬鹽（如鉻，鋁等），樹脂，或油脂劑，則表面色調深，如使用合成單寧和植物（栲膠）單寧，則色調淺，而且比較滲透。染淺色調時（Pale shade），染料的使用量大約為0.25～0.5%，因使用量少，為了避免染料因量少，固定快，所以常添加約1～2%的勻染劑，緩和染料的著染性及固定性。

要使1.5毫米厚度以上的全鉻鞣皮透染是很難的，但可求助於中和使用蟻酸鹽或蒙囿鹽，及使用滲透型的陰離子染料。染淺色調時則需於中和使用量多些的中和單寧劑。

鹼式染料使用於表染及三明治染法。

這種染色法比較不適合於要求各種堅牢度的革，例如各種反絨革（牛二層反絨或豬反絨），當然可使用於需要經過塗飾工序處理的苯胺革（Aniline Leather），或半苯胺革（Semi-Aniline Leather）等。

1.表染法（Top Dyeing）

染色法和植物（栲膠）皮的表染法一樣，染色後表面有一層薄（因不能滲透）而色調深，但易於磨掉的色相層。

2.三明治染法（Sandwich Dyeing）

先使用陰離子的酸性染料染滲透，加酸（蟻酸）耗盡及固定，添加0.5～1.0%的鹼式染料，需事先溶解及稀釋，待染浴耗盡後，約10分鐘，再加酸性染料，此時的酸性染料會很快的固定在鹼式染料上。

總之，三明治染法是由陰離子染料，陽離子染料，陰離子染料組成的染色法，而且可以一直以陰離子染料，陽離子染料，陰離子染料的組合染色，直至所需要的色調。

採用三明治染法染色時，陽離子染料可全部，或某一階段的陽離子染料，例如一共添加二次的陽離子染料，可以將全部，或第一次，或第二次添加的陽離子染料，以陽離子性的油脂劑，或樹脂代替。陽離子性的樹脂會使皮稍微結實（Firm），及減少陽離子染料於乾磨擦時的脫色（Crock）。陽離子性的油脂劑能使皮柔軟，當使用量稍多時，會幫助陰離子染料的固定，及改善陰離子染料的抗水洗性。但是假如之前加脂工序使用了陰離子硫酸化油，則任何過剩的陽離子劑會傾向使硫酸化油沉積於反絨革的毛絨上，如果手感不油膩的話，結果將是絨毛柔軟，有光澤。

所謂柔軟而有光澤，即是有「書寫Writing」，或「陰陽色Two way shades」，或「絲光感Silk sheen」的效果。

下面所列的二個系統是利用強烈的機械動作，或任何化料被固定前的擴散力使反絨革能達到迅速的透染為目的，但是不適用於染正確及需要的色調，不過可於透染後再套色，始能獲得正確的色相。

(1) 乾皮胚染色系

將已乾磨和去皮粉後的皮胚放入轉鼓內乾轉，將染料水〔足夠的水份（約150%牛二層反絨，250%山羊反絨）和染料溶解後混合在一起〕用氨水（約3～5%）調整PH至8.0，亦可添加能幫助染料水迅速吸收的非離子性或陰離子的回濕劑1～2%，然後加入轉鼓，由於毛細作用（Capillary action），擴散及乾纖維的水合作用，染料水可能於數分鐘內將完全被皮吸乾，一旦染料水被吸收完後，添加500%且80°C的水使染料固定，再用蟻酸加以酸化，直至PH3.6～3.8，排水，吊乾。

這種工藝取決於乾皮胚是否有均勻的回濕性？良好的乾磨效果？無吐油或油斑？另外染料需選用溶解性佳及對酸不敏感（否則會產生沉澱）。

(2) 濕皮胚染色系

將已乾磨及去皮粉後的皮胚，用PH5以上的水水洗，藉以移除任何可溶性的鹽及未被去除的磨皮粉，排水至乾，再轉的10～20分鐘，使皮內所含的水份均勻，加入全部所需要量的染料粉，待滲透後，加500%且80°C的水使染料固定，再用蟻酸加以酸化，直至PH3.6～3.8，排水，吊乾。

◆ 結論：鉻鞣皮（藍濕皮）染色時需注意的事項

藍濕皮經削勻後，必須充分的水洗，除了洗去皮屑外，最重要的是去除所有游離狀態的鹽類，避免染色時使染料產生「鹽析

Salting」而沉積在皮上，猶如染料未被完全溶解的「染料顆粒色斑點Colour particle spot」。

使用酸性染料染色前的PH值高於胚革的等電點（PH=5.7），或鉻鞣劑（經蒙囿過）的等電點（PH=6.0）時，則染料滲透較深入，但是如果PH值低於染料本身的PH值時（最低的PH約4.5），染料則不易滲透。經植物（栲膠）鞣劑再鞣的藍濕皮，也會幫助酸性染料的滲透，而且植物（栲膠）鞣劑的陰離子能力不足會造成阻礙酸性染料的固定，所以通常都用酸性染料當作底色染經植物（栲膠）鞣劑再鞣的藍濕皮，爾後再表染，藉以增加色調的深度及艷麗。通常於酸性染料或木染料染色後，再用鹼性染料做最後的表染，或則當作「三明治染法Sanwich Dyeing」中間的染色。這二種使用鹼性染料都能增加色調的深度及鮮艷。

染色時應注意的事項：

1. 染料的選擇：當依客戶的色版選擇染料的色調時，可能只要選一種染料即能符合，但大多數需要選二種以上的染料混合使用，如此的話，選擇染料時，必須考慮到：①個別染料對皮的親合性是否類似，否則易造成有些染料滲透，而有些不滲透。②染料與染料彼此間的親合性，亦即相容性，否則易造成染色染花及不勻染。
2. 長浴法是最能獲得勻染的效果，但添加染料時應測試染料混合染浴後的濃度，否則染色後的結果，色調不是太淺，就是太深。

3. 添加染料前，需充分地使染料溶解，雖說水溫度高易使染料溶解，但是不要超過82°C，因為有些染料在82°C或以上便會開始被分解。染料不溶解的添加，除了採用短浴法為了透染外，其它的一定要溶解，否則易染花。
4. 染色時所使用的染料（單色或混合色）需要有足夠的濃度遮蓋皮本身的顏色。
5. 鉻鞣皮如添加陰離子型的合成單寧或植物（栲膠）單寧，則會增加皮身的負電荷而促成染料滲透，因而色調較淺。然而陰離子型的合成單寧或植物（栲膠）單寧，則是鹼性染的固定媒染劑（Mordant for fixation）。

豬皮正絨面或反絨面服裝革的染色工藝是非常重要，要特別注意下列事項：

1. 藍濕皮經過片皮，削勻和磨皮後的大小，厚薄等質量需一致。
2. 染色的操作人員及染色的工藝最好能固定。
3. 染色鼓的容量最好能固定，不要超量。

三、植物（栲膠）鞣皮染色前的準備工序及染色

植物（栲膠）鞣製的革，大多數使用於鞋裡革，箱包革，書面革，傳動帶，皮帶，馬鞍，裝飾用品革，精緻皮件革等等。

首先將皮分A，B，C等級，浸入水裡使皮適度的回濕，堆積直至水分散均勻，皮的色相約一致（含水份約50～60%）後經削

勻，或片皮，稱重後，稍微水洗即可，反之則需先執行清洗的工序（Cleaning Process），亦即所謂的「漂洗Stripping」。

漂洗通常都在轉鼓執行，水溫為40°C，添加稍緩和的鹼性化料，例如：1%硼酸，或小蘇打，或亞硫酸鈉，或醋酸鈉轉動1小時，如此便可去除皮身內結合不牢固的鞣劑及殘留在表面的單寧劑和任何表面的髒物，也可能去除些浮油，直至水清，不混濁為止，再用流水洗。

如果因置放時間長，皮呈乾燥狀態，則先用35～40°C的水充分地洗滌，如有需要，停鼓過夜，翌晨倒去部分的水，再洗約20～30分後，排水，再進行漂水。

漂洗的PH不可超過6，因為鹼性越高，便會去除過多的單寧量（含已牢固的鞣劑），導致成革的色相變深而暗，或導致單寧劑的氧化，同時對粒面的清洗或均勻的改善性很少。所以避免使用強鹼的化料，例如：片鹼或純鹼。使用硼酸漂洗，植物（栲膠）革的色相是暗淡的黃色。亞硫酸鈉對兒茶酚（鄰苯二酚Catechol）單寧稍微具有分散及漂白的作用，成革呈現淡粉紅的色調。同時必須避免使用陽離子性或非離性的界面活性劑，因為會使植物（栲膠）單寧沉澱。不過可添加0.5～1.0%含硫酸化脂肪醇類的陰離子界面活性劑及能使聚集的單寧產生分散作用的合成單寧。

酸化（Acidification）是使皮身的PH降低至某一程度，藉以適合緊接的工藝。使用植物（栲膠）單寧劑的PH超過6.0則色調呈深棕色，低於3.5則呈淺棕色。最簡單的酸化法是使用0.5～1.0%的蟻酸。

清除皮上有藍黑色澤的鐵銹污染痕，或使污染痕變淺的工藝稱為洗淨工序（Clearing Process），其方法是使用水量重的0.5%草酸，亦可使用單乙醇胺（Monoethanolamine），因它具有濕潤，分散，滲透及轉化作用（Inversion），而且能去除因氧化而聚集成難溶解的鞣劑，和適量的螯合劑，例如E.D.T.A.（乙二胺四醋酸），轉動30分左右。

假如漂洗工序執行稍重，致使單寧量遺失過多，或初鞣的鞣製不合所要求，則建議漂洗或洗淨的工序後需於轉鼓內採取再鞣的工藝，300%的水（30°C），10～15%已漂白的荊樹皮蒸餾提煉的栲膠（不是栲膠粉，如為栲膠粉，用量約一半），轉動約1～2小時。

使用合成單寧劑再鞣是特別為了使成革的色調淺而均勻。有些特殊的合成單寧是因為具使單寧鞣製劑分散良好的特性，再鞣法是200%的水（40°C），和5～10%的合成鞣製單寧。但是合成單寧再鞣的話，酸性染料不易染深色調，只適合染淺色系列的色相。

◆ 染色

皮經回濕，水洗，或漂洗，或洗淨等工序，再經過再鞣（如需要的話）處理後，此時皮的PH約5左右，調整皮溫至45°C。轉鼓染色的水浴是100～200%水（45°C），划槽染色則是500～600%的水（45°C）。

染料需事先用熱水溶解，再慢慢地加入染浴（轉鼓或划槽）內，為了有良好的勻染性最好是分2～3次添加，每隔10分鐘，添加一次，最後一次加完後，再轉約30分鐘即可，除非是為了染滲透的需要，必須延長時間外。添加蟻酸（1：10的水稀釋），增加染浴內染料的耗盡率及固定，並調整染浴最後的PH為3.8左右。蟻酸一般的使用量約為染料使用量的一半，但是淺色調可能需要量較多。

染料的使用量是根據色調強度及滲透程度的要求，大約是0.5～6.0%（削勻後的皮重）。使用酸性染料染植物（栲膠）鞣製革，如要染色調很強的色彩是很困難的，例如：黑色，深棕，深紅，藍，綠等，當然可使用鹼性染料，但是很少單獨使用，因為固定快，不易染均勻，而且日光和磨擦的堅牢度差。

◆ 正確使用鹼性染料的染色法

1.表染（頂染Top Dyeing）

先使用酸性染料染底色，並儘量接近要求的色調，添加蟻酸使染浴的染料儘可能耗盡，排水，添加新水，用蟻酸調整水浴的PH4.0±0.2，再加入已溶解稀釋的鹼性染料。使用酸的條件是有利於鹼性染料的勻染，另外排水，換新水及用酸調PH，亦能去除染浴中殘餘的酸性染料和植物（栲膠）單寧，因為它們的存在會使鹼性染料產生沉澱，並只強調肉面的色調，而不是粒面。鹼性染料使用於表染時，因磨擦堅牢度的關係，所以用量不能太多，大約在0.5%左右。

2.加強表面的色調

和表染的目的一樣，使用鹼性染料染色前，先使用陽離子性的礦物鞣劑再鞣，最好不要使用陽離子性的回濕劑或樹脂，因可能有染色不勻的問題。爾後於染色時，使用酸性染料染色，後加酸使染浴內的染料耗盡後。添加約1%的陽離子助劑，轉動10分鐘後，再添加1%的酸性染料於表面上，固定前添加陽離子助劑（固定劑）。

這種加強表面色調的染法比表染法的日光堅牢度佳。陽離子助劑（固定劑）的選擇及應用須慎重，否則可能會使表面有油感，導致貼板乾燥，或真空乾燥，或塗飾的接著性，或打光塗飾常發生有困擾的問題。

總之，假如植物（栲膠）鞣製革的皮，色澤均勻，無任何的污穢及鐵銹的污染，也沒有油斑或吐油的現象，就不需要執行漂洗，或洗淨，或再鞣等工序，直接可將已回濕，削勻的皮使用200% 45°C的水及5%的合成單寧，藉以分散少量的殘留的植物（栲膠）單寧及油脂，及少許的酸，移除輕微的鐵銹痕，轉動10分鐘後，添加染料（因有合成單寧，所以勻染性比較沒問題）及2～3%的陰離子性的油脂劑，約30分鐘後，添加蟻酸，藉以固定任何殘留的植物（栲膠）單寧，合成單寧，染料及油脂劑。

影響染色的有關因素

一、工廠的設備

1. 染色鼓內部受損：鼓內的配件（例如木樁）因損壞而鬆弛，導致成革成為次級品造成損失，故需作經常性的檢查。

2. 染色鼓的清洗：染深色的染色鼓，必須清洗多次才能染淺色～中色色相的皮，否則易造成污染，或色花的結果。
3. 染色鼓的超載：如果超載，鼓內負載的皮所能接受的機械動力減少，因而必須延長轉鼓的轉動時間，如此才能使所添加的化料或助劑充分而適當的分散。

二、機械作用及操作

染色轉鼓的機械作用取決於轉鼓的鼓型，轉速，及鼓內木樁的長短和多寡，如果轉速快，木樁多，則作用大，反之則小，但忌諱停鼓的時間長，易造成染色不勻。機械操作不當，常造成染色不勻及各種不同現象的不良結果，例如片皮時跳刀，呈起伏狀，偏薄的部分色淡。削勻刀不利，或皮身的柔軟程度差異大，削勻染色後，濃淡不勻，似「魚鱗」。磨皮磨焦，染色後呈「塊狀」的濃色花。

三、染料的儲存

染料經開啟使用後，往往可能需要一段時間再使用，因大多數的染料都有吸濕性，當染料吸收空氣中的濕氣後濃度就會變淡，另外分子較輕的染料易飛揚，飄浮在空氣中，造成污染，尤其是藍濕皮，最易被污染，所以染料最好不要儲存於和濕皮或半製品一起，而且使用後必須密蓋，或密封緊。

四、染料的選擇

首充當然要選符合客戶要求的色相及各種堅牢固的染料，次要考慮到所選染料彼此間的親和力（相容性）及對被染物（皮）的親合性，否則易造成滲透不一致及染色不均勻。

配色光用的染料，如用量太少，得需添加些勻染劑一起使用，否則易形成染色不勻。

五、染料的溶解

將染料加入染色鼓之前，必須使染料溶解成最佳的染料分散液，經過濾後才慢慢地將染料分散液倒入染色鼓。過濾後的殘餘物或染料（未被完全溶解）再用熱水溶解，再過濾，再加入染色鼓，反覆這種動作直至只剩殘餘物，沒有染料為止，故溶解染料最好於染色前就準備好。一般染料的溶解法是先用冷水使陰離子性的染料粉形成濕狀，或糊狀，或稠樣狀後再用熱水溶解。

六、濕皮的選擇

最好選擇同一天出鼓的濕皮染色，或一，二天內出鼓的不同濕皮混合染色，最忌諱的是使用相距太遠的濕皮一起染，因為如此會造成同一鼓的染色結果將會是有不同色相的皮，或濃淡差距太大及非常不勻染。

七、染色前各種工藝的處理不當

浸灰時膨脹不勻，致使爾後纖維結構的鬆弛差異大，染色後形成色調有濃淡的差異，另所形成的皮垢沒處理好，染後會隱隱地呈現皮垢的影像，另外諸如脫脂不良，浸酸不均勻，鉻鞣提鹼時添加鹼的速度太慢，濕皮再鞣前的回濕不均勻，或時間太短，及中和沒均勻等等都會造成染色的困擾。

八、染色操作過程中的影響

我們都知道染色前必須檢查PH值，注意水溫，水浴比及操作所需要的時間，如果能夠再留意下面所列各項過程中更進一步的操作，則能確保染色將於最佳的狀況中持續地進行。

1.中和

染料，勻染劑和中和程度的選擇，控制了染料的滲透性、染色的勻染性以及色相的濃、淺度，尤其是「中和」更有相當程度的影響力，所以中和後必須檢查皮身切割面的中和程度以及染色前染浴的PH值，如果需要全透染的話，必須有足夠量的染料才能達到目的。中和後的PH高於皮或鉻鞣劑的等電點時，陰離子染料易滲透，最後的色相較淺。中和後的PH低於皮或植物（栲膠）鞣劑的等電點時，陰離子染料易於和皮結合，不易滲透，最後的色相較濃。

2.染浴的溫度

溫度越高，分子越不會聚集，溶解液越佳，有利於皮對染料的吸收及染料分子的擴散和色移，但不利於染料的滲透。溫度低，著色慢（上染速度慢），有利於滲透，但固色較差。受PH影響的離子力（Ionic force），提高溫度，則能迅速固定染料。染色時的溫度最好是全鉻鞣皮溫度＜60°C，全植物（栲膠）鞣皮＜40°C，半植物（栲膠）鞣皮＜45°C，否則粒面粗糙，面積縮收。

3.染浴的液比

液比大，有利於染料的分散及染色的勻染性，但濃度低，色相偏淺，且不易滲透。液比小，濃度高，機械對皮纖維的屈折及擰，壓的作用力強，有利於染料的滲透性及擴散性，但粒面的色調較淺。

4.鞣製（Tannage）

酸性染料屬陰離子，所以會因從屬力（Secondary force）及離子效應而和皮纖維帶陽離子的氨基（Amino）結合。

(1) 植物（栲膠）及合成單寧鞣製（Vegetable Tannage & Syntan Tannage）

兩者都屬陰離子性，所以酸性染料對這些鞣劑鞣製的皮於染色時對纖維的著色性慢，但滲透性及勻染性佳，色調淺。尤其是補助型的合成單寧常被當作「淺色勻染助劑」使用。

植物（栲膠）鞣製的皮，收縮溫度約為62°C，所以如果染色時的溫度，必須要62°C的話，則最多以一小時為限不要超過。為了安全起見，染植物（栲膠）鞣製皮的溫度，最高以45°C為準。酸性染料染於植物（栲膠）鞣製皮上的日光堅牢度差，易形成深暗色調，但是如果染棕色系列的色調，可能日光堅牢度會較好些，因即使日晒褪色，但本身的底色（栲膠的本色）棕色便會代替。酸性染料染於植物（栲膠）鞣製皮上，不僅日光堅牢度差，抗水性或皂洗性等堅牢度也不好。

(2) 鉻鞣製（Chrome Tannage）

鉻鹽首先會被固定在皮蛋白的酸式羧基群上，增加皮的陽離子（+ve）電荷，另外當鉻鹽水解（Hydrolyse）後也增加皮的酸度（Acidity），因而鉻鞣皮是非常陽離子性，所以使用酸性染料染色時會很快地被固定在表面上，滲透差且不勻染。增加溫度，效果亦增和。經蒙囿的鞣製，則因陽離子性較少，所以染色較勻，滲透性較佳，但色調較淡。

如果鉻鞣皮已經乾了（乾藍皮），也會遺失些「陽離子」，須經回濕處理，因而酸性染料的固定也較緩慢，例如胚革（Crust），邊飾革（Pearl）或用油脂劑處理過的鉻鞣革，或用陰離子，例如硫酸化油，亞硫酸化油或合成單寧等處理鉻鞣皮的革，都會進一步減少皮的陽離子電荷。

為了能使酸性染料染鉻鞣皮有勻染及滲透的效果，通常都會使用鹼「中和」水解的酸，或染色前添加氨水。「勻染劑」或「滲透劑」都是由陰離子性的界面活性劑或合成單寧組成的，使用於染色前或添加於染浴內，藉以減少陰離子染料對鉻鞣皮的親合性。許多酸性染料的分子都含有可和鉻複合物配位的化學群，類似鉻的「蒙囿」鹽，如鉻媒染染料（Chrome mordant dyes），即能提高水洗堅牢度。

(3) 鋯及鋁鞣製（Zirconium & Aluminium Tannage）

兩者予於皮的陽離子性及酸度都比鉻鞣皮高，滲透及勻染性差，表面色調強度高。它們都屬白色鞣製，即鞣製劑本身無色，日光堅牢度佳，染色的色澤清爽而鮮艷，可提高抗水及抗溶劑牢度，即乾濕洗牢度。

鋁鞣製如果沒有良好固定的話，則會於染色將被洗出，猶如「脫鞣」，不僅成革會硬，而且會沉澱於染浴內，導致染色不勻。傳統上，鋁鞣皮的染色大多採用染木（Dyewoods）或植物染料（Vegetable Dyes）。

(4) 醛鞣製（Aldehyde Tannage）

甲醛（Formaldehyde）和戊二醛（Glutaradehyde）鞣製是和蛋白纖維的鹼式氨基群結合，因而減少皮蛋白的陽離子電荷量，及和陰離子染料的親合性。它們都在高PH值鞣製，約PH：6～8之間，另外也會中和陰離子染料的固定，所以對酸性染料的固定性差，水洗牢度也差，除了淺色調尚可外。對溫度很敏感，故染色時不可以超過40°C，但可混合礦物鞣劑（鉻或鋯）鞣製，藉以提高耐溫的程度，而且PH值也較酸性，約4.5～5.0即可鞣製，染色，但是因會提高混合鞣製後染料的滲透性及染色的勻染性，所以表面的色調仍然強度差，即色調淺。

(5) 混合鞣製（Combination Tannage）

① 植物（栲膠）／鉻鞣製（Vegetable/Chrome Tannage）

亦稱植鉻鞣（Semi-chrome），即是前工段採用植物（栲膠）鞣製，爾後以鉻鞣劑再鞣，藉以提高抗濕溫度，故能在較高的溫度染色，及增加皮纖維陽離子的電荷量。總的來說，能提高染色皮表面的色調強度及水洗堅牢度。

② 鉻－再鞣（Chrome-retan）

前工段使用鉻鞣劑鞣製，爾後以植物（栲膠）鞣劑或合成單寧再鞣，藉以減少皮表面的陽離子電荷，使表面的色調較淺，但能提高染色的滲透性及勻染性。大多數使用合成單寧再鞣，因合成單寧本身無色，而植物（栲膠）鞣劑本身帶有棕色的色相，且會影響日光堅牢度。

③ 樹脂再鞣製（Resin retannage）

樹脂是以尿素（Urea），三聚氰胺（密胺Melamine），或二氰胺（Di-cyanamide）等為主體的甲醛縮合物（Formaldehyde condensate），原則上它們時常含有陽離子性，所以會導致表面色調強，降低滲透性及勻染性。除非這些樹脂含有（或混合）陰離子分散合成單寧，或不含甲醛，如此才能抵消陽離子的效應。

【註】
較新式的再鞣法是將聚合的（Polymeric）丙烯酸酯（Acrylate），乙烯基（Vinyl），或丁二烯（Butadiene）的分散液投入轉鼓處理皮，藉以填充鬆弛的部位，防止鬆面，但對染色的效果並不大，除非用量多（需大於5%），不過它們一般都屬陰離子性，所以色調較淺。

5.勻染劑／滲透劑

理想的勻染劑（或滲透劑）常被添加於染料之前（最好的方法約10～15分），或和染料一起使用，但是要有足夠的量，如此才能使皮蛋白纖維上（皮蛋白纖維上）達到飽和，而獲得勻染或滲透的效果。一般勻染劑於染淺色調時，用量較多，反之，染色調深時，則不需要使用，然而如果於染中色調時，如能添加少量的勻染劑，則能幫助染料自我性的勻染。

勻染劑分二類：

(1) 針對皮身－先讓皮蛋白纖維上皮蛋白纖維上達到飽和，延緩染料的著色速率，使用這類的勻染劑最好添加於染料前10～15分。
(2) 針對染料－先用此劑處理親合性不同，或不相容的染料，使混合後的染料對皮纖維的親合性能一致，使用這類的勻染劑最好先和染料混合攪拌均勻後再添加。

6.氨水及蟻酸

添加氨水及蟻酸時的添加量需適當，且必須事先用水稀釋後再慢慢地添加，不能一次，且過猛地添加，否則會造成下面的損害：

- 氨水－如不稀釋，且一次過猛地加入，可能對鉻鞣皮有脫鞣的傾向，皮粒面粗糙。減少革的面積。
- 蟻酸－如不稀釋，且一次過猛地加入，會使未結合的染料形成聚結物，被強烈地固定在粒面，使粒面可能出現龜裂，另外也可能導致油脂劑的沉澱。

7.陽離子助劑

(1) 陽離子助劑通常是用來加深陰離子染料染色時的色相及鮮艷度，並且能幫助陰離子染料的耐水性及耐汗堅牢度的改善。

　　使用陽離子助劑加深色相及鮮艷度是採用「三明治」染法，即染底色或染料滲透後，先添加少許的酸固定，再加陽離子助劑，約30分，然後進行表面套染。

(2) 改善染料的耐濕牢度（耐水，耐汗）時最好是使用於新的水浴並用蟻酸調整適合於所要添加陽離子助劑的PH值後再添加，或染色浴的染料都耗盡了，染色浴變成清水狀，添加酸調整PH值後再加陽離子助劑。轉動的時間必須使陽離子助劑完全滲透，才能和所有被皮蛋白纖維吸收及固定的染料反應。

雖然陽離子助劑能改善染料的耐濕牢度，但可能會使乾磨擦牢度降低及影響爾後粒面於塗飾時和塗飾劑的黏著性，故需慎選陽離子助劑。

8.電解質

所謂電解質，即表示金屬離子或中性鹽，但大多數以工廠使用水的軟硬度為表態。

電解質越多，染色越不穩定，同一染色鼓內的皮或鼓與鼓之間的染色結果常會造成色調不一致，染色不均勻及類似染料溶解不佳所形成的「色點Dye spot」。

9.水洗

雖然水洗不充分，仍可繼續執行染色／加脂，或加脂／染色的工藝，但是當中性鹽（電解質）的密度過高時則會造成染色及加脂的不穩定，結果形成染色不均勻，油脂劑沉澱在粒面上。染色／加脂／固定，或加脂／染色／固定使的水洗如果不充分，除非是染浴內的染料已完耗盡成清水狀，否則尚遺留在皮身上的殘餘染料及油脂，會造成類似雲狀般的「污染Stain」。

染色助劑

染色時所選用的助劑，基本上都是希望能幫助染色的勻染，或滲透，或增加色調的強度，或增加固色的效果。這些助劑如以化性分類約可分成三類，以親合性分類約可分成四類：

一、化學性的分類

1.單寧類

增加染料的滲透性及勻染性，如合成單寧，輔助型單寧，植物（栲膠）單寧，對染色而言，多少都會有敗色的效果，除非染料量用多些。由於單寧的收斂性，可能會影響皮的面積（視使用量及溫度）。

2.界面活性劑類

增加染料的溶解性及勻染性，一般使用非離子性，或兩性界面活性劑，敗色性較弱，但用量多也會有敗色的效果。不會影響皮面積。

3.油脂劑

增加染料的分散性及勻染性，一般都屬於硫酸化油的衍生物（Derivatives）。敗色性少，粒面的表面較柔軟，但可能因屬衍生物的關係，手感較乾燥。不會影響皮面積。

二、親合性的分類

1.對皮的親合性高

易和皮粒面結合，因能增加染料的分散及防止染料的聚集，所以有助於染料的勻染性。但此類型的助劑如屬於單寧類的敗色性強，屬於界面活性劑類的敗色性較弱。

2.對皮的親合性低

易滲透，故能幫助染料滲透。大多屬於單寧類。

3.對染料的親合性

添加此劑於混合染料中，攪拌溶解後，能使混合染料裡每一對皮有不同親合性的個別染料變成對皮有一致性的親合性，形成滲透均勻，表染有勻染的效果。

4.對染料和皮的親合性

能提高染料對皮的親合性，藉以增加染色後色調的強度，亦稱為「深色劑Shade deepening agent」，大多屬於陽離子性的複合物。使用時可添加在染色時添加染料前，或添加第二次染料前（三明治染法Sandwich）。

固定染料的學理（Theory of Dye Fixation）

植物染料的特性和植物（栲膠）單寧類似，滲透比植物（栲膠）單寧容易，而固定的方法和固定植物（栲膠）單寧一樣，用氫鍵固定，亦即PH值越低，固定性越好。

直接性染料因動力而被皮吸收，但因分子顆粒大不易滲透，所以大多數被皮吸收在皮的表面，酸性染料是被皮的正電荷群吸收，亦即氨基群，PH值越高，酸性染料越易滲透，同樣的也是用氫鍵固定，即PH值越低，固定性越好。

鹼性染料是被皮的負電荷群吸收，於酸的條件下，因鹼性染料帶正電荷所以和皮的親和力很小，當PH值提升後，皮的負電荷增多，對鹼性染料的固定越有利。

鉻鞣皮的電荷是正電荷，呈陽離子反應，所以中和前使用酸性染料染色時，會被強烈的吸收及直接固定，反之，鹼性染料和鉻鞣皮的親和力小，如要固定必須引進負電荷至皮身，例如添加植物（栲膠）鞣前或陰離子合成單寧。

染色的方法

一、乾染法：適用於胚皮（Crust）

1.刷染法（Brush Dyeing）

屬單面（粒面）著色的方式，染料的溶解性必須良好，否則懸浮的染料顆粒易使刷染形成條紋或斑紋。使用時的染液濃度最好低些，並且多刷染幾次，如此才能獲得非常均勻的刷染效果。

2.浸染法（Tray Dyeing）

屬於一種比較費時又費力的古老方式，現多數已不使用了。其方法是將二張濕皮胚，肉面和肉面相疊（向內），欲染面向外，然後浸於溫染浴的淺槽裡，用手輕輕的攪動，堆積，再將另二張皮胚浸於此染槽，依次繼續以二張為一對，進行浸染，有時

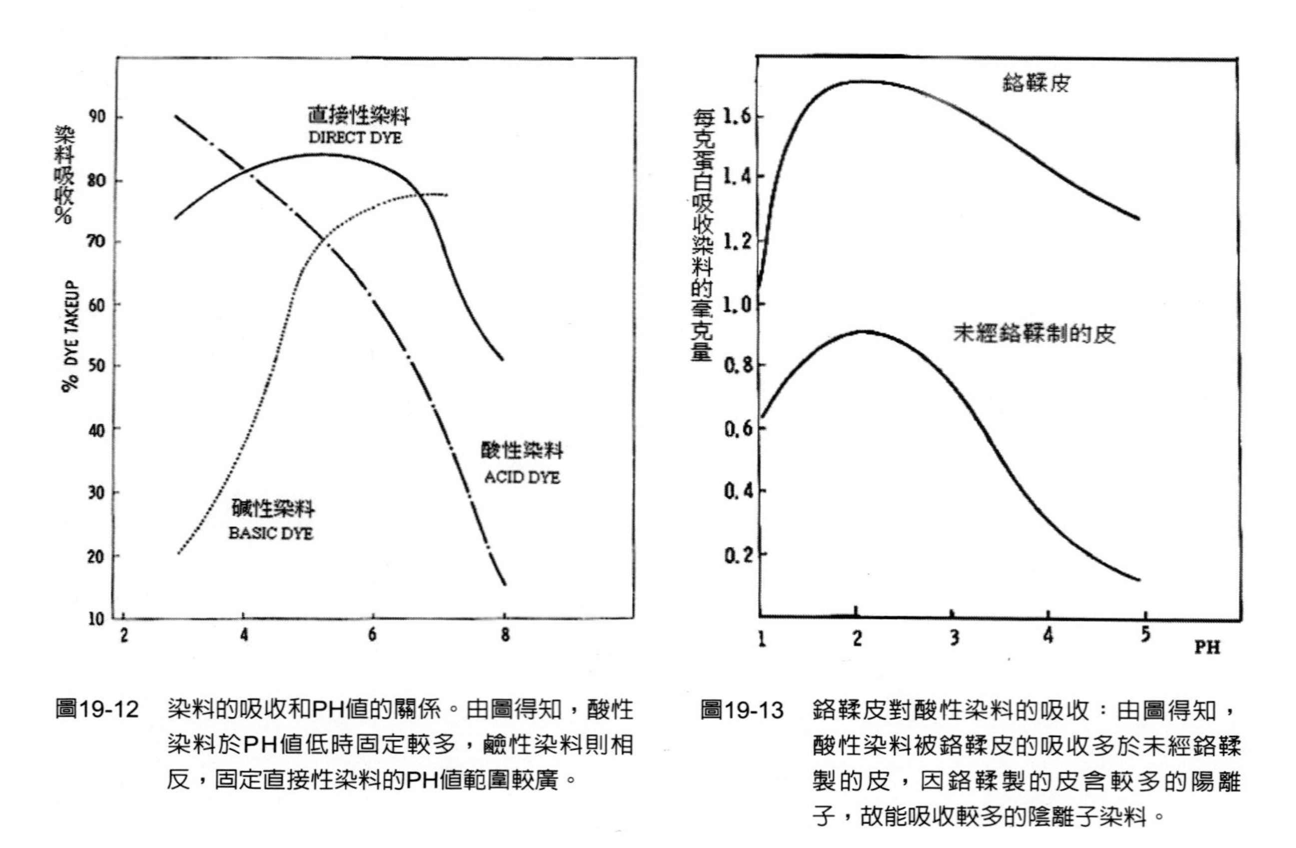

圖19-12　染料的吸收和PH值的關係。由圖得知，酸性染料於PH值低時固定較多，鹼性染料則相反，固定直接性染料的PH值範圍較廣。

圖19-13　鉻鞣皮對酸性染料的吸收：由圖得知，酸性染料被鉻鞣皮的吸收多於未經鉻鞣製的皮，因鉻鞣製的皮含較多的陽離子，故能吸收較多的陰離子染料。

可能某一對的皮，需浸染多次方能達到所需要的色調。這種方式的染色法，是針對只染粒面，而不染肉面的革。

3.浸染法（Dip-dyeing）

屬兩面（粒面及肉面）著色的方式。浸染後必須馬上使用雙滾輪或伸展機軋掉革上多餘的染液後，再吊乾或烘乾，否則易形成有深淺或像淚痕的條紋。

4.軋染法（Roller Dyeing）

使用塗飾的滾輪塗飾機（Roller Coat）染色，屬單面（粒面）著色的方式。胚革的厚度必須一致，否則易形成部分著色（厚的部位），部分不著色（薄的部位）。

5.通過式軋染法（亦稱「摩帝瑪」染色法Multima Dyeing）

屬一種針對胚革兩面（粒面及肉面）快速染色法。利用輸送帶將已剷軟，繃皮，磨皮後，未染色的胚革經輸送帶通過染浴，再經過二個夾輪（軋輪）搾出比預計多餘的染料水，爾後乾燥，塗飾。滲透快，省了滾輪軋或伸展等操作。染浴是由10～20%具有極性的溶劑，例如：異丙醇（Isopropanol），溶解於水（50°C），以及酒精／水可分散的預金屬化染抖（金屬絡合染料）0.5～1.0%，亦可添加些助劑，藉以改善瞬間的回濕性，勻染性及滲透性，例如：非離子的界面活性劑，中和合成單寧劑及螯合劑（Chelating agent）。

此系統的染色，至多只有10秒鐘，在這段時間內染料能完全地被吸收是利用毛細（Capillary）及吸附（adsorption）的作用，故添加二乙醇胺（Diethanolamine）可能有利於這些作用的能力。染料的固定發生於乾燥期間，在這方面預金屬化的染料是最優秀的，但使用時濃度不能太高，否則雖然經過軋輪搾出多餘的染料，但仍然有許多超過固定能力的染料存在，導致整體的固定性不良，最後可能有銅化的現象（Bronzing），或有水滴的斑痕（Water-Spottability）。因而採用此系統染色的色調最好是淺色至中色的色調，而不能染深色相。染浴內色調的調整，可用浸染法先測試，即先用小樣的胚皮，使用浸染法浸泡10秒，榨乾，驗色。

6.噴染法（Spray Dyeing）

屬單面（粒面）著色的方式，使用時的染液濃度最好低些，並且多噴染幾次，如此才能獲得非常均勻的噴染效果，否則易形成深淺很明顯的條紋。

7.淋幕式染法（Curtaining Dyeing）

使用塗飾的淋幕塗飾機（Curtain Coat）染色，屬單面（粒面）著色的方式，染色比較滲透。淋幕的形成必須完全的封閉，否則會造成未著色的條紋或斑紋。

8.溶劑型的噴染染色法（Spray Dyeing from Solvent system）

使用酸性或鹼性染料的噴染或刷染，結果將會是滲透性，均勻性，但是耐水性及日光堅牢度差，尤其是鹼性染料可能產生銅化的現象，當然酸性染料也會，只是機會較鹼性染料少。

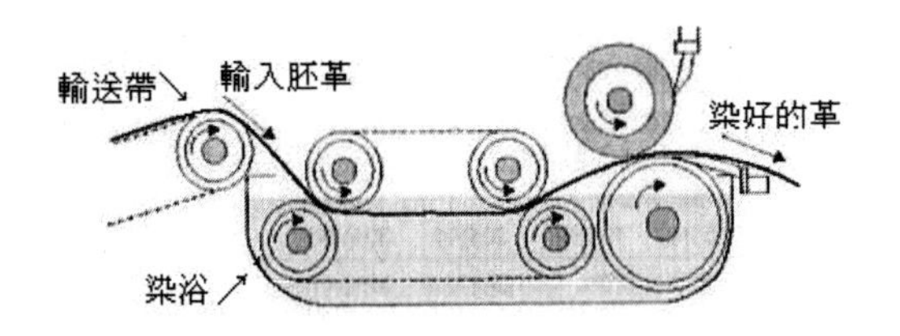

圖19-14　「摩帝瑪」染色機的側視圖（Side view）

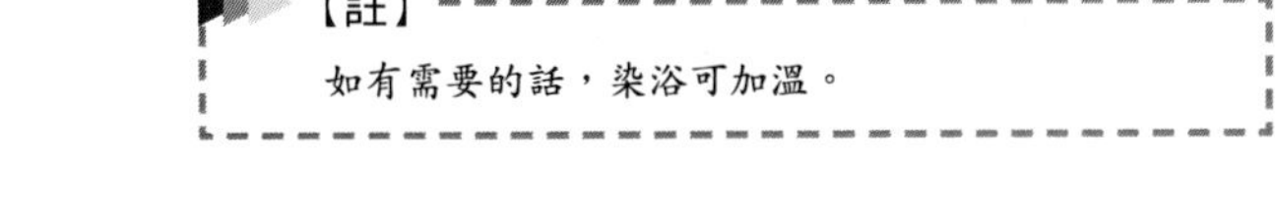
【註】

如有需要的話，染浴可加溫。

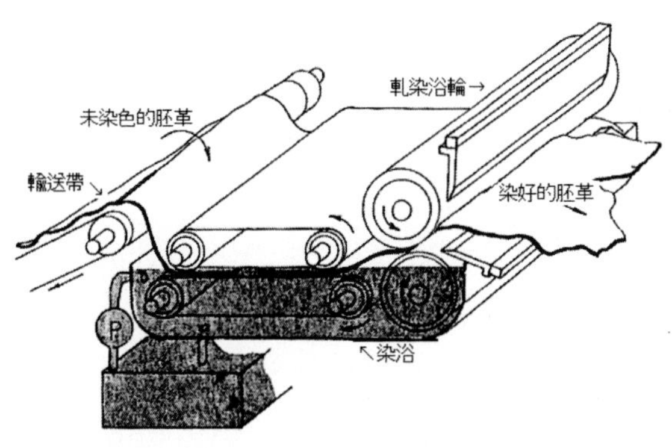

圖19-15　通過式軋染機（摩帝瑪 染色機Mutima Dyeing M/C）

噴染或淋幕式染色時使用不溶解於水的預金屬化染料，例如：低磺化或不磺化的2：1金屬鉻合染料，則日光堅牢度佳。這些染料大部份溶解於醇類（Alcohols），例如：甲醇（Methanol），乙醇（Ethanol），異丙醇（Isopropanol），苯甲醇（Benzyl alcohol），酮（Ketone），假如使用溶纖劑（乙二醇－乙醚Cellosolve）則會使濃度增加5～10%，溶劑溶解不溶解於水的預金屬化染料後噴染，則色相的日光及耐水堅牢度較佳。

醇類的價格貴，易揮發，但它們却能和水相容，而且不會使已被醇類溶解的染料發生沉澱，例如20份的苯甲醇，20份的異丙醇相混，溶解染料後可用60份的水稀釋，如此可以節省醇的費用及降低醇的揮發性，增加染料的滲透性及給予噴染後的革，耐水性佳。醇和水混合的比例，最有利的是54份的水，30份的異丙醇，15份的苯甲醇，及1份的蟻酸。有些比較特殊的染料，可先用1%不會浴解染料的熱水濕潤染料粉，後使用30～40%的苯甲醇或異丙醇溶解染料，及一些強陰離性的回濕劑，攪拌成染料水，而使用於噴染工序。

噴染時需重噴，使粒面能瞬時間達到飽和及滲透。如輕噴，或霧狀的噴法，則會形成斑點，或斑駁，而不易糾正，即使重噴也沒辦法再遮蓋。

噴染法最適合於滲透性尚可，堅牢度尚佳的淺至中色相系列的色調。亦可當作糾正水染革色調的工序，藉以迎合客戶的要求。噴染只是對革進行單方面的染色。

乾染法染色基本上大多適於苯胺革（Aniline）或半苯胺革（Semi-Aniline）塗飾前對白胚革的染色。

二、濕染法—使用於鞣製後，或中和後的濕皮（Wet-Leather）

1.划槽染色（Paddle Dyeing）

划槽需要使用600%皮重的水，或至少3～4倍轉鼓染色（表染時）所需要的水，否則划槳片沒有作用，及增加染料的溶解和分散，機械作用很緩和，不會有撕裂，磨損，捆紮，打結，或結氈的現象發生，一般使用於毛裘皮，藉以防止毛打結，另外染色前需調整適合於所選用染料（酸性，或氧化，或活性染料）的PH值及適合於使毛上色的溫度。但染料不易滲透及耗盡，所以浪費染料及水，尤其是熱水。

此系統可利用蒸氣管，或將加熱器固定在划槽碗狀護物內控制染色的溫度。

2.轉鼓染色（Drum Dyeing）

適用於大多數的皮類，鼓內裝有檔板，或木樁，或二者都有，轉速約每分鐘12～20轉，當轉鼓轉動，鼓內的皮開始摔動後，化料（例如：熱水，溶解後的染料溶液，酸，油脂劑）經輸入管由軸孔添加。如使用短浴法，則會形成很強的機械動力，有利於化料的滲透，尤其是染料。可惜的是無法維持溫度，所以添加熱水時，需考慮降溫所需要的時間，藉以配合工藝的執行。

染色的浴比分「長浴法Long bath」及「短浴法Short bath」二種，另外染色的溫度亦有高溫法（50°C↑）及低溫法（30°C↓）二種。

- 長浴法－有利於染料的溶解及分散，不利於染料的滲透，大多使用於表染。
- 短浴法－有利於染料的滲透，不利於染料的溶解及分散，大多使用於透染。
- 溫度高－有利於提高染料對皮的親和力和染料的固定，及皮對染料的吸收率，另外也能增加「布朗運動Brownian Movement」，亦有利於染料的擴散（Diffusion）及色移（Migration），故能提高勻染性，但需採用長浴法。

• 溫度低－有利用染料的滲透，但需採用短浴法，不利於染料的固定。

總結：透染－採用溫度低及短浴法。表染－採用溫度高及長浴法。透染＋表染＋提高染料的固定性－先採用溫度低及短浴法，染料滲透後，再使用溫度高及長浴法。

轉鼓染色，因機械動力太強，可能導致撕破薄而脆弱的皮，蛇皮或腹邊革（Belly Leather）會形成捆紮，羊毛皮或裘皮的毛也可能打結（或稱結氈Felting），但是機械動力可經由轉速的控制及正，反轉交替轉動而改善。

新設計的排水系統也比用老式的板條門（Slatted Door）或籠門（Cage Door）有效且快速，水洗後更能完全排出殘液，有利於緊接的後續工藝。

現在更有新型的染色轉鼓，例如Y型鼓，利用打孔卡或電腦，將整個工藝輸入打孔卡或電腦，即可正確地控制水量，水溫，PH，化料的輸入量，時間等等，可排除因人為疏忽所造成的錯誤及損失。但前題是化料的準備，濃度需一致。工藝完成後，轉鼓，輸送管，泵等的清洗需徹底。

第 20 章

綿羊毛皮及毛裘皮的染色
（Wool skin and Fur Dyeing）

由於這類的皮沒經過較重的鞣製處理，故染色時不像毛紡廠的染色可耐高溫（80°C↑），也不像其它皮類可於中和後染色，這類的皮染色前必須經過鞣製，加脂，乾燥等過程（此時稱成革Dressed），爾後回濕將覆蓋在羊毛或毛裘外面的油膜移除（此工藝稱為毛的脫脂Killing）方能進行染色，而染色前PH值的調整必須使用醋酸。

執行染色工藝需使用多浴法，且能持溫（60～65°C）的划槽，如此羊毛或毛裘方能張開，不會打結（基本上大都從毛尖打結成團）。當然現在已研發出特別適用於羊毛皮及毛裘皮的轉鼓。

划槽中化料的使用都以水量為依據，如每公升的水用多少公克的化料或染料，都以公克／公升（g/l）表示。

脫脂（Killing）	600%	水 40°C（%是以皮重計算）
	2～5g/l	硫酸化脂肪醇（Sulfated fatty alcohol）或其它高HLB值的非離子脫脂劑。
	2g/l	氨（Ammonia） 或其它鹼性化料，如小蘇打、純鹼或燒鹼（片鹼）
		脫脂處理後使用40°C的水進行流水洗。

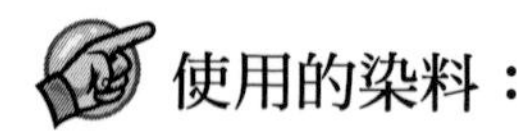

使用的染料：

一、陰離子性的染料（Anionic dyestuff）

如同使用於其它皮類染色的陰離子染料，於45～50°C染色後色調屬中深度，但是可能會形成毛尖和毛根之間的染色不勻。染色時溫度高，則因羊毛和染料的親合性會增加，故一般採用60～65°C的水溫染色（需維持溫度），且色相較深。

使用酸性染料量約5～10g/l，另外添加少量的氨，約2g/l藉以幫助滲透，爾後再使用蟻酸，藉以幫助染料的耗盡及固定（PH降至4.0）。

二、分散性的醋酸染料（Dispersed Acetate Dyes）

這類型的染料最主要的是染人造合成紗，如醋酸絲。一般不溶解於水，但可藉2～8g/l的硫酸化脂肪醇或陰離子界面活性劑的幫助，即可溶解並分散於水。不需要特殊固定，即是一旦被纖維（毛）表面吸收，就已被固定，所以染色後需進行流水洗，藉以洗去只附著於纖維表面而不是被吸收的染料。染色後色彩均勻，但色調淺。一般常使用於染黃色，橙色，粉紅色，藍色和綠色等不相關的毛皮地毯，室內穿的淺口便鞋或拖鞋，飾物或裝飾品等等。

三、毛皮色基（需經過氧化才能顯出色彩）【Fur Bases（Oxidation Colour）】

毛裘皮的染色大多選擇採用不會損傷毛裘，且無色彩的鋁鞣，亦即所謂的明礬鞣，或另被稱為萊比錫毛皮加工法（Leipzig dress）。

毛裘皮使用「透明性」的酸性或分散性染料染鮮艷的紅色，或藍色，或綠色是稀有的，因大多數的染色都以染色後毛裘的色彩要看得很自然為目標，所以染料需要使用具有覆蓋性或不透明性的能力，藉以遮蓋毛裘天然的色素。

有些情況下，使用毛皮色基染色時，染色前可能需採取使用10～15g/l雙氧水及一些附加物，如過硼酸鹽、過硫酸鹽、矽酸鈉或5～10g/l的亞硫酸鈉，進行冷漂白法的預處理。

於金屬鹽，例如鉻、鐵、銅、鋁等的冷液中可達到媒染或浸染的效果。對色調而言，金屬媒染劑具有明確性的影響力，例如一般使用的媒染劑是重鉻酸鉀（Potassium bichromate），媒染時使用5g/l，水溫20°C，用醋酸調整PH至4.0～5.0，過夜，毛裘將被著色成黃色。

四、毛皮色基液（Fur Bases Liquor）

毛皮色基本身不具色彩，相對地只是簡單的有機色基，例如對－胺基酚（p.amino phenol）等。

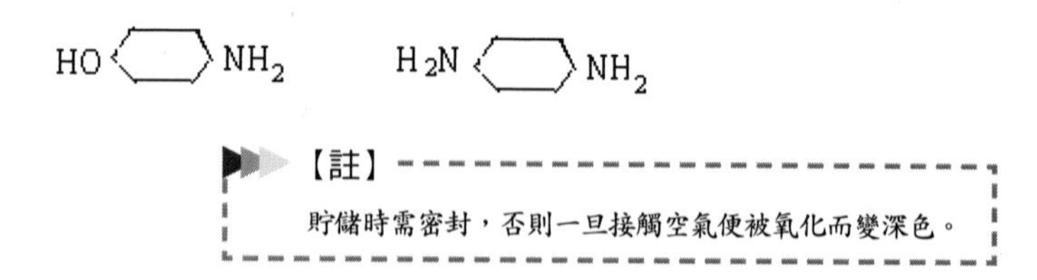

【註】

貯儲時需密封，否則一旦接觸空氣便被氧化而變深色。

染色時染浴可添加5g/l的毛皮色基，並經由氨調整PH至9.0，氧化的效應是於PH：9時緩緩地添加5～10g/l的雙氧水，氧化期間色基會漸漸形成大的染料分子，進而和金屬媒染劑形成配位化合的型式。

這類型的染色，如果單考慮金屬媒染劑和色基的種類，而想預測染色後的色調是非常困難的，因同一金屬媒染劑對二個色基所形成的個別色調，與二個色基混合後用同一金屬媒染劑所形成的色調，可能不如，或遠離預測中的顏色，故色相的調配是一門專業技術，需靠長久的配色經驗。

染色後需充分的水洗爾後脫水，或許可能需要在肉面處用手再稍微施予「油鞣」或「鋁鞣」，爾後抖掉，乾燥，回潮（使用木屑），摔軟（網鼓Cage Drum）。

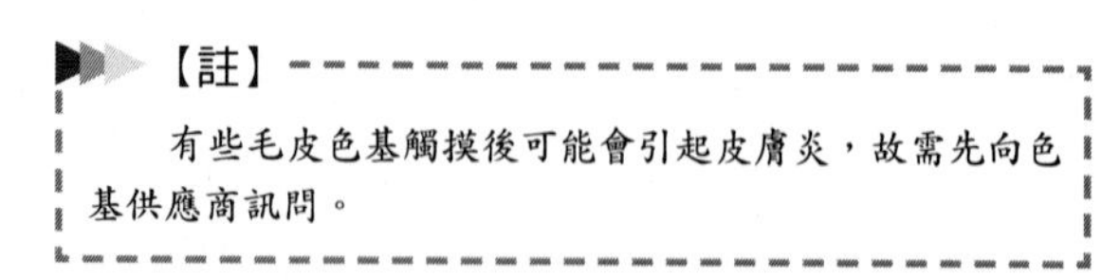
【註】

有些毛皮色基觸摸後可能會引起皮膚炎，故需先向色基供應商訊問。

尚有其它類型的染料可使用於綿羊毛皮及毛裘皮的染色，諸如前述的絡合染料（反應性染料Reactive Dyes）及氧化染料（Oxidation Dyes）。

綿羊毛皮及毛裘皮的染色觀念

1.染皮不染毛（Wool reserve）

必須選擇染料對鉻鞣皮層的親合性要遠大於對毛裘的親合性，如有必要則需對已鋁鞣的毛裘皮進行回濕，鉻再鞣等工藝，使皮層能具有鉻的陽離子層。染色時最好採取低溫染色，例如20～25°C，而PH約在7～8，如此才能得到較好的勻染及滲透的效果。

染色時也可能需要添加護毛劑（wool reserve agent），這種助劑大多數是屬於「中性的」合成單寧（「neutral」syntan）。另外亦可使用對鉻鞣纖維的親合性遠大於對毛裘親合的低溫絡合染料（反應性染料）染色，但是可選用的色相系列不多，不過耐水洗性非常好。

2.染毛裘不染皮（Dyeing Wool）

可使用酸性染料，但必須於60～65°C的水溫染色，染色的時間必須足夠使染料能均勻的滲入絨毛，再用酸固定於PH：3～4。

較淡的色調可使用分散性的醋酸染料於45～60°C的水溫染色，但是如果絨毛尚懸浮些油的話，則需添加些界面活性劑，然而假如染色工序不費力，則一般而言其結果將是乾磨擦牢固差，故必須於水洗時使用溫水及陰離子界活性劑進行清洗任何過剩的染料，直至完全洗掉。

使用毛皮色基染色澤較濃及具某不透明程度的絨毛後，也必須注意水洗工藝，因需藉水洗工序去除染色化料所造成的每一個痕跡。

所有染毛裘不染皮的染色工藝也可能染到肉面，但假如不希望肉面被染色的話，可藉爾後的磨皮動作，磨去被染色的染色層，也可以於染色前於肉面塗上一層不溶於溫水，却能溶於冷水的內酰胺聚合物作保護，而於染色後水洗時使用冷水將它洗掉。

染色後的工序，諸如乾燥後的回濕，劃軟，梳毛（carding或combing），剪毛（clipping或sherling），熨毛（ironing）如昔，熨毛需執行2～3次方能獲得絨毛有均勻的光澤度，但需注意！滾熨時真皮的部份不能和含潮濕溫度的熱滾筒接觸。

染色的綿羊羔皮亦稱海狸羔皮（Beaver Lamb）於剪毛後熨毛前最好先使用10%的蟻酸，及10%的福馬林（Formalin）和少許的酒精（Alcohol）刷毛，待絨毛潮濕後再用200～250°C的滾熨機熨毛，因為在熱，潮濕及酸的條件下，羊毛纖維會變成熱可塑性，經熨毛後羊毛纖維便會形成伸直的絨毛，類似裘毛，而且具有光澤，另外甲醛（福馬林）因為和熱及潮濕起反應也會使纖維（羊毛）伸直，並加以固定毛伸直後的形狀，預防爾後絨毛一旦受潮後返回捲毛的原狀。

參考文獻

英國	"JSLTC Journal of the Society of Leather Technologists and Chemist" (1976~2001)
美國	"The Leather Manufacturer 1993~2004"
	"The Joural of the American Leather Chemists Association"
Sandoz (Swissland) Ltd.	"Month / Trimonth Internal technical information" (1976~1994)
BASF	"Pocket Book for the Leather Technologist"
Dr.D.H.Tuck	"Oil and Lubricants used on Leather"
Mr.M.K.Leafe	"Leather Technologista Pocket Book"
Mr.T.C.Thorstensen	"Practical Leather Technology"
Mr.J.H.Sharphouse	"Leather Technician's Handbook"

贊助廠商

- 中楠企業股份有限公司
- 德昌皮製品股份有限公司
- 力厚實業有限公司
- 公里有限公司
- 巨聖油脂化學股份有限公司
- 信保貿易實業有限公司
- 磐宏國實業有限公司

科普新知類　PB0004

皮革鞣製工藝學

作　　者 / 林河洲
責任編輯 / 林世玲
校　　對 / 林孝星
圖文排版 / 鄭維心
封面設計 / 蔣緒慧

發 行 人 / 宋政坤
法律顧問 / 毛國樑　律師
出版發行 / 秀威資訊科技股份有限公司
114台北市內湖區瑞光路76巷65號1樓
電話：+886-2-2657-9211　傳真：+886-2-2657-9106
http://www.showwe.com.tw
劃撥帳號 / 19563868　戶名：秀威資訊科技股份有限公司
讀者服務信箱：service@showwe.com.tw
展售門市 / 國家書店（松江門市）
104台北市中山區松江路209號1樓
電話：+886-2-2518-0207　傳真：+886-2-2518-0778
網路訂購 / 秀威網路書店：http://www.bodbooks.tw
國家網路書店：http://www.govbooks.com.tw

2010年09月BOD四版
定價：450元

國家圖書館出版品預行編目

皮革鞣製工藝學 / 林河洲著. -- 一版. -- 臺
北市：秀威資訊科技, 2008. 07
面；　公分. --（科普新知類；PB0004）
BOD版
參考書目：面
ISBN 978-986-221-044-4（平裝）

1.皮革工業

475　　　　97012644

讀者回函卡

感謝您購買本書，為提升服務品質，請填妥以下資料，將讀者回函卡直接寄回或傳真本公司，收到您的寶貴意見後，我們會收藏記錄及檢討，謝謝！

如您需要了解本公司最新出版書目、購書優惠或企劃活動，歡迎您上網查詢或下載相關資料：http:// www.showwe.com.tw

您購買的書名：______________________________

出生日期：_______年_______月_______日

學歷：□高中（含）以下　□大專　□研究所（含）以上

職業：□製造業　□金融業　□資訊業　□軍警　□傳播業　□自由業

□服務業　□公務員　□教職　□學生　□家管　□其它_____

購書地點：□網路書店　□實體書店　□書展　□郵購　□贈閱　□其他

您從何得知本書的消息？

□網路書店　□實體書店　□網路搜尋　□電子報　□書訊　□雜誌

□傳播媒體　□親友推薦　□網站推薦　□部落格　□其他__________

您對本書的評價：（請填代號　1.非常滿意　2.滿意　3.尚可　4.再改進）

封面設計____　版面編排____　內容____　文／譯筆____　價格____

讀完書後您覺得：

□很有收穫　□有收穫　□收穫不多　□沒收穫

對我們的建議：______________________________

____

____

____

請貼
郵票

11466
台北市內湖區瑞光路 76 巷 65 號 1 樓
秀威資訊科技股份有限公司 收
BOD 數位出版事業部

（請沿線對折寄回，謝謝！）

姓　　名：__________ 年齡：________ 性別：□女　□男

郵遞區號：□□□□□

地　　址：__________

聯絡電話：（日）__________ （夜）__________

E-mail：__________